Silvia Richter-Kaupp

Business-Coaching

Silvia Richter-Kaupp
mit Gerold Braun und
Volker Kalmbacher

Business-
Coaching

Wie man Menschen
wirksam unterstützt und
sich erfolgreich als Coach
am Markt etabliert

Bibliografische Information der Deutschen Nationalbibliothek

Die Deutsche Nationalibliothek verzeichnet diese Publikation in der Deutschen Nationalbibliografie; detaillierte bibliografische Daten sind im Internet über http://dnb.d-nb.de abrufbar.

ISBN 978-3-86936-600-5

3. Auflage 2021

Programmleitung: Ute Flockenhaus, GABAL Verlag
Lektorat: Susanne von Ahn, Hasloh
Umschlaggestaltung: Martin Zech, Bremen | www.martinzech.de
Umschlagfoto: corepics/Fotolia
Satz und Layout: Lohse Design, Heppenheim | www.lohse-design.de
Druck und Verarbeitung:Book-on-Demand, Norderstedt

www.gabal-verlag.de

Inhalt

Grundlagen

Die Nachfrage nach Coaching ist in den letzten Jahren stark gestiegen. Nicht nur bei Führungskräften ist ein wachsender Beratungsbedarf zu erkennen. Die International Coach Federation (ICF) – der weltweit älteste und größte Verband professioneller Coachs – berichtet in ihrer „2012 ICF Global Coaching Study" (die umfassendste Coaching-Studie, die bislang veröffentlicht wurde, mit über 12.000 teilnehmenden Coachs aus 117 Ländern – www.coachfederation.org – 27.02.2014), dass bei 60 Prozent der befragten Coachs die Klienten-Zahlen gestiegen waren, bei 55 Prozent das Einkommen, bei 49 Prozent die Anzahl an Coaching-Sitzungen und bei 37 Prozent der Stundensatz. Die ICF-Studie rechnet die Zahl der professionellen Coachs auf weltweit rund 47.500 im Jahr 2012 hoch. 2007 waren es noch 30.000. 1,9 Milliarden US-Dollar werden der Studie zufolge mittlerweile Jahr für Jahr mit Coaching umgesetzt.

Dieser gestiegene Coaching-Bedarf hat damit zu tun, dass sich der technische, soziale und kulturelle Wandel in unserer Gesellschaft immer schneller vollzieht und manch einer mit diesem Tempo nicht mehr mitkommt, weil seine Psyche nicht Schritt halten kann. Psychosoziale Störungen haben enorm zugenommen; sie stehen inzwischen an erster Stelle bei der frühzeitigen Verrentung und an zweiter Stelle bei den Krankheitstagen. Burnout ist zum Massenphänomen geworden. Nicht wenige Menschen haben aufgrund der immer kürzer werdenden Verweilzeiten im Job kaum Bindungen zu Kollegen und suchen im Coach einen Ersatzvertrauten. Zum Coaching-Boom trägt zudem bei, dass lebenslanges Lernen und persönliche Entwicklung zu Leitsternen unserer Gesellschaft geworden sind. Coaching ist ein lukrativer Markt geworden.

Da Coach keine geschützte Berufsbezeichnung ist und es keine Zutrittsbarrieren gibt, hat dies leider dazu geführt, dass es Marktteilnehmer gibt, die sich Coach nennen, ohne über eine entsprechende Ausbildung zu verfügen. Für jemanden, der an Coaching interessiert ist, ist es nicht einfach, die seriösen von den unseriösen Angeboten zu unterscheiden. Dies ist eine Entwicklung, die wir mit wachsender Sorge sehen. Mit unserem Buch möchten wir daher zur Professionalisierung von Coaching beitragen, indem wir Coaching-Interessierten und „Anfänger-Coachs" einen an der Praxis orientierten Leitfaden an die Hand geben, der kurz und knackig alles enthält, was man aus unserer Sicht über Coaching wissen sollte. Es versteht sich dabei von selbst, dass unser Buch keine Coaching-Ausbildung ersetzen kann.

Wir wünschen Ihnen viele hilfreiche Erkenntnisse und Handlungsimpulse und natürlich viel Freude beim Lesen!

1. Coaching und andere Beratungsformen

Der Begriff Coaching ist zwar in aller Munde, wird aber verschieden verwendet. Damit klar ist, wovon in diesem Buch die Rede ist, möchten wir zunächst einmal erläutern, was man unter Coaching versteht – auch in Abgrenzung zu anderen Beratungsformen.

Wenn man nach der Herkunft des Wortes forscht, stößt man darauf, dass „Coach" ursprünglich „Kutsche" bedeutet. Eine Kutsche ist ein Hilfsmittel, dessen man sich bedient, um ein Ziel schneller und bequemer zu erreichen als zu Fuß. Übertragen auf Coaching bedeutet dies, dass ein „Fahrgast" – im Coaching Klient oder Coachee genannt – das Hilfsmittel „Kutsche" oder Coach nutzt, um ein Ziel schneller zu erreichen als alleine.

Coaching – Begriffsklärung

Wie früher beim Kutsche- und heute beim Taxi-Fahren entscheidet auch im Coaching der „Fahrgast" (Coachee) über das Reiseziel. Der „Kutscher" (Coach) kennt die Wege, kann Entfernungen und Reisezeiten einschätzen und sorgt für gutes Vorankommen und angemessene Pausen. Coachs unterstützen ihre Klienten also dabei, gewünschte Ziele zu erreichen. Sie geben die Ziele jedoch nicht vor und bestimmen auch nicht darüber, wie sie genau zu erreichen sind. Der Klient bestimmt das Ziel und entscheidet, welcher der möglichen Wege dorthin ihm am liebsten ist; der Coach fungiert als ortskundiger Reisebegleiter. In anderen Worten: Der Klient ist für den Inhalt des Coachings verantwortlich, der Coach für den Prozess.

Voraussetzung für eine solche Zusammenarbeit ist eine funktionierende Selbststeuerungsfähigkeit des Coachees. Oder um im Bild zu bleiben: Der Fahrgast muss klar, nüchtern und fit genug sein, um dem Fahrer sagen zu können, wohin er will und welcher Weg ihm der liebste ist.

Wenn in diesem Buch von Business-Coaching die Rede ist, sind Gespräche mit Einzelnen oder Gruppen gemeint, die von einer neutralen Person lösungsorientiert und zugleich ergebnisoffen geführt werden als Hilfe zur Selbsthilfe bei beruflichen Anliegen und damit verbundenen persönlichen Fragestellungen.

Coaching basiert auf der Grundannahme, dass der Klient selbst am besten weiß, was gut für ihn ist, dass er also Experte für sein eigenes Leben ist und alles, was für eine Veränderung nötig ist, bereits in ihm angelegt ist. Deshalb sind Coachs sparsam mit Ratschlägen oder Handlungsanweisungen. Stattdessen regen sie durch entsprechende Interventionen die Selbstreflexion des Klienten an, sodass dieser seine Ressourcen erkennt, aktiviert und ausbaut.

Training – eine Lernform
Unter Training versteht man eine organisierte Form des Lernens, in welcher sich meist eine Gruppe von Menschen (Einzel-Trainings sind seltener, aber selbstverständlich möglich) intensiv mit einem bestimmten Thema auseinandersetzt, um die vorhandenen Kenntnisse und Fähigkeiten zu erweitern und zu vertiefen.

Der Job eines Trainers ist es, Wissen zu einem bestimmten Thema zu vermitteln und mit den Teilnehmern Fähigkeiten und Fertigkeiten einzuüben.

In anderen Worten: Trainer sind Know-how-Vermittler. Sie müssen wissen, wie Lernen funktioniert, und benötigen vor allem methodisch-didaktische Expertise, damit sie ihre Trainings individuell auf die jeweiligen Voraussetzungen der Teilnehmer zuschneiden können.

Ein Mediator unterstützt Menschen bei der Beilegung eines Konflikts. Dabei bringt er sich inhaltlich selbst nicht ein, sondern sorgt für einen fairen Gesprächsverlauf. Durch Beobachten, Zuhören, Nachfragen und Zusammenfassen arbeitet er die Interessen und Bedürfnisse hinter den Positionen der Konfliktparteien heraus und fördert das wechselseitige Verständnis.

Mediation – Vermittlung in Konflikten

Unter einer Mediation versteht man ein strukturiertes, aber ergebnisoffenes Gespräch, das von einer neutralen Person zur Vermittlung in einem Konflikt geführt wird.

Ein Psychotherapeut behandelt Menschen mit seelisch-psychischen Störungen mit Krankheitswert nach ICD-10 (International Statistical Classification of Diseases and Related Health Problems) durch eine geplante und kontrollierte Anwendung psychologischer Methoden, die sich auf eine Theorie normalen und pathologischen Verhaltens beziehen.

Psychotherapie – medizinische Behandlung

Ziel einer psychotherapeutischen Behandlung ist die positive Beeinflussung seelisch-psychischer Krankheiten in Richtung Heilung beziehungsweise Verminderung von Leiden sowie die Förderung der Fähigkeit, besser mit den Problemen umgehen zu können.

Auf den Punkt gebracht:

Coaching ist nicht Experten-, sondern Prozessberatung. Coachs agieren in einer neutralen Haltung und beziehen inhaltlich keine Position. Stattdessen unterstützen sie Menschen, sich bewusst zu werden, was sie brauchen und wollen, indem sie ihnen zuhören, Fragen stellen und Feedback geben.

Im Unterschied zur Psychotherapie geht es im Coaching nicht um die Heilung oder Linderung psychischer Erkrankungen wie etwa einer Depression, sondern um das Erreichen eines konkreten Ziels. Ein Coach kann einen Menschen beispielsweise nicht dabei unterstützen, eine Angststörung zu überwinden. Er kann ihm aber sehr wohl dabei helfen, ablehnende Reaktionen von Kunden oder potenziellen Arbeitgebern, die bisher Ängste in ihm hervorgerufen haben, zu akzeptieren und sich ruhig dabei zu fühlen.

Im Rahmen eines Coachings können – wie auch in einem Training – Kenntnisse vermittelt und Fähigkeiten trainiert werden. Coaching geht aber weit darüber hinaus und umfasst auch die Reflexion von Werten, Überzeugungen und Rollenbildern, die Beschäftigung mit der eigenen Identität und Zugehörigkeit sowie mit Sinnfragen usw.

Die Übergänge zwischen einem Gruppen- oder Team-Coaching und einer Mediation sind fließend. Beides ist Prozessberatung, das heißt, der Coach beziehungsweise der Mediator agiert neutral und nimmt inhaltlich nicht Stellung. Da es kaum Gruppen-Situationen gibt, die hundertprozentig konfliktfrei sind, und lediglich das Ausmaß an Konflikten unterschiedlich ausgeprägt ist, verwenden wir die Begriffe Gruppen-/Team-Coaching und Mediation synonym. Wenn man einen Unterschied machen möchte, könnte man sagen, dass es bei einer Mediation in jedem Fall um eine Konfliktklärung geht, während es bei einem Coaching auch um die Klärung von Konflikten gehen kann.

2. Verschiedene Coaching-Schulen/ -Richtungen

Wir haben bereits erwähnt, dass der Begriff Coaching nicht einheitlich verwendet wird. Dies kann ganz schön verwirren – und die Vielzahl an unterschiedlichen Coaching-Richtungen noch zusätzlich! Deshalb möchten wir nun etwas Licht in die Herkunft und die verschiedenen Strömungen bringen, die es im Coaching gibt.

Die Ansätze und Methoden im Coaching stammen überwiegend aus anderen Bereichen, insbesondere aus der Psychologie, der Philosophie und der Managementlehre. Im Laufe der Jahre haben sich verschiedene Schulen herausgebildet, die unterschiedliche Methoden und Vorgehensweisen entwickelt oder integriert haben und entsprechend ihrem Modell arbeiten und Coachs ausbilden. Zu diesen Schulen gehören das Neurolinguistische Programmieren (NLP), der Systemische Ansatz, die Transaktionsanalyse, die Verhaltenstherapie und die Positive Psychologie – um nur einige wenige zu nennen.

Ein Coach muss sich nicht unbedingt für eine bestimmte Richtung entscheiden, sondern kann auch eklektisch arbeiten. Zu Beginn mag es für einen angehenden Coach einfacher sein, einem bestimmten Ansatz zu folgen. Andererseits erlaubt erfolgreiches Coaching kein starres Vorgehen, denn dazu sind die Klienten und ihre Anliegen sowie die Rahmenbedingungen zu verschieden. Es ist allerdings ratsam, als (angehender) Coach verschiedene Richtungen unter die Lupe zu nehmen, um für sich entscheiden zu können, welche man tiefer gehend kennenlernen und in die eigene Arbeit integrieren will.

Noch wichtiger ist jedoch die Auseinandersetzung mit der eigenen Persönlichkeit. Denn je klarer man die eigenen Stärken, Neigungen, Werte und Überzeugungen erkannt hat, umso **Persönlichkeit wichtiger als Theorie** leichter fällt es, dazu passende Wege zu gehen und peu à peu eine einzigartige Coach-Identität mit einem eigenen Stil auszubilden. Coach sein bedeutet, sich auf einen lebenslangen Weg des Lernens zu machen.

Auf den Punkt gebracht:

Die Methoden im Coaching stammen überwiegend aus anderen Bereichen, insbesondere aus der Psychologie, aber auch aus der Managementlehre und der Philosophie. In der Auseinandersetzung mit diesen Ansätzen haben sich im Laufe der Jahre verschiedene Richtungen entwickelt, zum Beispiel das NLP oder die Systemische Beratung. Coachs müssen nicht einer „Schule" folgen, sondern können genauso gut eklektisch arbeiten und verschiedene Methoden integrieren, die ihnen entsprechen. Dies ist insofern empfehlenswert, als die Unterschiedlichkeit der Klienten sowieso Flexibilität erfordert.

3. Ziele und Nutzen von Business-Coaching

Unabhängig von der „Schule" und Ausrichtung des einzelnen Coachs kann man sagen, dass es im Business-Coaching um die Entfaltung des Potenzials des Coachees und die Erweiterung seiner beruflichen und persönlichen Kompetenzen geht. Coaching hilft Menschen dabei, sich ihrer Denk- und Verhaltensmuster bewusst zu werden und diese gegebenenfalls zu ändern, wenn sie sie als nicht zielführend erachten.

Die Selbsterkenntnis zu fördern, ist ein wesentliches Ziel von Coaching, das ja eine Hilfe zur Selbsthilfe ist. Selbsterkenntnis ist die Voraussetzung für eine gezielte Selbststeuerung, denn nur was uns bewusst ist, das können wir auch verändern!

Für den Klienten kann Coaching in vielerlei Hinsicht nutzbringend sein: Es kann ihn dabei unterstützen, konkrete Strategien zur Bewältigung von aktuellen Problemen zu entwickeln, seinen Blickwinkel und Handlungsspielraum zu vergrößern, seine Selbstsicherheit zu steigern und seine Selbststeuerungsfähigkeiten zu verbessern, (endlich) im Hinblick auf ein angestrebtes Ziel ins Tun zu kommen, seine Leistungsfähigkeit zu steigern, mehr Gelassenheit zu empfinden, eine positivere Ausstrahlung zu erlangen usw. **Nutzen für den Klienten**

Wird Coaching in einem Unternehmen als Instrument der Personalentwicklung eingesetzt, verfolgt das Unternehmen damit meist das Ziel, die betreffenden Mitarbeiter zu unterstützen und zu stärken, ihre Selbststeuerungsfähigkeit zu fördern oder konkrete Herausforderungen zu lösen wie zum Beispiel das Hineinwachsen in eine neue Rolle, Führungsprobleme oder Konflikte in Teams.

Für Unternehmen liegt der Nutzen von Coaching vor allem in einer erhöhten Leistungsfähigkeit und Motivation durch die individuelle Förderung, die häufig auch als Anerkennung erlebt wird. Dadurch ist es ein hervorragendes Instrument zur Entwicklung der Mitarbeiter und zur Steigerung ihrer Loyalität. Hinzu kommt ein Imagegewinn, denn Coaching kann sehr dazu beitragen, dass ein Unternehmen als attraktiver Arbeitgeber empfunden wird und die Mitarbeiter sich stärker mit ihm identifizieren und dies dann auch nach außen tragen. Mitarbeiter, die regelmäßig Coaching erhalten, stärken dadurch auch ihre Soft Skills, zum Beispiel ihre emotionale und soziale Kompetenz. Dies kommt dem Un- **Nutzen für das Unternehmen**

ternehmen etwa in Form von kooperativerem Verhalten und erhöhter Kreativität zugute.

4. Beteiligte im Coaching-Prozess

Mit Ausnahme von Gruppen-/Team-Coachings finden Coaching-Gespräche üblicherweise unter vier Augen statt. Darüber hinaus gibt es unter Umständen noch weitere Beteiligte im Coaching-Prozess:

Bei unternehmensbezahltem Coaching ist meist sowohl die Personalabteilung als auch die Führungskraft des Mitarbeiters involviert. Der – externe oder firmeninterne – Coach kommt in der Regel dann ins Spiel, wenn entschieden ist, dass ein Coaching in Anspruch genommen werden soll. Die Personalabteilung ist üblicherweise Auftraggeber des Coachings. Ihr obliegt die Implementierung des Coaching-Prozesses und dessen Evaluation.

Für externe Coachs ist sie Ansprechpartnerin in Sachen Vertrag, für die Führungskraft bei Fragen zum Coaching allgemein.

Von der Führungskraft geht häufig die Initiative für das Coaching aus. In manchen Unternehmen gibt es feste Richtlinien, wer Coaching bekommt und wer nicht. Inwieweit die Führungskraft ansonsten in das Coaching einbezogen wird, hängt vom Einzelfall ab. Im Idealfall trägt sie zum Transfer der Coaching-Ergebnisse in den Arbeitsalltag bei. Dabei kann es leicht passieren, dass Führungskräfte den Coach dazu benutzen wollen, ihre Mitarbeiter nach ihren Vorstellungen zu „optimieren". Dies ist bequemer, als selbst innezuhalten, sich zu hinterfragen, Verantwortung zu übernehmen und sich der eigenen Problemanteile und Verbesserungspotenziale bewusst zu werden. Es ist menschlich nachvollziehbar, Verbesserungen in erster Linie von anderen zu erwarten. Da jedes Mitglied eines Systems – also zum Beispiel einer Abteilung oder eines Unternehmens – aber Anteil am „System-Geschehen" hat, sind Veränderungen umso eher möglich, wenn alle Beteiligten bereit sind, bei sich selbst anzufangen, statt sich zurückzulehnen und Veränderungen allein vom anderen zu erwarten.

Rolle der Führungskraft

Auf den Punkt gebracht:

Bei unternehmensbezahlten Coaching-Prozessen hat ein Coach häufig mehrere Auftraggeber, deren Interessen er berücksichtigen muss: die Personalabteilung, die Führungskraft des Coachees und den Coachee selbst. Um sich nicht von Führungskräften instrumentalisieren zu lassen, sollte ein Coach für sich klären, wo er Grenzen setzt.

5. Arten und Formen von Business-Coaching

Vielleicht sind Sie in Berichten über Coaching schon einmal über Begriffe wie „interner Coach" oder „Face-to-Face-Coaching" gestoßen – und haben sich dabei gefragt, was das eigentlich genau bedeutet. Dies soll im Folgenden kurz erläutert werden:

Arten von Coaching
Von externen Coachs spricht man, wenn selbstständige oder für einen Coaching-Anbieter tätige Coachs von einem Unternehmen für ein Coaching beauftragt werden. Sie haben den Vorteil, dass sie nicht betriebsblind sind und Distanz mitbringen. Dadurch fällt es ihnen leicht, die Perspektive zu wechseln und gegebenenfalls auch kritische Punkte anzusprechen. Außerdem tauchen bei externen Coachs selten Vertrauensprobleme auf, wie es bei internen Coachs der Fall sein kann. Nachteilig kann sich allerdings auswirken, dass ein externer Coach nicht mit der Unternehmenspolitik und -kultur vertraut ist.

Größere Unternehmen haben teilweise eigene fest angestellte interne Coachs. Bei diesen handelt es sich zum Beispiel um Mitarbeiter der Personalentwicklung, um Führungskräfte oder erfahrene Angestellte, die in der Regel eine Coaching-Ausbildung absolviert haben und zusätzlich zu ihren eigentlichen Aufgaben Mitarbeiter anderer Abteilungen coachen. Schwierigkeiten kann es bei internen Coachings geben, wenn sich die Führungskraft des gecoachten Mitarbeiters und der firmeninterne Coach kennen. Dies kann dazu führen, dass der Coachee misstrauisch ist und nicht bereit, sich zu öffnen. Nachteilig kann sich auch auswirken, dass der Coach Teil des Unternehmens und dadurch ein Stück weit betriebsblind ist. Andererseits kann die Kenntnis der Unternehmenspolitik und -kultur auch vorteilhaft sein, da ein interner Coach besser als ein externer einschätzen kann, ob die Ergebnisse des Coachings im Unternehmen umsetzbar sind.

Da der Erfolg eines Coachings ganz entscheidend von einer vertrauensvollen Coach–Klienten–Beziehung abhängt, sollte der Coachee das letzte Wort beim Thema „interner versus externer Coach" haben. Wenn er Bedenken in Sachen Vertraulichkeit hat, sollte man ihm einen externen Coach bewilligen.

Coaching findet überwiegend „Face-to-Face" im persönlichen Gespräch statt. Dies kann auch die Form eines Coachings on the Job („Shadowing") annehmen, bei dem der Coach den Coachee für einige Zeit bei seiner Arbeit begleitet und das Erlebte mit ihm reflektiert. Heutzutage findet Coaching aber nicht nur „Face-to-Face", sondern immer häufiger auch am Telefon statt. Telefon-Coaching hat den Vorteil, dass Coach und Coachee geografisch unabhängig und zeitlich flexibler sind. Die Integration von Coaching-Terminen in den Alltag ist leichter und alle Beteiligten sparen Zeit und Geld, da keine An- und Abreise anfällt. Vielen Coachees fällt es zudem am Telefon leichter, sich zu fokussieren. Und die „Gesichtswahrung" am Telefon erleichtert die Bereitschaft, sich zu öffnen, was tiefer gehende Erkenntnisse ermöglicht. In der Praxis findet man manchmal auch Mischungen aus Face-to-Face- und Telefon-Coaching, etwa wenn Telefon-Coaching für kurze Sessions zwischen Face-to-Face-Treffen genutzt wird.

Formen von Coaching

Eine weitere Form von Coaching ist das E-Coaching beziehungsweise Online-Coaching. Dabei werden die technischen Möglichkeiten des Internets genutzt, zum Beispiel E-Mails oder Online-Arbeitsräume, in denen Coach und Coachee interagieren. Last, but not least gibt es noch Selbst-Coaching-Kurse, bei denen sich der Coachee mithilfe von vorgegebenen Fragen selbst coacht. Analog zum Telefon-Coaching haben E-Coaching und Selbst-Coaching-Programme durch ihre Asynchronität den Vorteil der geringeren Kosten und der räumlichen und zeitlichen Unabhängigkeit und Flexibilität. Die schriftliche Form im E-Coaching und in Selbst-Coaching-Programmen bietet zudem eine gute Dokumentation des Prozesses. Nachteilig kann sich beim E-Coaching auswirken, dass das Coaching distanzierter bleibt, da der Coach den Grad der Emotionalität nur bedingt spüren und beeinflussen kann. Auch lassen sich manch hilfreiche Coaching-Methoden nicht einsetzen.

Es ist sinnvoll, situativ zu entscheiden, welche Form(en) von Coaching in welcher Kombination für den jeweiligen Klienten und sein Anliegen passend ist/sind.

Auf den Punkt gebracht:

Externe Coachs haben den Vorteil, dass es ihnen aufgrund ihrer Außensicht leichtfällt, dem Coachee und seinem Anliegen neutral zu begegnen. Coachees fällt es zudem meist leichter, externen Coachs zu vertrauen als internen. Interne Coachs können dagegen besser einschätzen, inwieweit im Coaching gewonnene Erkenntnisse und Vorhaben im Unternehmen umsetzbar sind. Die Entscheidung „externer versus interner Coach" sollte immer der Coachee selbst treffen dürfen. Wenn er keine vertrauensvolle Beziehung zum Coach aufbauen kann, ist die Chance, dass das Coaching erfolgreich ist, gering. Dasselbe gilt für die Form des Coachings: Ob Face-to-Face-, Telefon- oder E-Coaching oder eine Mischung daraus, das sollte ebenfalls dem Coachee überlassen werden, denn wenn dieser sich nicht wohlfühlt, wird das Coaching kaum erfolgreich sein.

6. Anlässe und Themen im Business-Coaching

Beim Lesen ging Ihnen vielleicht etwas durch den Kopf wie: „Alles gut und schön, jetzt habe ich verstanden, dass man sich beim Coaching nicht zwingend gegenübersitzen muss, aber worüber wird in den Coaching-Sitzungen eigentlich gesprochen?" Die Palette möglicher Themen ist riesig. Zu den häufigsten Anlässen und Themen im Coaching gehören im beruflichen Kontext die folgenden:

- **Selbststeuerungsthemen** wie der Umgang mit Emotionen, Burnout-Prävention, Zeit- und Stressmanagement, Veränderung von Denk- und Verhaltensmustern, Übernahme einer neuen Aufgabe oder Position;
- **Führungsthemen** wie der Umgang mit den Problematiken beim Wechsel vom Mitarbeiter zum Vorgesetzten oder bei lateraler Führungsverantwortung;
- **Kommunikations- und Interaktionsthemen** wie Gesprächs- und Verhandlungsführung, Mobbing, Konflikte mit Kollegen / Kunden / Mitarbeitern / Vorgesetzten;
- **Organisationsthemen** wie Herausforderungen, die sich aus Umstrukturierungen oder Fusionen ergeben;
- **Persönlichkeitsentfaltungsthemen** wie die Reflexion persönlicher Werte, die Sinnfindung, die Definition und Umsetzung beruflicher und persönlicher Ziele oder die Verbesserung der persönlichen Wirkung;
- **Strategiethemen** wie die Karriereplanung oder die Begleitung beim Finden und Umsetzen einer Geschäftsstrategie.

Typische Coaching-Themen

Auf den Punkt gebracht:

Als Faustregel kann man sagen, dass Coaching immer dann in Erwägung gezogen werden sollte, wenn wir etwas an der Istsituation ändern möchten, aber nicht auf Anhieb und in wenigen Worten sagen können, was genau der „Knoten" ist, den wir lösen müssen, und was wir konkret tun können, um weiterzukommen.

7. Kosten von Business-Coaching

Da sich – wie bereits erwähnt – jeder Coach nennen darf, der will, ist die Bandbreite der Honorare im Coaching ebenso enorm wie die Bandbreite dessen, was als Coaching angeboten wird. Laut der seit 2002 jährlich von Jörg Middendorf (BCO, Köln) durchgeführten „Coaching-Umfrage Deutschland" (Middendorf und Fritsch 2013) liegt der durchschnittliche Stundensatz eines Coachs bei 165 Euro (elfte Umfrage, veröffentlicht im März 2013). Rund zwei Drittel aller Coachings werden der Studie zufolge durch Unternehmen bezahlt. Dies zeigt, dass sich die Positionierung des Coachings als ein integrierter Bestandteil der Personalentwicklung von Unternehmen gefestigt hat. Bei privat finanzierten Coachings lag der durchschnittliche Stundensatz bei 126 Euro, bei unternehmensfinanzierten Coachings bei 187 Euro. Mit diesen Beträgen kann jedoch längst nicht jeder Coach rechnen, denn der tatsächlich erzielte Stundensatz hängt von Geschlecht, Berufserfahrung und Arbeitszeit ab. Frauen erzielen geringere Honorare als Männer, ältere Coachs höhere Honorare als jüngere und Coachs mit mehr als zehn Jahren Berufserfahrung mehr als weniger erfahrene Coachs. Die unterschiedlichen Honorare für Firmen- und Privatkunden sind darin begründet, dass im Firmenbereich in der Regel ein höherer Aufwand für Vorgespräche, Zwischenbilanz- und Evaluations-Meetings anfällt.

Dem interessierten Laien mögen diese Honorare hoch erscheinen. Dabei wird häufig nicht berücksichtigt, dass Coaching mehr ist als die Präsenzzeit während der Sitzungen. Verantwortungsbewusste Coachs betreiben Qualitätssicherung und bereiten nicht nur ihre Sitzungen sorgfältig vor und nach und bilden sich kontinuierlich weiter, sondern nehmen auch regelmäßig Supervision (eine spezielle Beratungsform zur konkreten, fallbezogenen Überprüfung des eigenen Verhaltens im Coaching) in Anspruch. Nach einer Erhebung der Beratungsgesellschaft „The Coaching Centre" in den Jahren 2009 bis 2011 (Dembkowski 2011) muss man mit einem Faktor von 2,66 rechnen, wenn man den tatsächlichen Zeitaufwand für ein professionelles Business-Coaching errechnen will.

Auf den Punkt gebracht:

Der durchschnittliche Betrag für eine Stunde Coaching lag 2013 bei 165 Euro. Eine Stunde Coaching bedeutet für einen professionellen Coach, der seinen Beruf ernst nimmt, Sitzungen sorgfältig vor- und nachbereitet und sich regelmäßig weiterbildet und zur Supervision geht, etwa zweieinhalb Stunden Zeitaufwand.

8. Erfolgsfaktoren und Qualitätssicherung im Business-Coaching

Nachdem Sie gehört haben, dass Coachs in einer neutralen Haltung agieren und bewusst nicht als Experte für die Inhalte des Coachings auftreten, sondern sich auf die Steuerung des Prozesses konzentrieren, haben Sie sich vielleicht gefragt, was dann wohl den Erfolg von Coaching ausmacht. Darum geht es in diesem Abschnitt.

In der öffentlichen Diskussion wird im Zusammenhang mit Coaching Qualität häufig mit der Qualifikation des Coachs gleichgesetzt. Für den Coaching-Prozess zirkulieren außerdem zahlreiche sogenannte „Coaching-Standards", die allerdings weder verbindlich noch allgemein anerkannt sind. Die bisherige Coaching-Forschung hat nach Dr. Karin von Schumann (von Schumann 2008) hingegen die folgenden Qualitätskriterien für Coaching herausgearbeitet:

Qualitätskriterien 1. **Strukturqualität** (Qualitätsmerkmale, die die Rahmenbedingungen betreffen)
- Die Beziehung zwischen Coach und Coachee, zum Beispiel Vertrauen, Sympathie, Offenheit, gegenseitige Wertschätzung
- Klarheit und Transparenz hinsichtlich des eigenen Coaching-Konzepts, der angewandten Methoden sowie der Möglichkeiten und Grenzen von Coaching
- Ein partnerschaftliches Coaching-Verständnis, das heißt Partizipation des Coachees bei der Vorgehensweise
- Die persönliche Kompetenz des Coachs, zum Beispiel zuhören und strukturieren können, Business-Verständnis, Integrität, Verschwiegenheit, Glaubwürdigkeit, Vorbildfunktion

2. **Prozessqualität** (Qualitätsmerkmale, die den Ablauf des Coachings betreffen)
- Die Zielkonkretisierung, -bindung und -kontrolle
- Die Veränderungsmotivation des Coachees

3. **Ergebnisqualität** (Qualitätsmerkmale, die das Ergebnis des Coachings betreffen)
- Entwicklungsorientiertes und wertschätzendes Feedback
- Eine detaillierte abschließende Evaluation mit einigem zeitlichen Abstand zum Coaching (um die Nachhaltigkeit zu überprüfen und der Zeitabhängigkeit von Veränderungen gerecht zu werden, die kurzfristig durch die verstärkte Selbstreflexion auch mit Rückschritten einhergehen können)

Die bisherige Coaching-Forschung hat bestätigt, was erfahrenen Coachs ohnehin klar war: *Der* zentrale Faktor für ein erfolgreiches Coaching ist die Beziehung zwischen dem Coach und dem Coachee. Vertrauen, Sympathie, Offenheit und gegenseitige Wertschätzung tragen wesentlich zum Erfolg von Coaching bei. Für den Erfolg ist es außerdem wichtig, dass der Coachee klare Vorstellungen davon hat, was ihn im Coaching erwartet, und dass er den Prozess mitbestimmen kann. Coachs sollten ihr Konzept und Vorgehen also unbedingt transparent machen und den Coachee immer wieder einbinden und nicht einfach irgendetwas machen. Des Weiteren ist es für den Erfolg eines Coachings wichtig, dass der Coach über eigene Business-Erfahrung verfügt, gut zuhören und strukturieren kann und verschwiegen, glaubwürdig und integer ist. Vonseiten des Coachees ist eine ausreichende Veränderungsmotivation unabdingbar. Außerdem ist es bedeutsam, dass konkrete Ziele vereinbart und nachgehalten werden, wertschätzendes Feedback gegeben und der Coaching-Prozess abschließend evaluiert wird.

9. Pro und Contra gängige Coaching-Thesen

Wie im vergangenen Abschnitt erwähnt, ist in der Fachpresse immer wieder von „Standards" im Coaching zu lesen. Im noch jungen und staatlich nicht regulierten Feld des Business-Coachings haben es einige Behauptungen geschafft, den Anschein von anerkannten „Coaching-Standards" zu erwecken.

1. Ein Chef kann niemals Coach seiner Mitarbeiter sein!
2. Coachs dürfen keine Ratschläge geben!
3. Coaching muss immer freiwillig sein!
4. Coaching hat nichts mit Therapie zu tun!
5. Coachs müssen eigene Führungserfahrung haben!
6. Coaching muss immer absolut vertraulich sein!
7. Coaching erstreckt sich immer über mehrere Sitzungen und ist zeitlich begrenzt!

Diese Postulate sollen nachfolgend näher beleuchtet werden:

1. Ein Chef kann niemals Coach seiner Mitarbeiter sein!
Als Grund für dieses Postulat wird häufig angeführt, dass das Coachen der eigenen Mitarbeiter zu einem Interessenkonflikt führe, da die Führungskraft den Mitarbeiter nur dazu bringen wolle, optimal zu funktionieren, und das nötige Vertrauensverhältnis nicht gegeben sei. Dem kann entgegnet werden, dass Führungskräfte in der Regel an Interessenkonflikte gewöhnt sind, denn sie müssen einerseits möglichst viel aus ihren Mitarbeitern „herausholen" und haben ihnen gegenüber andererseits eine Fürsorgepflicht.

Neben dem eventuell nicht gegebenen Vertrauensverhältnis ist allerdings zu bedenken, dass Coaching eine andere innere Haltung erfordert als Führung. Die coachende Haltung ist neugierig, fragend, partnerschaftlich und ergebnisoffen; beim Führen im klassischen Sinne geht es hingegen (auch) darum, Ziele vorzugeben und Handlungen zu kontrollieren und zu bewerten. Coachs verfolgen gegenüber ihren Coachees keine eigenen Interessen; Führungskräfte hingegen schon, da sie für das Erreichen der Ziele verantwortlich sind. Vorgesetzte und ihre Mitarbeiter befinden sich in einer hierarchischen Beziehung, Coachs und ihre Coachees in einer Beziehung auf Augenhöhe. Ein Mitarbeiter kann seinem Chef nicht kündigen, wenn er mit dessen Coaching nicht zufrieden ist, was ein Coachee jederzeit kann.

Die Führungskraft wiederum kann nicht beliebige Ziele des Mitarbeiters akzeptieren, sondern muss die eigenen oder vorgegebenen Ziele im Blick behalten. Coachen und Führen (nach bisherigem Verständnis) unterscheiden sich also insbesondere dadurch, dass der Coach nichts vorgibt, bestimmt oder anordnet. Ein Chef kann demzufolge nur dann als Coach agieren, wenn er eine ergebnisoffene Haltung einnimmt.

Selbst bei einer ergebnisoffenen Haltung besteht allerdings die Gefahr einer Rollendiffusion, denn das Prinzip der Vertraulichkeit von Coaching-Gesprächen steht eventuell im Konflikt mit der Wahrung von Unternehmensinteressen. Selbst wenn sie nur das Beste für ihre Mitarbeiter möchten, sind Führungskräfte schließlich auch nur Menschen, die sich durch die Coaching-Gespräche unbewusst ein Bild von ihren Mitarbeitern machen – und dieses Bild kann in der Folge unter Umständen negative Auswirkungen auf Beurteilungen und Personalentscheidungen haben.

Aufgrund des möglichen Konflikts zwischen der Gewährleistung der Vertraulichkeit von Coaching-Inhalten und der Wahrung von Unternehmensinteressen können Führungskräfte aus unserer Sicht eher nicht als Coach ihrer Mitarbeiter agieren. Sie können jedoch einen coachenden Führungsstil entwickeln, der die Selbstverantwortung ihrer Mitarbeiter fördert. Ein solcher Führungsstil erfordert allerdings das Selbstverständnis eines „besten Koordinators und Förderers" und nicht – wie häufig noch verbreitet – „besten Fachmanns".

In der heutigen Arbeitswelt werden Eigenverantwortung und Kooperation immer selbstverständlicher, denn es gibt immer mehr komplexe Situationen, die ein Einzelner nicht alleine überblicken kann. Entscheidungen von oben geraten mehr und mehr aus der Mode und beteiligungsorientierte Vorgehensweisen sind auf dem Vormarsch. Direktive Führung kommt bei vie- **Modernes Führungs- verständnis**

len Menschen nicht mehr gut an. Die Führungskraft als „Held",
der alles weiß, kann und richtet, hat langsam ausgedient. Menschen in Führungsfunktionen hilft heutzutage eher das Rollen-
verständnis eines guten Gastgebers: Sie müssen Menschen zu-
sammenbringen, auf ihre Bedürfnisse eingehen, Flexibilität im
Umgang mit ihnen beweisen und dabei Verantwortung für sie
übernehmen. Dies erfordert Fähigkeiten, die man unter dem Begriff „Coaching-Kompetenzen" zusammenfassen kann: bewer-
tungsfrei wahrnehmen, Körpersignale spüren, eigene Gefühle
und Bedürfnisse erkennen, Emotionen und Bedürfnisse anderer erspüren, ergebnisoffen fragen, empathisch zuhören usw.
Bei vielen Menschen sind diese Fähigkeiten nicht so ausgeprägt
vorhanden und wollen erst entwickelt werden. Interpretieren,
analysieren, anordnen können die meisten Führungskräfte gut.
Die Kompetenzen, die es für einen coachenden Führungsstil
braucht, wollen hingegen erst erlernt werden!

2. Coachs dürfen keine Ratschläge geben!

Das Dogma, dass die Lösungen immer vom Coachee kommen
müssen, scheint in der Coaching-Szene weit verbreitet – vermutlich befeuert durch Bücher wie „Ratschläge sind auch Schlä-
ge" von Gabor von Varga und „Beratung ohne Ratschlag" von
Sonja Radatz. Begründet wird dieser Leitsatz häufig damit, dass
bei selbst gefundenen Lösungen die Chance größer sei, dass
diese in die Tat umgesetzt würden. Dem ist entgegenzuhalten,
dass nicht alle selbst gefassten guten Vorsätze (zum Beispiel ab-
nehmen, mit dem Rauchen aufhören, mehr Sport treiben) in die
Tat umgesetzt werden. Außerdem hat wohl fast jeder Mensch
schon von einem Rat profitiert, den er von jemandem bekommen hat; das Rad wird nicht zwingend besser, wenn es neu er-
funden wird.

Ideen einbringen Im Unterschied zur Psychotherapie hat man es im Coaching in
der Regel mit Menschen zu tun, die selbstbewusst genug sind,
„Nein" zu einem Vorschlag zu sagen, den sie für sich selbst nicht
als passend und stimmig erachten. Wenn der Coach Ideen einbringt, kann dies den Coachee zu ganz neuen Lösungen anre-

gen – insbesondere dann, wenn der Coachee keinerlei Erfahrungen in der Art von Fragestellung mitbringt, mit der er sich konfrontiert sieht. Dadurch kann auch einiges an Zeit gespart werden.

Allerdings ist es für den Coach von höchster Wichtigkeit, die Reaktionen des Coachees auf seine Vorschläge sehr genau zu beobachten. Wird der Vorschlag interessiert aufgegriffen oder reagiert der Coachee mit einem „Ja schon, aber ..."? Ein „Ja, aber" signalisiert dem Coach, dass es einen Widerstand aufseiten des Klienten gibt. Dieser kann daraus resultieren, dass der Coach zu sehr in die Richtung, die er selbst für „gut und richtig" befindet, gedrängt hat oder als toller Problemlöser dastehen will. Sieht der Coach seine Vorschläge hingegen als Einladungen an den Coachee, von anderen Erfahrungen zu profitieren, und ist ihm bewusst, dass es letztlich die Entscheidung des Coachees ist, darüber zu befinden, was er damit machen will, spricht nichts dagegen, dass ein Coach gelegentlich auch Vorschläge einbringt.

Wenn der Coach selbst nichts will und „leer" ist von eigenen Vorstellungen im Hinblick auf den Klienten und dessen Thema, ist die Chance groß, dass seine Vorschläge interessiert aufgegriffen werden. Entscheidend ist nicht, von wem eine Idee kommt, sondern ob sie dem Coachee brauchbar erscheint.

3. Coaching muss immer freiwillig sein!
Weit verbreitet ist auch der Glaube, dass man mit Klienten, die von ihren Chefs oder der Personalabteilung ins Coaching geschickt werden, nicht arbeiten kann, da Coaching immer freiwillig sein müsse. Dem kann entgegengehalten werden, dass erstens wohl niemand in Handschellen zum Coaching geführt wird und insofern Freiwilligkeit gegeben ist und zweitens auch ein Mensch, der nicht aus eigenem Antrieb gekommen ist, sondern „geschickt" wurde, vom Nutzen eines Coachings überzeugt werden kann und damit Freiwilligkeit hergestellt werden kann.

Für den Coach ist es allerdings wichtig, darauf zu achten, dass er nicht die Rolle des Auftraggebers übernimmt und versucht, dem potenziellen Klienten das Coaching besonders schmackhaft zu machen. Bei „geschickten" Coachees hat es sich als hilfreich erwiesen, wenn der Coach beispielsweise folgende Fragen stellt:

- Was, denken Sie, veranlasst X, Sie zu mir zu schicken?
- Was verspricht sich X vermutlich von diesem Coaching?
- Wie stehen Sie zu Xs Vorstellungen?
- Gibt es etwas, wofür Sie dieses Coaching nutzen möchten?
- Wobei könnte Ihnen dieses Coaching behilflich sein?

Finden die beiden eine sinnvolle Zielsetzung für die gemeinsame Zeit, steht einem Coaching nichts im Wege. Wenn sich aber herausstellt, dass der Betreffende keinerlei Motivation für das Coaching hat, sollte der Coach das Coaching nicht annehmen, denn sonst würde er mehr wollen als der Coachee und dem Drama-Dreieck (siehe Kapitel II.2, Abschnitt „Transaktionsanalyse") wäre Tür und Tor geöffnet.

4. Coaching hat nichts mit Therapie zu tun!

Auch die Vorstellung, es gäbe eine ganz klare Trennlinie zwischen Coaching und Therapie, ist weit verbreitet. Dem kann entgegnet werden, dass Coachs wie Therapeuten Menschen dabei helfen möchten, sich zu verändern. Und dass sie sich dabei häufig ähnlicher Methoden bedienen, denn viele im Coaching zur Anwendung kommende Techniken stammen aus der Psychotherapie. Als Coach ohne solche Techniken auskommen zu wollen, wäre wenig zielführend, da viele Herausforderungen des beruflichen Alltags nur gelöst werden können, wenn der Coachee sein Verhalten, seine Einstellung und/oder sein Selbstbild ändert. Dazu braucht es Werkzeuge psychologischen Ursprungs. Gemeinsam ist den beiden außerdem die überragende Bedeutung der Beziehung.

Unterschiedlich ist jedoch die Zielsetzung: Coachs können Menschen nicht dabei helfen, seelisch-psychische Störungen mit Krankheitswert (Depressionen, Suchterkrankungen, Borderline, ...) zu behandeln; sie können die Betreffenden aber gegebenenfalls bei den beruflichen Aspekten dieser Schwierigkeiten unterstützen. Ein Coach kann zum Beispiel einem Menschen, der unter Depressionen leidet, nicht dabei helfen, seine Depression zu lindern; er kann ihn aber dabei unterstützen, zu lernen, den eigenen Standpunkt ruhig und sachlich zu vertreten, wenn er von Kollegen kritisiert wird.

Häufig heißt es auch, wer zur Psychotherapie gehe, habe ein Defizit, und wer sich coachen lasse, wolle seine Kompetenzen verbessern. Coaching setze intakte Selbstregulierungsfähigkeiten voraus, Psychotherapie nicht. Dem stimmen wir im Grundsatz zu, sehen aber auch einen Graubereich dazwischen. Burnout und familiäre Probleme gelten teilweise als Psychotherapie- und teilweise als Coaching-Anlässe. Die Indikation wird weniger vom Thema abhängig gemacht als davon, wie „tief" das Problem in der Persönlichkeit des Betreffenden verwurzelt scheint. Uneinigkeit bezüglich der Zuständigkeit besteht besonders beim Burnout-Syndrom. Die damit verbundenen Erschöpfungszustände resultieren meist aus der Arbeit, häufig ist aber zumindest teilweise auch die Selbstregulierungsfähigkeit eingeschränkt.

Graubereich zwischen Coaching und Therapie

Anstatt zu sagen, dass Coaching nichts mit Therapie zu tun habe, ist es aus unserer Sicht präziser, von einem Kontinuum mit zwei Polen und einer Grauzone dazwischen mit fließenden Übergängen zu sprechen. Ob eher Coaching oder Psychotherapie hilfreich sein könnte, sollte im Rahmen eines ausführlichen Auftragsklärungsgesprächs herausgefunden werden. Dabei ist zu berücksichtigen, welches Ziel der Betreffende mit der angedachten Maßnahme verfolgt und ob er bereits psychische oder psychosomatische Symptome entwickelt hat und wie es um seine Selbstregulierungsfähigkeit steht.

5. Coachs müssen eigene Führungserfahrung haben!

Wenn ein Coach über eigene Führungserfahrung verfügt, ist dies möglicherweise insofern nützlich, als es ihm dabei helfen kann, die Aufgaben und Leistungen seiner Coachees zu verstehen und zu würdigen. Es kann aber auch dazu führen, dass er versucht, den Coachees seine eigenen Vorstellungen von „guter" Führung zu oktroyieren, statt mit ihnen zu beleuchten, was für sie passend und stimmig ist. Ähnlich wie im Fußball ist ein erfolgreicher ehemaliger Spieler nicht automatisch ein guter Coach. Was ein Business-Coach aber in jedem Fall mitbringen sollte, ist das Wissen über Beratungsprozesse und darüber, wie die Unternehmenswelt im Allgemeinen und Führung im Speziellen funktioniert. Dazu muss er aber nicht zwingend selbst Führungsverantwortung getragen haben.

6. Coaching muss immer absolut vertraulich sein!

Auch dieses Postulat kann sich als hinderlich erweisen. Zum Beispiel dann, wenn es im Coaching um Probleme im zwischenmenschlichen Bereich geht. Dann kann es unter Umständen sinnvoll sein, andere Personen ins Coaching miteinzubeziehen, etwa im Rahmen einer „normalen" Coaching-Sitzung oder in Form eines Vier-Augen-Gesprächs zwischen dem Coach und dem Dritten. Dies geht aber selbstverständlich nur, wenn der Coachee dies möchte und seine Zustimmung dazu erteilt. Statt absolute Vertraulichkeit zu fordern, sollte besser der Grad der Vertraulichkeit festgelegt werden.

7. Coaching erstreckt sich immer über mehrere Sitzungen und ist zeitlich begrenzt!

Dies ist meist der Fall, muss aber nicht zwingend so sein. Auch innerhalb eines einzigen Treffens können hilfreiche Selbstreflexionsprozesse angestoßen werden, die zu einer veränderten Wahrnehmung und größeren Klarheit führen können. Auch eine zeitliche Begrenzung des Coachings muss nicht zwingend vereinbart werden. Weshalb sollte sich jemand nicht regelmäßig von einem Coach als Reflexionspartner und Feedbackgeber begleiten lassen, wenn es ihm guttut und weiterhilft?

In der Psychotherapie wurde von staatlicher Seite bestimmt, welche Verfahren anerkannt sind und welche nicht – mit der Folge, dass viele hilfreiche Methoden durch das Raster gefallen sind. Sinnvoller als die staatlich erzwungene Einhaltung starrer Regeln, die von der Ausbildung, die ein Coach haben muss, bis zu den Methoden, mit denen er arbeiten darf, alles festlegen, scheint uns eine Selbstverpflichtung für Coachs, in der sie sich zur Einhaltung einiger Grundsätze verpflichten, wie sie zum Beispiel die International Coach Federation (ICF) in ihren „Ethischen Standards" vorschlägt. Diese Grundsätze können sich beispielsweise darauf beziehen, was professionelles Verhalten ausmacht und wie mit Interessenkonflikten und vertraulichen Informationen umzugehen ist.

Reglementierungsproblematik

Auf den Punkt gebracht:

Die meisten der verbreiteten „Dos and Don'ts" im Coaching sind aus unserer Sicht keineswegs so klar und eindeutig, wie sie häufig dargestellt werden. Wir stellen uns zudem die Frage, wer im Coaching überhaupt etwas regeln dürfen sollte. Wird Coaching gesetzlich reglementiert, ist zu befürchten, dass dies eine entwicklungshemmende Monokultur wie in der Psychotherapie zur Folge hat. Stattdessen halten wir selbst auferlegte ethische Standards für sinnvoll.

---

10. Berufsethik

Das gerade erwähnte ethische Verhalten möchten wir nun noch etwas tiefer gehend beleuchten: Coaching ist eine bezahlte Beratungsform in einem professionellen Rahmen. Was „professionell" konkret bedeutet, muss jeder Coach für sich selbst definieren. Gehört es für ihn zur Professionalität dazu, dass die Coaching-Sitzungen in einem Büro stattfinden, oder darf es auch ein separates Zimmer in der eigenen Wohnung oder der

Professionalität kennt unterschiedliche Formen

Wohnzimmertisch sein? Möchte er zu Klienten generell eine gewisse Distanz wahren oder freundschaftliche Beziehungen pflegen? Coachs tun gut daran, sich bewusst zu machen, was sie unter Professionalität verstehen und welchen ethisch-moralischen Leitlinien sie folgen wollen. Dies schafft Klarheit nach allen Seiten: für sie selbst wie auch gegenüber Klienten und Auftraggebern. Dabei müssen sie das Rad nicht neu erfinden, sondern können sich an Ethik-Kodizes von Coaching-Verbänden orientieren. Diese beinhalten zum Beispiel Aussagen über das Wesen von Coaching, Qualitätssicherung, Vertraulichkeit und Interessenkonflikte.

Der weltweit größte und älteste Verband professioneller Coachs, die International Coach Federation (ICF), schlägt den folgenden Ethik-Code vor (www.coachfederation.de – 27.01.2014):

Die ethischen Standards der ICF

Professionelles Verhalten im Allgemeinen

Als Coach

1. verpflichte ich mich zu einem Verhalten, welches sich positiv auf die Profession des Coachings auswirkt, und werde ich Verhalten und Darstellungen vermeiden, die sich negativ auf das Verständnis oder die Akzeptanz von Coaching als Profession in der Öffentlichkeit auswirken könnten.
2. werde ich nicht, bezüglich des Coachings als Profession, absichtlich öffentliche Aussagen tätigen, die falsch oder irreführend sind, oder falsche Behauptungen in schriftlichen Dokumenten schreiben.
3. respektiere ich verschiedene Coaching-Methoden und -ansätze. Ich werde die Bemühungen und Beiträge anderer ehren und sie nicht als meine eigenen ausgeben.

4. werde ich mich in Acht nehmen vor Aussagen, die potenziell zum Missbrauch meines Einflusses führen können, wobei ich mich auf das Wesen des Coachings berufe und wie es auf das Leben anderer wirken kann.

5. werde ich jederzeit danach streben, persönliche Themen zu erkennen, die meiner Coaching-Leistung oder meinen beruflichen Beziehungen schaden oder sie stören oder in Konflikt mit ihnen geraten können. Wann immer die Tatsachen oder Umstände es erforderlich machen, werde ich sofort professionelle Hilfe aufsuchen und entscheiden, welche Maßnahmen notwendig sind, bis hin zu einer Suspendierung oder gar Beendigung meiner Coaching-Tätigkeit.

6. (Als Trainer oder Supervisor von Coachs oder potenziellen Coachs) werde ich mich in allen Trainings- oder Supervisionssituationen entsprechend dem ICF Code of Ethics verhalten.

7. werde ich Forschungen mit Kompetenz, Ehrlichkeit und innerhalb anerkannter wissenschaftlicher Richtlinien durchführen und dokumentieren. Meine Forschung wird nur mit der notwendigen Zustimmung aller Beteiligten durchgeführt und meine Verfahren werden alle Beteiligten vor potenziellem Schaden schützen. Ich werde mich bei allen Forschungsarbeiten an die jeweiligen Gesetze des Landes, in dem sie stattfinden, halten.

8. werde ich alle Dokumente bezüglich meiner Arbeit so erstellen, aufbewahren und vernichten, dass Vertraulichkeit gefördert wird und dies mit allen diesbezüglichen Gesetzen übereinstimmt.

9. werde ich ICF-Mitglieder-Kontaktdaten (E-Mail-Adressen, Telefonnummern usw.) nur in der Art und Weise und in dem Umfang verwenden, wie dies durch die ICF autorisiert ist.

Professionelles Verhalten mit Klienten

Als Coach

10. bin ich dafür verantwortlich, klare, angemessene und kulturell korrekte Grenzen zu setzen, von denen jeder Körperkontakt mit meinen Klienten bestimmt wird.

11. werde ich niemals mit einem Klienten sexuellen Kontakt aufnehmen oder pflegen.

12. werde ich klare Abkommen mit meinen Klienten erarbeiten und werde jegliches Abkommen im Zusammenhang mit der professionellen Coaching-Beziehung ehren.

13. werde ich im Vorgespräch oder in der ersten Coaching-Sitzung sicherstellen, dass der Klient das Wesen des Coachings, die Vertraulichkeitspflicht, die finanziellen Vereinbarungen und die sonstigen Punkte der Coaching-Vereinbarung versteht.

14. werde ich wahrheitsgetreu meine Qualifikation, meine Kompetenz und meine Erfahrung als Coach darstellen.

15. werde ich meine Klienten nicht absichtlich irreführen oder falsch informieren über das, was sie von mir als Coach oder vom Coaching-Prozess erwarten können.

16. werde ich keine Informationen oder Ratschläge an meine Klienten oder an interessierte Klienten weitergeben, von denen ich weiß oder von denen ich glaube zu wissen, dass sie irreführend sind.

17. werde ich nie wissentlich irgendeinen Aspekt der Klient-Coach-Beziehung für meinen persönlichen, professionellen oder finanziellen Vorteil ausnutzen.

18. werde ich das Recht meines Klienten, zu jeder Zeit den Coaching-Prozess zu beenden, respektieren. Ich werde aufmerksam auf Hinweise achten, die darauf hindeuten, dass mein Klient nicht mehr von unserer Coaching-Beziehung profitiert.

19. werde ich, wenn ich glaube, dass meinem Klienten mit einem anderen Coach oder mit einer anderen Ressource besser gedient ist, meinen Klienten ermutigen, diese Änderung vorzunehmen.
20. werde ich, wenn es angebracht/notwendig ist, meinem Klienten die Dienste anderer Professionen vorschlagen.
21. werde ich, falls mein Klient die Absicht, sich oder andere zu gefährden, offenbart, alle angemessenen Schritte unternehmen, um die entsprechenden Behörden davon in Kenntnis zu setzen.

Vertraulichkeit/Intimsphäre

Als Coach
22. respektiere ich die Vertraulichkeit der Informationen meines Klienten, außer, mein Klient autorisiert mich oder die Gesetze erfordern es.
23. werde ich die Zustimmung meiner Klienten einholen, bevor ich ihre Namen oder andere identifizierende Informationen, als Klient oder als Referenz, weitergebe.
24. werde ich die Zustimmung der Person, die ich coache, einholen, bevor ich Informationen an Dritte, von denen ich eine Kompensation erhalte, weitergebe.

Interessenkonflikte

Als Coach
25. werde ich Konflikte zwischen meinen Interessen und den Interessen meiner Klienten vermeiden.
26. werde ich, wann immer sich ein Interessenkonflikt ergibt oder entstehen könnte, diesen offen und aufrichtig darlegen und mit meinem Klienten besprechen, wie damit umzugehen ist, um ein Übereinkommen darüber zu erreichen, wie der Konflikt im Interesse des Klienten bestmöglich gehandhabt wird.

27. werde ich meinem Klienten alle Vergütungen und Bezahlungen Dritter offenlegen, die ich möglicherweise für Empfehlungen von diesem Klienten erhalten habe.
28. werde ich Kompensationsgeschäfte mit Dienstleistungen, Waren oder anderen nicht-finanziellen Vergütungen nur eingehen, wenn es die Coaching-Beziehung nicht schädigt.

Die ICF-Verpflichtung zur Ethik

Als professioneller Coach verpflichte ich mich zur Einhaltung der ethischen Grundsätze gegenüber meinen Klienten, Kollegen und der allgemeinen Öffentlichkeit. Ich verpflichte mich, die ethischen Grundsätze und Verhaltensnormen für ICF-Coachs einzuhalten, alle Personen respektvoll und als freie und gleichberechtigte Menschen zu behandeln und diese Verhaltensnormen bei meinen Klienten zu demonstrieren. Falls ich gegen diese ethischen Grundsätze oder eine der Verhaltensnormen für ICF-Coachs verstoße, stimme ich damit überein, dass die ICF mich in ihrem eigenen Ermessen dafür verantwortlich macht. Des Weiteren stimme ich damit überein, dass die ICF in einem solchen Fall meine ICF-Mitgliedschaft kündigt und mir die ICF-Zertifizierung entzieht.

Auf den Punkt gebracht:

Um Klarheit für sich selbst und ihre Klienten und Auftraggeber zu schaffen, tun Coachs gut daran, für sich zu klären, was sie unter professionellem Verhalten verstehen und welchen ethischen Leitlinien sie folgen wollen. Dabei können sie sich an Ethik-Kodizes von Coaching-Verbänden orientieren.

Persönliche Qualifikation

II

Wenn Sie bis hierhin gelesen haben, was wir sehr hoffen, wissen Sie, was man unter Coaching versteht und wie es sich von anderen Beratungsformen abgrenzt, wie es in der Praxis aussehen und was es bringen kann und welche Faktoren erfolgsentscheidend sind. Außerdem haben Sie einen Eindruck von den Verhaltensregeln, die in der „Coaching-Szene" diskutiert werden, erhalten.

Nun möchten wir einen Schritt weitergehen und darlegen, welche persönlichen Kompetenzen Coachs unserer Meinung nach mitbringen beziehungsweise entwickeln müssen.

1. Anforderungen an Coachs

Manchmal werden wir von Coaching-Interessierten gefragt, welche grundlegenden Eigenschaften und Fähigkeiten ein Coach mitbringen muss. Hier unsere Antwort darauf!

Fähigkeiten und Eigenschaften von Coachs

Um als Coach erfolgreich zu sein, bedarf es neben einem hohen Maß an Selbsterfahrung und Selbsterkenntnis eines Sets an kognitiven, emotionalen und sozialen Kompetenzen.

Da es im Coaching um Entwicklung, Veränderung und die Unterstützung anderer Menschen geht, ist es für einen Coach unverzichtbar, dass er an den „Geschichten" anderer Menschen interessiert und in der Lage ist, aufmerksam zuzuhören und Lernen, Entwicklung und Veränderung als etwas Positives zu sehen. Coachs sollten außerdem bestrebt sein, sich selbst kontinuierlich weiterzuentwickeln und in Übereinstimmung mit ihren Werten und Überzeugungen zu leben (sprich integer zu sein). Sie tun gut daran, ihre Stärken, Leidenschaften und Entwicklungsbereiche zu kennen und sich entsprechend auszurichten und authentisch zu leben.

Da Coaching auf der Annahme basiert, dass Menschen alles in sich tragen, was sie brauchen, um ihre Fragestellungen selbst zu lösen, konzentrieren sich Coachs auf den Prozess und nicht auf die Inhalte. Dies mag sich in der Theorie einfach anhören, kann in der Praxis aber ziemlich schwierig sein, denn für die meisten Menschen dürfte es wesentlich einfacher sein, eigene Geschichten zu erzählen, Informationen zur Verfügung zu stellen, Anekdoten zum Besten zu geben und Ratschläge zu erteilen. Anderen Menschen den Raum zu geben, den es braucht, damit sie ihre eigenen Lösungen finden können, erfordert eine Reihe sehr spezieller Fähigkeiten:

- den Kopf „leer" zu machen und im Hier und Jetzt präsent zu sein, das eigene „Terrain" zu verlassen und die Welt immer wieder für Momente mit den Augen des anderen zu sehen;
- die Bedürfnisse und Wünsche hinter dem zu sehen, was jemand sagt oder tut, statt ihn dafür zu be-/verurteilen;
- während der Interaktion mit dem anderen sich immer wieder der eigenen Gedanken, Gefühle, Bedürfnisse und Überzeugungen bewusst zu werden und sie zu kontrollieren und aktiv zu steuern, statt unreflektiert auf das Erlebte zu reagieren.

Professionelle Coachs sind sich ihrer eigenen Überzeugungen und Motive bewusst, hinterfragen diese regelmäßig und berücksichtigen die Interessen der Klienten immer vorrangig vor ihren eigenen.

Als Folge aus der Coaching-Grundannahme, dass jeder Mensch die zu ihm passenden Lösungen für die Herausforderungen seines Lebens in sich trägt, ist es für einen Coach wichtig, sich damit wohlzufühlen, dass er nicht der Experte ist und die Lösung weder kennt noch finden muss. Das kann besonders schwierig sein für Menschen, die aus einem Bereich kommen, in dem viel Wert auf ihre Expertise und Meinung gelegt wurde, wie zum Beispiel der Expertenberatung (Steuer-, Rechts-, Unternehmensberatung usw.). **Expertise zurückstellen**

Um Menschen dabei helfen zu können, Verbindungen zwischen ihren jeweiligen Gedanken und ihrem größeren Ziel herzustellen, müssen Coachs zudem in der Lage sein, viele Informationen im Blick zu behalten und nutzbar zu machen. Dies erfordert ein hohes Maß an mentaler Wendigkeit sowie die Fähigkeit, subtile Veränderungen im Verhalten und in der Einstellung der Klienten wahrzunehmen, um sie dabei zu unterstützen, diese zu sehen und zu würdigen. Teil der Rolle eines Coachs ist es auch, Menschen dabei zu helfen, ihre Handlungen an ihren übergeordneten Werten und Visionen auszurichten. Die Klienten im Detail zu unterstützen und gleichzeitig ihre größere Vision im Blick zu behalten, erfordert Sensibilität, Empathie, Humor, Lösungsorientierung, Einfallsreichtum und die Zuversicht, hinter den Hindernissen die Möglichkeiten zu sehen. **Mentale Wendigkeit**

Neben einem hohen Maß an Selbsterkenntnis, Authentizität und Integrität ist es für Coachs unverzichtbar, dass sie ernsthaft an anderen Menschen und deren „Geschichten" interessiert sind. Sie müssen in der Lage sein, präsent, einfühlsam und urteilsfrei zuzuhören und die eigenen Gedanken, Gefühle, Bedürfnisse und Überzeugungen bewusst wahrzunehmen und zielgerichtet zu beeinflussen, statt unreflektiert auf das Erlebte zu reagieren. Außerdem ist es wichtig, dass sie sich viele Informationen merken und Zusammenhänge herstellen können und dabei sowohl das große Ganze als auch die Details im Blick behalten. Last, but not least müssen sich Coachs damit wohlfühlen, dass sie nicht Experte sind und die Lösung weder kennen noch selbst finden.

Kernkompetenzen von Coachs

Nachdem wir gerade dargelegt haben, welche Eigenschaften, Neigungen und Fähigkeiten Coachs aus unserer Sicht mitbringen oder entwickeln müssen, möchten wir Ihnen nachfolgend vorstellen, welche Kernkompetenzen die International Coach Federation (ICF) von einem professionellen Coach erwartet. Die Kernkompetenzen sind nach ihrem logischen Zusammenhang in vier Gruppen unterteilt. Die Gruppen und einzelnen Kompetenzen sind dabei nicht hierarchisch angeordnet, das heißt, sie sind alle gleich wichtig und Coachs müssen sie gleichermaßen demonstrieren können. Nachfolgend die von der ICF definierten Kernkompetenzen in der Übersicht (www.coachfederation. de – 27.01.2014):

A Grundlagen schaffen

1. Einhaltung der Ethik-Richtlinien und professioneller
   Standards

*Verständnis der Ethik und Standards des Coachings und
die Fähigkeit, sie im Rahmen des Coachings angemessen
anzuwenden.*

2. Treffen einer Coaching-Vereinbarung

*Die Fähigkeit, zu verstehen, was in der jeweiligen Coa-
ching-Interaktion erforderlich ist, und sich mit Interessenten und neuen Klienten über den Coaching-Prozess und die
Coaching-Beziehung zu einigen.*

B Die Beziehung gemeinsam gestalten

3. Vertrauen und Vertrautheit mit dem Klienten herstellen

*Die Fähigkeit, eine sichere, unterstützende Umgebung
herzustellen, die bleibenden gegenseitigen Respekt und
bleibendes gegenseitiges Vertrauen schafft.*

4. Präsenz beim Coaching

*Die Fähigkeit, mit voller Aufmerksamkeit präsent zu sein,
und die Fähigkeit, eine spontane Beziehung mit dem
Klienten aufzubauen, die durch offene, flexible und selbst-
bewusste Interaktion geprägt ist.*

C Effektives Kommunizieren

5. Aktives Zuhören

Die Fähigkeit, sich vollständig auf das zu konzentrieren, was der Klient / die Klientin sagt und nicht sagt, und darauf, die Bedeutung des Gesagten im Kontext der Wünsche des Klienten / der Klientin zu verstehen. Darüber hinaus die Fähigkeit, das Ausdrucksvermögen des Klienten / der Klientin zu fördern.

6. Wirkungsvoll fragen

Die Fähigkeit, durch Fragen die Informationen offenzulegen, die nötig sind, damit der Klient / die Klientin maximal von der Coaching-Beziehung profitieren kann, oder die für die Coaching-Beziehung nützlich sind.

7. Direkte Kommunikation

Die Fähigkeit, während der Coaching-Sitzungen effektiv zu kommunizieren und eine Sprache zu gebrauchen, die die größtmögliche positive Wirkung auf den Klienten / die Klientin hat.

D Lernen und Erreichen von Ergebnissen fördern

8. Bewusstsein schaffen

Die Fähigkeit, vielfältige Informationsquellen zu bewerten, daraus ein Gesamtbild zusammenzusetzen und Interpretationen zu liefern, die dem Klienten / der Klientin zu einem stärkeren Bewusstsein verhelfen und es ihm/ihr so ermöglichen, die vereinbarten Ziele zu erreichen.

9. Handlungen entwerfen

Die Fähigkeit, zusammen mit dem Klienten / der Klientin Möglichkeiten zum kontinuierlichen Lernen im Rahmen des Coachings und in Situationen des persönlichen und des beruflichen Lebens zu schaffen sowie Möglichkeiten für neues Handeln zu schaffen, das so effektiv wie möglich zu den vereinbarten Ergebnissen führt.

10. Planung und Zielsetzung

Die Fähigkeit, einen effektiven Coaching-Plan mit dem Klienten / der Klientin aufzustellen und sich an ihn zu halten.

11. Umgang mit Fortschritt und Verantwortlichkeit

Die Fähigkeit, die Aufmerksamkeit auf das zu lenken, was wichtig für den Klienten / die Klientin ist, es aber seiner/ ihrer Verantwortung zu überlassen, ob er/sie handelt.

Jede der Kernkompetenzen ist in verschiedenen Unterpunkten auf der Website der ICF ausführlich beschrieben.

Auf den Punkt gebracht:

Die von der ICF entwickelte Liste der elf Kernkompetenzen kann Coachs unserer Meinung nach sehr dabei helfen, festzustellen, wo sie im Hinblick auf die für eine Tätigkeit als Coach notwendigen Kompetenzen gerade stehen – welche Kompetenzen sie ausreichend entwickelt haben und welche noch weiteren Übens bedürfen.

2. Selbstführung

Wie Sie in Kapitel I. 8. gelesen haben, ist die Beziehung zwischen dem Coach und dem Coachee *der* zentrale Erfolgsfaktor im Coaching. Coachs tun also gut daran, an ihrer Beziehungsfähigkeit zu arbeiten. Die Fähigkeit der Selbstführung spielt dabei eine entscheidende Rolle, denn wer mit anderen gut klarkommen will, muss erst einmal mit sich selbst im Reinen sein. Und wer andere führen will, muss sich zunächst selbst führen können.

Selbstführung ist die Fähigkeit, sich selbst bewusst und zielgerichtet zu steuern, statt unreflektiert zu reagieren. Dies beinhaltet die Bereitschaft, Verantwortung für sich zu übernehmen, und die Fähigkeit, sich selbst wahrzunehmen und zu regulieren und die eigenen Gefühle und Stimmungen durch einen inneren Dialog zu beeinflussen.

Eine gute Selbstführung ist die Basis für ein konstruktives und kooperatives Miteinander, denn die bewusste Wahrnehmung und Steuerung der eigenen Gefühle und die Fähigkeit, sich in andere Menschen hineinzuversetzen, machen es erst möglich, authentisch zu agieren und sich der jeweiligen Situation entsprechend angemessen zu verhalten. Die Fähigkeit zur Selbstführung ist nicht nur für Coachs von überragender Bedeutung. In einer Zeit, in der sich das Führungsverständnis immer weiter in Richtung einer freiwilligen Folgschaft verändert, müssen auch Führungskräfte mehr und mehr Bewusstheit und Verständnis für die eigene Person und deren innere Dynamiken erlangen und lernen, ihre Emotionen und Stimmungen, ihr Denken und Handeln zielgerichtet zu steuern. Nachfolgend nun einige Theorien, Konzepte und Modelle, die unserer Meinung nach hilfreich für eine gute Selbstführung sind.

Konstruktivismus

Wahrnehmung und Kommunikation sind die grundlegenden Werkzeuge eines Coachs, denn er nimmt den Klienten während eines Coaching-Gesprächs fortwährend wahr und kommuniziert mit ihm. Dass Menschen unterschiedliche Wahrnehmungen und Wirklichkeiten haben, zählt zu den Grundannahmen im Coaching.

Konstruktivismus nennen sich mehrere Strömungen in der Philosophie des 20. Jahrhunderts. Sie gehen davon aus, dass ein erkannter Gegenstand vom Betrachter durch den Vorgang des Erkennens selbst konstruiert wird. In anderen Worten: Aus konstruktivistischer Sicht konstruiert sich jeder Mensch durch sein Wahrnehmen und Denken seine eigene Wirklichkeit. Die (eine) Wirklichkeit gibt es nicht. Jeder Mensch hat eigene „Landkarten" von der Welt. Diese „Landkarten" helfen dem Menschen dabei, die Komplexität zu reduzieren.

Eigenen Blickwinkel überprüfen

Nun kann es passieren, dass ein Mensch seine eigene Weltsicht als die Wirklichkeit versteht und den Blick für andere Sichtweisen verliert und damit persönliches Wachstum verhindert. Im Coaching werden Menschen dabei unterstützt, sich ihrer „Landkarten" bewusst zu werden und ihren Blickwinkel zu erweitern. Dies kann zusätzlich zu neuen Denk- und Handlungsmöglichkeiten auch zu einer allgemein verständnisvolleren und flexibleren Haltung führen.

Beispiel

Stellen Sie sich drei Geschäftsleute vor, die von einem Geschäftspartner zu einem veganen 4-Gänge-Menü in einem Nobel-Restaurant eingeladen worden waren und sich nun darüber unterhalten. Der eine ist rundum begeistert. Ihm hat das vegane Essen hervorragend geschmeckt, der Wein ebenso und auch das Ambiente fand er grandios. Der Zweite fand das Essen in Ordnung, aber nicht so, dass er es öfter haben wollte. Auch der Wein war seiner Meinung nach nur Mittelmaß. Außerdem fand er die Einrichtung zu düster. *Der Dritte wiederum vertritt die Auffassung, dass die rustikale Einrichtung wunderbar zur ländlichen Umgebung gepasst habe. Und die Bedienungen in ihren Dirndln fand er ganz reizend und zudem ausgesprochen freundlich. Das Essen hingegen hat ihn nicht vom Hocker gehauen. Er fand es etwas fad und außerdem zu wenig. Die drei haben ziemlich verschiedene Wahrnehmungen von dem, was sie erlebt haben. Dies hat mit der individuell unterschiedlichen Selektion dessen zu tun, was überhaupt bewusst wahrgenommen wird und wie diese Wahrnehmungen bewertet werden.*

Filter im Gehirn Unser Gehirn überprüft alle Arten von Reizen rasend schnell und ohne dass es uns bewusst ist danach, ob sie eine Bedeutung für uns haben. Diese Filter im Gehirn unterscheiden sich von Mensch zu Mensch; sie hängen von Faktoren wie unseren Erfahrungen und Überzeugungen, aber auch der aktuellen Befindlichkeit ab. Dass wir das, was wir erleben, so selektiv wahrnehmen, hat insofern seinen Sinn, als es uns ansonsten kaum möglich wäre, die ganzen Reize, die sekündlich auf uns einströmen, zu bewältigen. Andererseits können uns unsere Filter aber auch unnötig einschränken.

Das Wissen um die unterschiedlichen Wahrnehmungen und Wirklichkeiten von Menschen ist essenziell für einen Coach. Teil der Arbeit eines Coachs ist es, Menschen dabei zu unterstützen, sich ihrer Wahrnehmungen, Denk- und Verhaltensmuster bewusst zu werden – und sie gegebenenfalls zu verändern, falls sie sie als einschränkend empfinden. Das Bewusstsein, dass es keine richtigen und falschen, sondern individuell unterschiedliche Sichtweisen gibt, und ein regelmäßiges Reflektieren der eigenen Weltsicht ist die Basis dafür, dass Coachs sich wohlwollend und empathisch in die Perspektiven ihrer Klienten hineinversetzen können – ohne versucht zu sein, ihnen ihre eigene Sicht der Dinge aufzwingen zu wollen.

Konstruktivismus nennt man eine philosophische Strömung, nach der sich jeder Mensch durch sein Wahrnehmen und Denken seine eigene Wirklichkeit konstruiert. *Die* eine objektive und für alle gültige Wirklichkeit gibt es nicht.

Coachs helfen anderen Menschen dabei, Rahmenbedingungen, Verhaltensweisen, Einstellungen, Selbstbilder usw. zu verändern, die von den Betreffenden als unpassend oder hinderlich erlebt werden. Die konstruktivistische Sicht verinnerlicht zu haben, ist für ihre Arbeit insofern bedeutend, als sie ansonsten Gefahr laufen würden, ihren Klienten ihre eigenen Ansichten und Einstellungen überzustülpen.

Lethologische Haltung

Lethologie ist die Lehre vom Nichtwissen und eine Wortschöpfung des bekannten Biophysikers und Mitbegründers der kybernetischen Wissenschaft Heinz von Foerster. Die lethologische Haltung ist davon geprägt, dass man davon ausgeht, zwar einiges zu wissen, aber nicht den Stein der Weisen zu besitzen.

In der lethologischen Haltung stellt man das, was man weiß, bewusst zurück und lässt sich davon überraschen, welche Lösungen gefunden werden.

Die lethologische Haltung ist die Grundhaltung eines Coachs. Mit ihr trägt er dazu bei, dass der Coachee Raum bekommt, um Lösungen zu finden, die ihm entsprechen. Durch die lethologische Haltung fördert der Coach also die Selbstverantwortung des Coachees.

Bewusst nichts zu wissen ist den meisten Menschen fremd und sie brauchen in der Regel Zeit, Übung und Geduld, es zu lernen. Zu Übungszwecken kann der „Anfänger-Coach" zum Beispiel vor einer Coaching-Sitzung schriftlich festhalten, mit welchem inhaltlichen Ergebnis er rechnet – und das Geschriebene dann direkt vor der Sitzung durchstreichen, um sich frei davon zu machen.

Auf den Punkt gebracht:

Die lethologische Haltung ist die Grundhaltung von Coachs. Im Unterschied zu Expertenberatern stellen sie das, was sie wissen, bewusst zurück und geben dadurch ihren Klienten den Raum, den diese brauchen, um Lösungen zu finden, die zu ihnen passen. Expertenberater hingegen agieren als Fachmann und empfehlen Lösungen, die sie bei ähnlichen Sachlagen bereits angewendet haben oder die ihnen logisch erscheinen. Dies beinhaltet die Gefahr, dass die Lösung nicht zum Kunden passt und dieser „streikt" und untätig bleibt. Das bewusste Nicht-Wissen ist für die meisten Menschen ungewohnt. Es ist erlernbar, erfordert in der Regel aber einiges an Übung.

Das persönliche Selbstverständnis als Coach

Unabhängig von der beruflichen Rolle, aus der heraus man coachend tätig ist (zum Beispiel interner Coach mit Haupttätigkeit als Führungskraft oder freiberuflich tätiger externer Coach), sollte man sich Gedanken darüber machen, wie man sich selbst sieht. Selbstreflexion ist für einen Coach unverzichtbar. Je bewusster einem als Coach die eigenen Stärken, Entwicklungspotenziale, Werte, Überzeugungen, Verhaltensmuster usw. sind, umso eher ist man in der Lage, wahrzunehmen, was im Wechselspiel mit dem Klienten passiert, und die Interventionen

bewusst zu wählen, statt unreflektiert auf das Erlebte zu reagieren und eigene Themen auf den Klienten zu projizieren (siehe
dazu auch Kapitel II. 2., Abschnitt „Transaktionsanalyse").

Teil dieser Selbstreflexion sollte die eigene Rolle als Coach sein. **Fragen zur**
Die folgenden Fragen können bei der Klärung helfen: **Selbstreflexion**

Was ist mein Verständnis davon, ...
- was einen guten Coach ausmacht?
- was ich gerne tue und wer ich bin / gerne sein möchte?
- in welcher Art und Weise ich coachend tätig sein will?
- bei welchen Themen/Anliegen ich Menschen unterstützen
  will?
- welche Themen/Anliegen ich ausschließen will?
- wer oder was ich für meine Klienten sein will?
- was ich unter Professionalität im Coaching verstehe?
- welche Werte und Prinzipien ich beim Coaching beachten will?
- wie ich die Qualität meiner Arbeit sicherstellen will?
- wie ich nach den Sitzungen für Abstand sorgen will?
- wie ich mit eigenen belastenden Themen umgehen will?
- welche „Fallstricke" und Entwicklungspotenziale ich bei mir
  selbst sehe und wie ich damit umgehen will?
- wie ich sicherstellen will, dass ich körperlich, geistig und
  seelisch fit genug bin, um für andere Menschen präsent sein
  zu können?

Auf den Punkt gebracht:

Um nicht Gefahr zu laufen, aus der lethologischen Haltung
herauszugehen und eigene Themen auf die Klienten zu
projizieren, ist es für Coachs unverzichtbar, sich ihrer Werte,
Überzeugungen, Muster, Stärken, Schwächen, „Fallen" und
ihres Selbstverständnisses als Coach bewusst zu sein. Wer
professionell als Coach tätig sein will, verpflichtet sich damit implizit zu lebenslanger Selbstreflexion.

Wahrnehmungspositionen eines Coachs im Coaching

Während einer Coaching-Sitzung kann ein Coach mit seiner Aufmerksamkeit an drei Orten sein:

Drei Aufmerk-samkeits-Ebenen

1. auf der Du-Ebene beim Klienten – was passiert gerade bei ihm?
2. auf der Ich-Ebene bei sich selbst – was passiert gerade bei mir?
3. auf der Meta-Ebene oder auch „Empore" – was passiert gerade zwischen uns?

Professionelle Coachs haben alle drei Ebenen im Blick. Dies ist leichter gesagt als getan und erfordert meist einiges an Übung, denn im Alltag steht fast immer die Ich-Ebene an erster Stelle. Sie wird gelegentlich um die Du-Ebene ergänzt, die Meta-Ebene fehlt in Alltagsgesprächen in der Regel ganz.

Beispiel

Stellen Sie sich vor, Sie sind Coach und Ihr Coachee – CFO eines IT-Unternehmens – ist unzufrieden mit seinem Job und möchte sich wegbewerben. Er erzählt und erzählt „ohne Punkt und Komma" von seinen beruflichen Erfolgen und seinen Überlegungen zur Stellensuche und lässt dabei folgende Bemerkung fallen: „Headhunter funktionieren sowieso nicht und Blindbewerbungen kann man auch vergessen." Als Coach könnte Ihnen in dieser Situation beispielsweise Folgendes durch den Kopf gehen:

- *Blindbewerbungen sind in seiner Position in der Tat wohl eher nicht erfolgversprechend, das sehe ich genauso (ich-assoziiert).*
- *Das mit den Headhuntern sollte er nicht so negativ sehen; ich habe damit bisher sehr gute Erfahrungen gemacht. Außerdem sehe ich wenig andere Möglichkeiten für ihn (ich-assoziiert).*
- *Wenn der noch lange so weiterredet, kann ich bald nicht mehr zuhören. Ich werde immer unruhiger und mein Vertrauen schwindet, dass wir so weiterkommen (ich-assoziiert).*
- *Er hat wohl ziemlich frustrierende Erfahrungen mit Headhuntern und Blindbewerbungen gemacht und wenig Vertrauen, dass sich die Mühe lohnt (du-assoziiert/empathisch).*

Als Coach wie in diesem Beispiel mehr bei sich selbst als beim Coachee zu sein, ist ein „No-Go" im Coaching, denn dadurch wird die Aufmerksamkeit vom Coachee weggenommen. Coachs sollten mit ihrer Aufmerksamkeit überwiegend bei ihren Klienten sein und nicht bei sich selbst, denn die empathische Präsenz gibt den Klienten Raum, sich zu „sortieren". Coachs sollten ihre Ich-Assoziationen also weitgehend für sich behalten und mit ihrer Aufmerksamkeit baldmöglichst wieder zum Coachee zurückkehren. Dies bedeutet allerdings nicht, dass sie sich komplett zurücknehmen müssen. Gelegentlich sollten sie ihre Ich-Assoziationen für ein Feedback an den Coachee nutzen, um diesen anzuregen, sein Thema von einer anderen Perspektive zu betrachten.

Im Beispiel könnte Ihnen als Coach der Gedanke durch den Kopf gehen, dass es einen Zusammenhang geben könnte zwischen den bisher erfolglosen Headhunter-Kontakten des Coachees, seinem Erzählstil und Ihrer eigenen Unruhe. Dann entscheiden Sie sich unter Umständen dafür, Ihrem Klienten auf der Basis Ihrer Ich-Assoziationen ein Feedback zu geben: **Fortsetzung des Beispiels**

„Sie haben fast unsere ganze bisherige Gesprächszeit ohne größere Sprechpausen von Ihren bisherigen beruflichen Erfolgen und Ihren Überlegungen zur Stellensuche erzählt und dabei die Bemerkung fallen lassen, dass Headhunter nicht funktionieren. In den letzten Minuten habe ich gemerkt, dass ich immer unruhiger wurde und Mühe hatte, Ihnen noch zu folgen. Und ich habe mich gefragt, ob es sein kann, dass es den Headhuntern im Kontakt mit Ihnen womöglich ähnlich ergangen ist. Wie sehen Sie das?"

Solche Rückmeldungen können für den Coachee sehr wertvoll sein, setzen aber unbedingt eine vertrauensvolle Basis voraus.

Von der Meta-Ebene aus steuert der Coach den Prozess. Er stellt sich immer wieder auf die „Empore" und fragt sich zum Beispiel: „Wie läuft das Gespräch? In welcher Phase befinden wir uns gerade? Was hat bisher gut funktioniert? Wohin soll es gehen? Was könnte dafür hilfreich sein?" Um sich selbst daran zu **Meta-Ebene zur Prozesssteuerung** erinnern, immer wieder die Meta-Ebene zu betreten, kann sich der Coach vorstellen, dass er neutral als Vogel von oben auf sich und den Coachee herunterschaut und beobachtet, was die beiden da unten so machen: „Wie gehen die beiden miteinander um? Wie ist die Stimmung? Was wäre vermutlich hilfreich?"

Steht man als Coach noch am Anfang, können einen die drei Ebenen ganz schön verwirren, aber mit entsprechender Übung tragen die gezielte Fokussierung auf die Du-Ebene, die gelegentliche Nutzung der Ich-Impulse für ein aufrichtiges Feedback an den Coachee und das regelmäßige Umschalten auf die Meta-Ebene sehr zur Produktivität des Coaching-Prozesses bei. Der schnelle Wechsel zwischen den drei Ebenen erfordert allerdings einiges an Übung; zum Üben eignen sich auch Alltagssituationen.

Auf den Punkt gebracht:

In Coaching-Sitzungen können Coachs mit ihrer Aufmerksamkeit an drei Orten sein: beim Klienten (Du-Ebene), bei sich selbst (Ich-Ebene) und auf der Meta-Ebene (Empore). Den größten Teil der Zeit sollten sie auf der Du-Ebene verbringen, denn in Coaching-Sitzungen sollten die Coachees im Mittelpunkt stehen. Ihre gelegentlichen Ich-Impulse behalten Coachs weitgehend für sich und nutzen sie sporadisch für Feedback an den Coachee. Hin und wieder betreten Coachs außerdem die Meta-Ebene, um sich von einer höheren Warte aus anzuschauen, wie es um die Beziehung zwischen „den beiden da unten" gerade bestellt ist und was dem Prozess vermutlich gut täte.

Transaktionsanalyse

Die Transaktionsanalyse – abgekürzt TA – geht auf die Psychiater Eric Berne und Thomas Harris zurück. Eric Berne schrieb in den 1950er-Jahren seine ersten Aufsätze über die TA und Thomas Harris entwickelte sie später weiter.

Die TA ist eine Kommunikations- und Persönlichkeitstheorie. Sie beinhaltet die folgenden Elemente:

- *Die Strukturanalyse:* Sie erforscht die Persönlichkeitsstruktur des Menschen, also seine inneren Vorgänge.
- *Die Transaktionsanalyse* (im engeren Sinne): Sie beleuchtet Probleme zwischen Menschen anhand deren Kommunikation.
- *Die Spielanalyse:* Sie betrachtet „Kommunikationsketten" zwischen Menschen, die immer wieder ähnlich ablaufen.
- *Die Skriptanalyse:* Sie untersucht, wie das Verhalten eines Menschen im Umgang mit anderen mit seiner Vergangenheit und seinen inneren Grundpositionen zusammenhängt.

Für die Selbstführung als Coach sind insbesondere die Strukturanalyse und die Spielanalyse der TA von Bedeutung.

Die Strukturanalyse basiert auf den Freud'schen Begriffen Es, Ich und Über-Ich. In Anlehnung an Freud heißen die drei Bereiche, aus denen heraus wir denken, fühlen und handeln, in der TA:

Die Strukturanalyse der TA

- Kindheits-Ich oder abgekürzt K für kindhaftes Element,
- Erwachsenen-Ich oder abgekürzt R für reflektierendes Element,
- Eltern-Ich oder abgekürzt L für lehrhaftes Element.

Während eines Gesprächs können wir aus der Sicht der Transaktionsanalyse unterschiedliche Ich-Zustände einnehmen: Wir können uns wie ein Kind geben, wie ein Erwachsener oder wie ein Erziehender. Je nachdem, ob wir gerade aus dem Kindheits-Ich, dem Erwachsenen-Ich oder dem Eltern-Ich agieren, benutzen wir eine andere Gestik und Mimik, einen anderen Tonfall und andere Worte.

Entwicklung der Ich-Zustände

Das Kindheits-Ich ist vermutlich schon bei der Geburt vorhanden, auf jeden Fall lange, bevor man anfängt zu sprechen. Das Eltern-Ich wird von frühester Kindheit an allmählich aufgebaut als Sammlung all dessen, was das Kind darüber erfährt beziehungsweise sich ausdenkt, wie die Welt sein sollte, was es tun und lassen sollte, wie „man" sich verhalten sollte, was „richtig" und „falsch" ist. Das Erwachsenen-Ich hingegen bildet sich ab dem Ende des ersten Lebensjahrs peu à peu aus. Es erstarkt in dem Maße, in dem es geübt wird.

Nach Rautenberg und Rogoll (Rautenberg/Rogoll 1980) handelt der Mensch im L aus dem Bestreben heraus, andere zu korrigieren und zu belehren, zu tadeln und zu bestrafen oder zu schützen und zu betreuen. Dies kann mit den Schlagworten „Wissen, Werten, Wiegen" auf den Punkt gebracht werden. Im R hingegen denkt der Mensch nüchtern über sachliche Zusammenhänge und emotionale Reaktionen nach und bildet sich eine Meinung darüber. „Realität erfassen, Fakten prüfen, Folgen bedenken" sind die Schlagworte dazu. Aus dem K wiederum kommen Angst und Trotz, Wissensdurst, Abenteuerlust und Kreativität, Spontaneität und Begeisterung – zusammengefasst in den Schlagworten „Leiden, Spielen, Genießen".

Das erlernte Lebenskonzept

Das Eltern-Ich ist also das erlernte Lebenskonzept. Es besteht aus den Wertvorstellungen, Normen und Regeln, die unsere Eltern und anderen Erziehenden uns zu vermitteln versuchten. Auch wenn man sie sich bewusst gemacht hat, holen sie einen in Druck-

und Stresssituationen ein. Dazu gehören zum Beispiel Antreiber wie „Streng dich an! Von nichts kommt nichts!" oder „Du musst schnell sein! Wer zu spät kommt, den bestraft das Leben!".

Das Kindheits-Ich hingegen ist das gefühlte Lebenskonzept, da hier aus den Gefühlen Schlussfolgerungen gezogen werden. Im Kindheits-Ich verhalten wir uns wie ein kleines Mädchen oder ein kleiner Junge. Haben wir primär gute Erfahrungen in der Kindheit gemacht, drückt sich dies in positiven Gefühlen uns selbst und anderen gegenüber aus. Überwiegend schmerzliche Erfahrungen führen zu einem tendenziell angepasst-unterwürfigen Verhalten. **Das gefühlte Lebenskonzept**

Das Erwachsenen-Ich hat eine vermittelnde Funktion zwischen dem Kindheits-Ich („Ich will aber ...") und dem Eltern-Ich („Nein, das darf man nicht!"). Es ist der Teil, der uns hilft, Entscheidungen zu treffen.

Die drei Ich-Zustände sind bei allen Menschen vorhanden, allerdings in unterschiedlichem Maße ausgeprägt. Keiner der drei Ich-Zustände ist für sich gut oder schlecht. Vielmehr sind die positiven und negativen Aspekte wie so oft im Leben eine Frage des Maßes.

Bei manchen Menschen kommen einzelne Ich-Zustände nur selten zum Vorschein, insbesondere das Erwachsenen-Ich (R), das fortwährende Übung erfordert, um sich auszubilden. Das R entwickelt sich bei vielen Menschen nie besonders stark und bleibt bedeutungslos neben einem übermächtigen Kindheits-Ich (K) oder einem stets fordernden Eltern-Ich (L).

Berne und Harris beschreiben eine ideale autonome Persönlichkeit als jemanden, der seine psychische Energie situationsangemessen flexibel von einem Ich-Zustand zum anderen fließen lassen kann. **Situations-angemessenheit**

Eltern-Ich (L):

Kritisch	Fürsorglich
Werte	Werte
Normen	Normen
Vorurteile	Anerkennung
Bestrafung	Hilfestellung
Bedrohung	Zuwendung
Ungeduld	Geduld

Eltern-Ich:
Lehrhaftes Element

- Die Werte, Normen, Regeln, die wir von unseren Eltern übernommen haben
- Holt uns in Druck- und Stresssituationen automatisch ein
- In Notsituationen hilfreich, da am schnellsten zur Hand
- Beispiel: „Du musst dich mehr anstrengen!" (kritisches L)

Erwachsenen-Ich (R):

- Sammelt Informationen
- Vergleicht mit Erfahrungen
- Schätzt Wahrscheinlichkeiten ab
- Trifft Entscheidungen

Erwachsenen-Ich:
Reflektierendes Element

- Aufnahme und Analyse von Daten und Fakten, um angemessene Entscheidungen zu treffen
- Beobachten, zuhören, überlegen, Fragen stellen, reflektieren, wertfreies Formulieren, Lösungsorientierung
- Der Zustand, in dem wir bewusst agieren

Kind-Ich (K):

Frei	Angepasst
Spontan	Gehorsam
Direkt	Nachgebend
Neugierig	Hilflos
	Ängstlich
	Resigniert
	Aggressiv

Kind-Ich:
Kindhaftes Element

- Im Kind-Ich verhält sich jemand wie in der Kindheit: natürlich, spontan, unbeschwert oder angepasst, unterwürfig, gehorsam, rebellisch → Lustprinzip
- Hilfreich, wenn Kreativität erforderlich ist (freies K)
- Beispiel: „Was hab ich jetzt schon wieder falsch gemacht?" (angepasstes K)

Schaubild 1: Die Strukturanalyse der TA

Je nach ihren Erfahrungen in der Kindheit verbringen Menschen ihre Zeit mit unterschiedlichen sogenannten Spielen.

Die TA versteht unter Spielen wiederkehrende Abfolgen von Verhaltensweisen mit voraussagbaren Ergebnissen, bei denen sich am Ende alle unwohl fühlen. Wie im klassischen Drama verhalten sich die Beteiligten nach dem „Drehbuch", das sie in der Kindheit gelernt und in sich festgeschrieben haben. In vielen Spielen sind wie im griechischen Drama drei Rollen besetzt: Verfolger, Retter, Opfer.

Stephen Karpman beschreibt die drei Rollen in seinem „Drama-Dreieck" wie folgt:

Opfer
geben sich leidend, hilflos, unterwürfig; möchten, dass andere ihre Probleme lösen (angepasstes K)

Retter
eilen ungefragt zu Hilfe und lösen Probleme, ohne darum gebeten worden zu sein (fürsorgliches L)

Verfolger
weisen andere zurecht; verhalten sich herabsetzend und vorwurfsvoll (kritisches L)

Schaubild 2: Das Drama-Dreieck nach Stephen Karpman

Das Drama–Dreieck ist charakterisiert durch Herabsetzungen, Schuldzuweisungen und verdeckte Transaktionen. Die zugrunde liegende Haltung der Akteure ist:

- ▪ „Ich bin okay, aber du bist nicht okay" (Verfolger) oder
- ▪ „Du bist okay, aber ich bin nicht okay" (Opfer) oder
- ▪ „Du bist nicht okay und ich bin auch nicht okay" (Retter).

Allen drei Haltungen ist gemeinsam, dass sie unreflektiert sind.

Verfolger, Retter und Opfer

In der Verfolger-Haltung sind wir überzeugt davon, besser zu sein oder es besser zu wissen als andere. Wir agieren aus dem kritischen Eltern-Ich und sagen anderen, was sie zu tun haben, und weisen sie zurecht. In der Retter-Haltung agieren wir aus dem fürsorglichen Eltern-Ich; wir geben uns großzügig und gönnerhaft und eilen anderen ungefragt zu Hilfe – um Anerkennung zu bekommen oder eigene Minderwertigkeitsgefühle zu kompensieren. In der Opfer-Haltung hingegen agieren wir aus dem angepassten Kindheits-Ich heraus und geben uns leidend, hilflos und unterwürfig.

In Gesprächen wechseln die Haltungen teilweise blitzschnell. Wenn ein Coach zum Beispiel in die Retter-Falle tappt und auf die „Was soll ich nur machen?" Frage eines leidenden Klienten mit „Versuchen Sie es doch mal mit ..." antwortet, kann es passieren, dass der Klient sich bevormundet fühlt und von der Opfer-Haltung in die Verfolger-Haltung wechselt und mit „Das hört sich ja nett an, ist aber leider völlig unrealistisch!" reagiert. Der Coach wird sich dann vielleicht nach außen hin zwar nichts anmerken lassen, aber innerlich unbewusst in die Opfer-Haltung wechseln und etwas denken wie „ich habe es ja nur gut gemeint".

Dramen vermeiden

Coachs manövrieren sich selbst ins Drama-Dreieck hinein, wenn sie zum Beispiel realitätsferne Erwartungen von Klienten unkommentiert stehen lassen („Mit Ihnen wird *alles* gut") oder gar hervorrufen („Ich bin immer für Sie da") oder indem sie ihren Auftrag eigenmächtig überschreiten und zum Beispiel Dinge für einen Klienten machen, die gar nicht mit ihm vereinbart waren. Coachs tun gut daran, solche „Dramen" zu vermeiden, die letztlich mit unguten Gefühlen für alle enden. Ziel eines jeglichen Coachings ist es, Hilfe zur Selbsthilfe zu leisten. Dies kann nur dann gelingen, wenn der Coachee angeregt wird, sich selbst zu reflektieren – was wiederum ein reflektiertes Verhalten des Coachs voraussetzt.

Im Coaching sollte das reflektierende Element, also das Erwachsenen-Ich, dominieren. Sich während und nach Coaching-Sitzungen selbst zu überprüfen, in welche(-r/-n) Haltung(en) man agiert (hat) und falls man in eine der Fallen getappt ist, den Schritt vom Drama- zum Gewinner-Dreieck zu gehen, sollte zur „Basis-Routine" eines Coachs gehören.

Nicht Opfer, sondern **Bedürftiger**
ist sich der eigenen Bedürfnisse bewusst und bittet um Unterstützung, ohne sich selbst abzuwerten

Nicht Retter, sondern **Helfer**
betrachtet andere als mündige Erwachsene, bietet Unterstützung an und trifft dabei klare Absprachen

Nicht Verfolger, sondern **Konfrontierer**
steht zu seiner Haltung und setzt sich für die eigenen Bedürfnisse ein, ohne andere dabei herabzusetzen

Schaubild 3: Das Gewinner-Dreieck nach Stephen Karpman

Das Gewinner-Dreieck ist charakterisiert durch Selbstverantwortung und die Fähigkeit, Probleme selbst zu lösen. Die zugrunde liegende Haltung der Akteure ist:
„Ich bin okay und du bist auch okay."

Coachs sollten sich stets im Gewinner-Dreieck aufhalten und ihren Klienten weder ungefragt zu Hilfe eilen noch sie (insgeheim still) anklagen oder kritisieren, sondern sich daran erinnern, dass der Klient „okay" ist, wie er ist, und er nur etwas Hilfe beim „Buddeln" braucht, um seine Herausforderungen selbst lösen zu können.

Auf den Punkt gebracht:

Die Transaktionsanalyse (TA) ist eine Kommunikations- und Persönlichkeitstheorie, die in den 1950er-Jahren von den Psychiatern Eric Berne und Thomas Harris entwickelt wurde. Für Coachs sind im Hinblick auf ihre Selbstführung vor allem die Strukturanalyse und die Spielanalyse der TA relevant.

Die Strukturanalyse der TA unterscheidet drei Ich-Zustände, aus denen heraus wir agieren können: Wir können uns im Kontakt mit anderen wie ein Kind geben (Kindheits-Ich), wie ein Erwachsener (Erwachsenen-Ich) oder wie ein Erziehender (Eltern-Ich). Keiner der drei Ich-Zustände ist für sich gut oder schlecht. Ideal ist es aus Sicht der TA, wenn man seine psychische Energie der Situation angemessen flexibel von einem Ich-Zustand zum anderen fließen lassen kann.

Die Spielanalyse der TA untersucht sogenannte „Spiele": immer wiederkehrende Abfolgen von Verhaltensweisen mit voraussagbaren Ergebnissen, die mit unguten Gefühlen für alle Beteiligten enden. Wie im klassischen Drama sind bei diesen Spielen drei Rollen besetzt: der Verfolger, der Retter und das Opfer. Alle drei Haltungen sind unreflektiert. Das Gegenstück dazu ist das „Gewinner-Dreieck". Hier haben die Akteure die Haltung „Ich bin okay und du bist auch okay" verinnerlicht und agieren reflektiert und bewusst. Aus Verfolgern werden im Gewinner-Dreieck Konfrontierer; sie muten anderen Menschen ihre Sichtweise zu, ohne sie herabzusetzen. Retter mutieren zu Helfern, die anderen Unterstützung anbieten und dabei klare Absprachen treffen. Und Opfer werden zu Bedürftigen, die um Hilfe bitten, ohne sich selbst abzuwerten.

Das Ziel eines jeden Coachings, Hilfe zur Selbsthilfe zu leisten, kann nur gelingen, wenn der Coachee lernt, sich selbst zu reflektieren. Dies setzt ein reflektiertes Verhalten des Coachs voraus. Im Coaching sollte also das Erwachsenen-Ich dominieren und Coachs sollten sich stets im Gewinner-Dreieck aufhalten.

Schattenanteile und Projektionen

Jeder Mensch hat seine Macken, Kanten und inneren Abgründe – in anderen Worten seine Schattenseiten. Mit ihnen wollen sich die meisten Menschen lieber nicht beschäftigen. Dies ist schade, da sich in unserem Schatten ein ungenutzter Schatz verbirgt.

Der Begriff des Schattens wurde von Carl Gustav Jung geprägt; Schattenarbeit hat es allerdings schon immer gegeben, denn die dunkle Seite ist Teil aller religiösen Traditionen. Der Schatten hat viele Namen: Doppelgänger, Alter Ego, der Teufel hat mich geritten, die dunkle Nacht der Seele usw. Das Konzept des Schattens ist ein Weg, die verdrängten Teile der Persönlichkeit zu erfassen.

Das Konzept des Schattens

Unser Schatten ist der Teil unserer persönlichen Eigenarten und Verhaltensweisen, den wir in unser Unbewusstes abgeschoben haben – aus Angst davor, von den Menschen, die bei unserer Erziehung eine Rolle gespielt haben, abgelehnt zu werden, ihren Unwillen hervorzurufen und ihre Zuneigung zu verlieren.

So entstand im Laufe der Zeit auf dem Grund unseres Wesens eine Art Keller voller verdrängter Antriebe – eine unterdrückte, aber immer noch lebendige Energie (Monbourquette 2001, S. 12–13). Diese von uns ungeliebten Eigenschaften und Neigungen überleben auch dann, wenn sie abgelehnt werden. Sie versuchen sich zum Beispiel in Form von Ängsten bemerkbar zu machen.

Will man sich selbst achten und ein ausgeglichener Mensch werden, führt kein Weg daran vorbei, sich auch mit seinen Schattenseiten zu befassen.

„Wer sich weigert, sich mit seiner dunklen Seite zu beschäftigen, läuft Gefahr, psychisch recht unausgeglichen zu werden. Es kann sein, dass er sich schließlich stark gestresst oder deprimiert fühlt, von einem diffusen Angstgefühl geplagt wird, mit sich selbst unzufrieden ist oder Schuldgefühle hat; er kann dann allen Arten von Zwängen verfallen und sich von seinen Antrieben unkontrolliert lenken lassen: von Eifersucht, kaum gebändigter Wut, Ressentiments, sexuellen Ausschweifungen, Fresssucht usw."

(MONBOURQUETTE 2001, S. 15).

Projektion Wenn wir uns unserer Schattenseiten nicht bewusst sind, passiert es leicht, dass wir die Eigenarten, Einstellungen und Verhaltensweisen, die wir bei uns selbst nicht zugelassen haben, anderen Menschen zuschreiben und diese entweder idealisieren oder verachten. Dies wird Projektion genannt. Eine Projektion ist also eine unbewusste Hinausverlagerung von Eigenschaften und Verhaltensweisen, die man bei sich selbst verdrängt hat, auf eine andere Person.

Zwischenmenschliche Konflikte sind durch Projektion programmiert, denn wenn wir jemandem Eigenarten zuschreiben, die wir ablehnen und bei uns selbst nicht sehen können, werden wir diese andere Person kaum tolerieren und achten können.

Die Persona als Gegenstück zum Schatten

Das Gegenstück zum Schatten ist die Persona, unser Ich-Ideal. Die Persona entsteht aus dem Bemühen, sich an die Normen der Umgebung anzupassen. Die Persona verbannt alle Gefühle, Charakterzüge und Einstellungen aus ihrem Bewusstsein, die in den Augen der für sie wichtigen Personen ihres Umfelds als nicht akzeptabel gelten. Damit erschafft sie zugleich im Unterbewussten das Gegenstück ihrer selbst: den Schatten. Persona und Schatten sind wie die Vorder- und Rückseite einer Münze.

Während sich das Persona-Ich bemüht, sich an das Umfeld anzupassen, verliert das innere Ich an Bedeutung. Will man nicht Gefahr laufen, gesellschaftlich ausgeschlossen zu werden, muss man an der Entwicklung seines sozialen Ich (Persona-Ich, Ich-Ideal) arbeiten. Will man aber nicht unausgeglichen und von diffusen Ängsten und Antrieben geplagt durch die Welt gehen, tut man andererseits gut daran, auf sein inneres Ich zu achten und nicht zu viel Energie darauf zu verwenden, sich an das Umfeld anzupassen.

Innerer Kampf zwischen den Ich-Seiten

Wer versucht, diese Spannung zwischen seinem Persona-Ich und seinem inneren Ich dadurch aufzulösen, dass er sich ausschließlich mit seinem Ich-Ideal identifiziert, leugnet seine Schattenseiten. Er orientiert sich stark an den „Regeln" seines Umfelds und wird häufig von der Sorge gepeinigt, von anderen nicht mehr akzeptiert zu werden, was zu unkontrollierbaren Ängsten führen kann. Er achtet peinlich darauf, wie seine Umgebung auf ihn reagiert, ist unablässig mit der Pflege seines Erscheinungsbildes in der Öffentlichkeit beschäftigt und verzichtet auf die Erfüllung geheimer Sehnsüchte. Das Gegenstück dazu ist die einseitige Identifizierung mit der dunklen Seite. Wer sich auf diesen Weg begibt, wird zum Sklaven seiner Triebe und Neigungen und aufgrund seiner Verhaltensweisen für die Gesellschaft untragbar. Und wer sich abwechselnd mit dem Ich-Ideal und dem Schatten identifiziert, führt ein Doppelleben wie etwa der vorbildliche Manager, Ehemann und Familienvater, der sich gelegentliche amouröse Seitensprünge, Wutanfälle, Alkoholexzesse usw. erlaubt. Alle drei beschriebenen Wege des Umgangs mit der Spannung zwischen dem sozialen Ich und dem inneren Ich sind Sackgassen.

Die Spannung zwischen der Persona und dem Schatten kann nur dadurch aufgelöst werden, dass man seine Schattenseiten annimmt, denn dadurch wird sowohl ihr hemmungsloses Ausbrechen vermieden als auch ihre Verdrängung.

„Bleibt die Vergangenheit ungeheilt, so wird sie unser Leben zerstören. Sie begräbt unsere einzigartigen Gaben, unsere Kreativität und unsere Talente unter sich. Wir glauben, wir seien wütend auf die Welt, wir müssten die Welt ändern und würden unsere Träume verwirklichen, wenn die Welt anders wäre. Aber wir sind es, die sich verändern müssen. Wir sind böse auf uns selbst, weil wir nicht beharrlich sind, weil wir die guten Kräfte in uns nicht ehren und weil wir uns nicht die Erlaubnis geben, uns so zum Ausdruck zu bringen, wie wir es ersehnen. Wir glauben, wir grollen unseren Eltern, dass sie uns in frühen Jahren unterdrückt haben. In Wirklichkeit grollen wir uns selbst, weil wir diese Unterdrückung immer noch fortsetzen. Es ist, als hätte uns jemand vor langer Zeit in einen Käfig gesperrt, und obwohl der Käfig schon seit vielen Jahren offen ist, kämpfen wir gegen seine imaginären Wände. Der Käfig besteht aus unseren selbst auferlegten Begrenzungen, unseren Selbstzweifeln und unserer Angst."

(FORD 1999, S. 139)

Die eigenen Schattenseiten anzuerkennen und anzunehmen bedeutet nicht, seine Zustimmung dazu zu geben, dass sie in die Tat umgesetzt werden. Zu erkennen, dass man selbst zum Beispiel auch arrogante Züge in sich trägt, bedeutet nicht, dass man sich vornimmt, in Zukunft verstärkt arrogant aufzutreten. Verweigert man allerdings die Annahme der eigenen arroganten Züge und verdrängt diese, führt das leicht dazu, dass man sie auf andere Menschen projiziert. Dann darf man sich nicht wundern, wenn man „dauernd auf solche arroganten A... trifft".

Auf die Schliche kommen können wir unseren Schattenseiten, indem wir unseren Humor analysieren, unsere Projektionen untersuchen oder bestimmte Fragen an uns selbst richten, zum Beispiel:

Den eigenen Schatten erkennen

- Welche Bemerkungen bringen mich auf die Palme?
- Auf welche Art von Kritik reagiere ich besonders empfindlich?
- Welche Charakterzüge lösen Widerwillen in mir aus?

Den Schatten anderer Menschen kann man leicht an den Verboten erkennen, die sie anderen erteilen („Lass das, das gehört sich nicht!"); außerdem an der Kritik, die sie anderen gegenüber formulieren („Seine Präsentation war total oberflächlich") und an den Äußerungen, über die sie sich aufregen („So kann man das doch nicht sehen! Das ist ja total daneben!").

Für Coachs ist die Beschäftigung mit den eigenen Schattenseiten insofern wichtig, als sie dazu beiträgt, das Projizieren eigener Schattenanteile auf Klienten zu verhindern. Sie führt außerdem zu einer Steigerung der Authentizität, Vitalität und Kreativität. Schattenarbeit kann zudem als Werkzeug in der Arbeit mit Klienten hilfreich sein, insbesondere bei zwischenmenschlichen Problemen.

Übung Es gibt mehrere Wege, diese „Schattenarbeit" konkret anzugehen. Eine davon ist die folgende, selbst entwickelte Übung:

. . . .

(SELBST-) COACHING-TOOL

Schatten annehmen – Lebendigkeit zurückgewinnen

1. Welche(r) Mensch(en) regt/regen Sie auf oder löst/lösen Gefühle wie Unbehagen, Unmut, Widerstreben, Zorn, Ekel, Misstrauen, Wut, Empörung usw. in Ihnen aus?

_____

_____

2. Welche Urteile haben Sie über diese(n) Menschen? Was denken Sie über ihn/sie?
   Schreiben Sie alles auf, was Ihnen durch den Kopf geht – auch wenn es Ihnen sehr bösartig erscheint.

_____

_____

_____

_____

_____

_____

3. Bringen Sie Ihre Urteile auf den Punkt!
   Benutzen Sie dafür am besten Adjektive, zum Beispiel oberflächlich, respektlos, unverschämt.

_____

_____

_____

_____

_____

_____

4. Mit welchem Ich-Ideal gehen die gefundenen Schattenanteile
   (Begriffe aus Punkt 3) einher?
   *Beispiele: falsch – echt, oberflächlich – fundiert, scheinhei-
   lig – aufrichtig.*

Schattenanteil	Korrespondierendes Ich-Ideal

5. Unter welchen Umständen / in welchem Kontext haben Sie
   sich ähnlich verhalten wie diese Person(en) oder könnten es
   sich zumindest vorstellen?
   *Erinnern Sie sich an konkrete Situationen, in denen Sie diese
   Schattenseiten selbst gezeigt haben, oder Situationen, in
   denen Sie es sich zumindest vorstellen könnten, dass Sie sich
   so verhalten.*

Schattenanteil	Situation

6. Was sind die positiven Aspekte Ihrer Schattenanteile?
   Fragen Sie sich: „Wann ist es ausnahmsweise erlaubt, ...
   (Schattenanteil) zu sein?" Und dann: „Wie ist jemand, der im
   positiven Sinne ... (Schattenanteil) ist?" (Beispiel: Schattenteil
   „arrogant" – positiv-ähnlich „selbstbewusst")

Schattenanteil	Die positiv-ähnliche Haltung

7. Welche Situation fällt Ihnen ein, in der Sie in der positiv-
ähnlichen Haltung agiert und dies ganz positiv erlebt haben –
für sich selbst und für andere?
*Erinnern Sie sich an eine konkrete Situation, in der Sie alle
positiv-ähnlichen Qualitäten gelebt haben.*

_____

_____

8. Gehen Sie bitte ganz in diese Erinnerung hinein und machen
Sie sich mit dieser Haltung von damals vertraut, in der Sie die
positiv-ähnlichen Qualitäten gelebt haben. Treten Sie der/den
als schwierig erlebten Person(en) dann in dieser positiv-ähnlichen Haltung entgegen. Wie fühlt sich das an? Falls noch irgendwie ungut: Gehen Sie zurück zu Punkt 6. und übersetzen Sie das ungute Gefühl ins Positiv-Ähnliche und fahren Sie
dann mit Punkt 7. fort.
Falls gut: Machen Sie mit Punkt 9. weiter.

_____

_____

9. Stabilisieren Sie die positiv-ähnliche Haltung mit der Swish-
Klatsch-Methode.
*Stellen Sie sich bitte die positiv-ähnliche Haltung in einer Ih-
rer beiden Hände bereit. Gehen Sie dann nochmals kurz in die
Stress-Situation mit der/den als schwierig erlebten Person(en)
und nehmen Sie diese Stress-Situation bildlich in Ihre andere Hand. Gehen Sie jetzt wieder ganz in die positiv-ähnliche
Haltung hinein und konfrontieren die Stress-Situation mit dieser Haltung und klatschen dabei laut die Hände zusammen.
Wiederholen Sie die Konfrontation der Stress-Situation mit der
positiv-ähnlichen Haltung noch einige Male.*

Der Begriff „Schatten" geht auf den Schweizer Psychiater und Begründer der analytischen Psychologie Carl Gustav Jung zurück. Unser Schatten ist der Teil unserer persönlichen Eigenarten und Neigungen, den wir in unser Unbewusstes abgeschoben haben – aus Angst davor, den Unwillen unserer Mitmenschen hervorzurufen und von ihnen abgelehnt zu werden. Diese ungeliebten Neigungen verschwinden aber nicht, wenn sie verdrängt werden. Im Gegenteil: Sie versuchen sich immer wieder bemerkbar zu machen, zum Beispiel in Form von latenter Unzufriedenheit oder diffusen Ängsten. Außerdem projizieren wir sie gerne auf andere Menschen, die wir dann entweder idealisieren (bei sogenannten lichten Schattenanteilen) oder verachten (bei dunklen Schattenanteilen). Will man ein ausgeglichener Mensch werden, führt daher kein Weg daran vorbei, sich auch mit seinen Schattenseiten zu beschäftigen.

Erkennen können wir Schattenseiten, indem wir unsere Träume und unseren Humor analysieren, unsere Projektionen untersuchen und darauf achten, was wir alles nicht leiden können. An ihrer Kritik und ihren Verboten und emotionalen Ausbrüchen kann man auch den Schatten anderer erkennen.

Im Rahmen der Selbstführung ist die Beschäftigung mit den eigenen Schattenseiten für Coachs unverzichtbar, denn sonst laufen sie Gefahr, diese auf ihre Klienten zu projizieren.

Achtsamkeit

In diesem Kapitel geht es um die methodische Anwendung der Achtsamkeit. Im Coaching spielt Achtsamkeit sowohl als „Werkzeug" eine Rolle als auch als Instrument der Selbstführung für den Coach.

Achtsamkeit ist die aufmerksame Wahrnehmung der Gedanken, Gefühle und Körperempfindungen des gegenwärtigen Moments – ohne diese verändern zu wollen.

Achtsamkeit hat unmittelbaren Einfluss auf die Beziehungsqualität und ist ein Schlüssel zum Verständnis von Konflikten.

Die Methode der Achtsamkeit ist in den vergangenen Jahren zunehmend in den Fokus der Neurowissenschaftler geraten. Ihre positiven Effekte sind in spirituellen Traditionen schon lange bekannt (Hanh 2009) und nun auch der westlichen Welt zugänglich. Durch bildgebende Verfahren wurden bereits nach wenigen Wochen eines Achtsamkeitstrainings Veränderungen des Gehirns nachgewiesen. Die Anwendungsmöglichkeiten der Achtsamkeitspraxis werden in zahlreichen Fachpublikationen beschrieben (Weis 2010, Siegel 2007, Tan 2012, Anderssen-Reuster 2007).

Wissenschaftliche Erkenntnisse zur Achtsamkeit

Es lässt sich wissenschaftlich nachweisen, dass die Praxis der Achtsamkeit die Fähigkeit zu Empathie und Mitgefühl dauerhaft erhöht. Diese Fähigkeit, sich in andere Menschen auf fühlende Weise hineinzuversetzen, ist die Basis für eine gelingende Beziehung. Und diese wiederum ist Grundlage einer jeder beratenden Zusammenarbeit. Bewusste Beziehungsgestaltung ist für Coachs deshalb obligat. Das Verständnis ihres inneren Geschehens unterstützt sie darin, ihren eigenen Zustand zu regulieren und damit von größerem Nutzen für den Klienten zu sein.

Die Beziehungsqualität zwischen Coach und Coachee ist ein entscheidender Wirkfaktor im Coaching. Die Praxis der Achtsamkeit fördert nachweislich die Empathie-Fähigkeit. Diese ist essenziell für gelingende Beziehungen.

Viele Coaching-Ansätze tragen wesentliche Merkmale von Achtsamkeit in sich. Andere Methoden können durch den bewussten Einsatz von Achtsamkeit nochmals in ihrer Wirksamkeit gesteigert werden. Die Praxis der Achtsamkeit ist integrativ und daher ein universelles Werkzeug für einen professionellen Coach.

Coaching geht davon aus, dass eine Situation durch bewusste Prozesse verändert werden kann. Inwieweit Menschen in der Lage sind, ihr Handeln bewusst zu steuern, wird mehr denn je diskutiert. Einig sind sich die Experten darin, dass der weitaus größte Anteil der menschlichen Wahrnehmungen, Reaktionen und Handlungen unbewusst stattfindet. Für die Tätigkeit eines Coachs ist diese Tatsache in zweierlei Hinsicht relevant: zum einen im Hinblick auf die Frage, inwieweit bewusste Veränderungen bei Klienten möglich sind, zum anderen bezogen auf seine eigene Wahrnehmung, da ja auch sein eigenes Tun weitgehend automatisiert abläuft.

Neuroanatomie und Neuropsychologie Der Nutzen der Achtsamkeitspraxis lässt sich durch einen modellhaften Blick auf drei wesentliche Funktionsbereiche des Gehirns leicht darstellen:

Das Reptiliengehirn Der entwicklungsgeschichtlich älteste Bereich des Gehirns wird als *Reptiliengehirn*, Hirnstamm oder auch Stammhirn bezeichnet. Dieser Teil des Gehirns, der in der Verlängerung des Rückenmarks liegt, reguliert unsere unbewussten Körperfunktionen, zum Beispiel Atmung, Herzschlag, Verdauung, Körpertemperatur. Das vegetative Nervensystem ist hier beheimatet.

Der Bereich des Gehirns, der sich nach dem Reptiliengehirn entwickelt hat, ist das *limbische System*, das auch als emotionales Gehirn bezeichnet wird. In ihm ist beispielsweise die Fähigkeit der Empathie angelegt. Emotionale Empathie ist die Fähigkeit, im eigenen Leib zu spüren, was ein anderes Wesen fühlt. Sie ist eine komplexe innere Reaktion; man spricht auch von limbischer Resonanz. Diese ist wesentlich für die Fähigkeit, emotionale Bindungen zu entwickeln und zu pflegen, Anteilnahme für andere zu empfinden und eine Motivation zu entwickeln, sein eigenes Handeln auch nach den Bedürfnissen von anderen auszurichten.

Das limbische System

Der entwicklungsgeschichtlich gesehen jüngste Teil des Gehirns ist der *Neocortex*. Dieser ist beim Menschen besonders ausgeprägt. Dort sind die wesentlichen kognitiven Funktionen beheimatet. Das bewusste Denken und Lenken geschieht hier. Die vielfältigen Errungenschaften unserer Kultur basieren auf der Funktion des Neocortex. Sprache, Kunst, Musik, Logik sind Funktionen dieses Bereichs, der zum Großhirn gehört.

Der Neocortex

Wie lässt sich nun das menschliche Erleben und Verhalten im Zusammenspiel dieser drei Hirnbereiche erklären? Warum verhalten wir modernen Menschen uns manchmal wie Höhlenmenschen? Warum packen wir manchmal die „Keule" aus, wenn wir doch über hoch entwickelte kognitive Funktionen verfügen? Warum geraten wir in Sekundenbruchteilen in emotionale Zustände, in denen wir eher einem trotzigen Kind ähneln als einem erwachsenen Menschen? Vor allem in Beziehungssituationen ist es vertrackt. Eigentlich will man vernünftig miteinander reden und trotzdem landet man blitzschnell da, wo man nicht sein möchte: in Zuständen von gegenseitiger Schuldzuweisung, Trotz, Aggression, Rückzug usw.

„In emotional schwierigen Situationen, (...), im Kontakt miteinander ist ihr Reptiliengehirn wahrscheinlich stärker aktiviert als ihr Neocortex, und davon sollte man nicht viel mehr erwarten, als dass zwei Eidechsen einander anzischen und nacheinander schnappen."

(FISHER 2002)

Das limbische System kann man auch als eine Datenbank von emotionalen Zuständen verstehen. Zu Beginn des Lebens ist diese Datenbank noch unbeschrieben. Dann erleben wir die ersten emotionalen Zustände. Da ist die Wärme, der Blick, der Geruch der Mutter: ein positiver Zustand wird abgespeichert. Da sind aber auch Momente, in denen Bedürfnisse nicht erfüllt werden: Frustration, Hunger, Einsamkeit. Es entstehen „wunde Stellen": emotionale Verletzungen und Empfindlichkeiten. Die entsprechenden Gefühle werden zusammen mit einer groben Zusammenfassung der äußeren Umstände, die zu ihnen geführt haben, abgespeichert. Auf diese Weise prägen sich unsere Bindungserfahrungen fest in unser Gehirn ein. Jeder Mensch hat also seinen individuellen Emotionsspeicher, der im limbischen System angesiedelt ist. Wodurch der jeweils aktuelle emotionale Zustand ausgelöst wurde, ist oft nicht wirklich zu erkennen. Das rationale Selbst versucht dann eine Erklärung für den eigenen Zustand zu finden – und findet diese Erklärung vorzugsweise im Verhalten des Gegenübers. Es entsteht eine „Du-bist-falsch-Trance" – die Vorstellung, der andere sei verantwortlich dafür, dass es gerade so schwierig miteinander ist.

Ein Ingenieur würde den Prozess der emotionalen Aktivierung vielleicht analog dem Prinzip der Mustererkennung beschreiben. Aus einer Vielfalt von gespeicherten Zuständen wird möglichst schnell der Zustand herausgesucht, der früher einmal funktioniert hat. Funktionieren bedeutet in diesem Fall, dass dieser Zustand hilfreich war, um eine konkrete Situation emotional zu bewältigen. Das Prinzip der Mustererkennung läuft in etwa folgendermaßen ab:

- Ein äußerer Reiz trifft ein (Sehen, Hören, Spüren, ...).
- Das limbische System wird aktiviert und findet einen gespeicherten emotionalen Zustand.
- Nervenzellen feuern Signale und Hormone werden ausgeschüttet.
- Der Körper reagiert (Herzschlag, Schweiß, ...).
- Ein emotionaler Zustand wird vom Gehirn bemerkt.

Evolutionsgeschichtlich hat sich das System dieser schnellen, aber ungenauen Reaktion durchgesetzt. Es ist nicht so, dass der Neocortex nicht eingeschaltet wäre. Es ist allerdings so, dass die Zeit, bis der Neocortex reagiert, etwas siebenmal so lang ist wie die Reaktionszeit des limbischen Systems. Während der Neocortex also noch mit der Informationsverarbeitung und dem Finden einer angemessenen Reaktion beschäftigt ist, sind Hormone schon im Körper, Nervenzellen aktiviert und Emotionen im Gange. Man reagiert also sehr schnell auf der Basis gemachter Erfahrungen. Aber: Man hört nicht genau zu, sondern reagiert auf Auslöser, die nur ungefähr passen. Die schlechte Nachricht ist, dass man diese emotionale Aktivierung kaum bewusst steuern kann. Schnelligkeit geht also auf Kosten der Genauigkeit. Automatisch ablaufende, vorgefertigte Muster anstelle bewusster Entscheidungen. Die gute Nachricht ist: Durch Achtsamkeitspraxis lassen sich die automatisch ablaufenden Muster bewusst machen und verändern.

Goethe prägte den Spruch „*Zwei Seelen wohnen ach in meiner Brust*". Die Idee der Darstellung des menschlichen Seelenlebens als ein Miteinander von inneren Teilen oder Unterpersönlichkeiten findet sich in unterschiedlichen Schulen (Satir 1972, Schulz von Thun 1999, Schwartz 2008). Je nach Ansatz werden die inneren Teile in Gruppen unterteilt. Eine anschauliche Variante ist das von Richard Schwartz (2008) entwickelte Inner Family System (IFS). Es schlägt drei Kategorien von inneren Teilen vor:

Das Konzept der Teile

- *Manager:* Sie sind vorausschauend, planend, kontrollierend. Sie sorgen im Alltag für das erfolgreiche Funktionieren des Menschen.
- *Feuerbekämpfer:* Sie treten vorwiegend dann auf den Plan, wenn die Manager nicht mehr weiterwissen. Feuerbekämpfer sind schnell, spontan und impulsiv. Sie greifen in der Krise ein, schützen und retten – um jeden Preis. Das sind also innere Anteile, die in der Not hilfreich sind, aber oft zerbrochenes Porzellan hinterlassen.

Drei innere Kategorien

■ *Verbannte:* Das sind Teile, die wir im Alltag selten zu Gesicht bekommen. Sie sind empfindsam, kindlich, spielerisch und kreativ. Sie wissen viel über Gefühle und Beziehungen. Wenn diese Teile dauerhaft im Schatten leben, werden wesentliche Anteile der eigenen Person nicht gelebt. Es ist daher wichtig, diese Teile zu integrieren.

Problematische Zustände zeichnen sich meist dadurch aus, dass man hochgradig identifiziert ist mit einem Teil der eigenen Person. Dann erlebt man die Welt aus der reduzierten Erfahrungswelt dieses Teils heraus. Man hat kaum noch Zugang zu den anderen Teilen – auch wenn diese eventuell viel besser geeignet wären, die aktuelle Situation erfolgreich zu gestalten.

Innerer Beobachter In der Achtsamkeitspraxis lernt man, diese Identifikation aus der Sicht eines inneren Beobachters wahrzunehmen. Anstatt sich beispielsweise mit dem eigenen Feuerbekämpfer zu identifizieren, bemerkt man aus der Perspektive des Beobachters, dass der Feuerbekämpfer gerade aktiv ist.

Aus einem nicht identifizierten Zustand heraus lässt sich die Beziehung zu inneren Anteilen besser gestalten. Es gelingt dann, auch schwierige innere Teile – etwa ins Exil Verbannte – als Teile der eigenen Person zu integrieren. Dies versteht man unter dem Begriff der Selbstvalidation.

Im Kapitel zu den Coaching-Tools finden Sie Übungen, die das Konzept der inneren Teile weiter vertiefen und die Anwendung im Coaching aufzeigen. Ein wesentliches Hilfsmittel, um die Welt der inneren Teile zu erforschen, ist die Methode der Achtsamkeit.

Achtsamkeit und Gewaltfreiheit Durch Achtsamkeit kann man verstehen, wie die automatischen Muster das eigene Leben bestimmen. Man erlangt Bewusstsein und es entstehen Möglichkeiten der Gestaltung und des Wachstums. Ein wesentliches Merkmal von Coaching mit Achtsamkeit ist die Gewaltfreiheit. Dies bedeutet, dass man bestehende Situationen nicht durch eine schnelle Intervention verändern möchte. Man sucht nicht nach Lösungen. Das ist ein radikaler Ansatz. Er setzt voraus, dass man Vertrauen in das System hat. Man geht davon aus, dass alles, was passiert, irgendwie sinnvoll ist. Wesentliche und nachhaltige Veränderung entsteht nach diesem Konzept nicht von außen, sondern aus dem Inneren des Systems.

Die Methode der Achtsamkeit entstammt der buddhistischen **Neuroplastizität** Psychologie und ist damit eine Tradition, die sich in 2500 Jahren intensiver Praxis entwickelt hat. Durch tägliche Achtsamkeitspraxis werden Funktion und Struktur des Gehirns signifikant verändert (Lazar 2012). Diese Fähigkeit des Gehirns, sich durch Training dauerhaft zu verändern, wird Neuroplastizität genannt. Die Forschungen zur Neuroplastizität belegen, dass sich das Gehirn durch das, was wir tun und denken, verändert (Tan 2012, S. 42 f). Solche Veränderungen zeigen sich bereits nach einigen Wochen eines standardisierten Trainingsprogramms (Lazar 2012, S. 78). Allerdings muss das Training dauerhaft weitergeführt werden. Wie bei einem Muskel gilt auch für die Achtsamkeit: Use it or lose it.

Umfangreiche Studien belegen die Wirksamkeit der Achtsamkeitspraxis in unterschiedlichen Bereichen. So hat Jon Kabat-Zinn (1994) in seinen Studien an der Universitätsklinik von Massachussets ein achtwöchiges Trainingsprogramm zur Stressbewältigung durch Achtsamkeit entwickelt (MBSR: Mindfulness-Based Stress-Reduction). Er konnte nachweisen, dass dieses Programm den Stresspegel reduziert und die Abwehrkräfte unterstützt. Ein umfassender Überblick über die vielfältigen Anwendungen der Achtsamkeit findet sich bei Michael Harrer (http://achtsamleben.at).

Im Coaching wirkt Achtsamkeit implizit, indem der Klient sie indirekt erfährt, dadurch dass der Coach sie als Grundhaltung verinnerlicht hat. Das implizite Lernen gehört zu den wirksamsten Lernmethoden überhaupt. Jeder Mensch hat seine Muttersprache auf die implizite Weise gelernt und erst später – etwa in der Schule – explizit vertieft. Explizites Lernen von Achtsamkeit geschieht im Coaching durch ihr Benennen, durch Anleitung und Hausaufgaben, die zudem die Eigenverantwortung des Klienten fördern.

Übung **Training von Achtsamkeit**

Die Beobachtung des eigenen Atems aus einer neugierigen und interessierten Haltung ist ein bewährtes Achtsamkeitstraining. Dazu eine beispielhafte Anleitung:

- Nehmen Sie sich ein paar Minuten ungestörte Zeit an einem angenehmen Ort. Finden Sie eine Körperposition, die es Ihnen erlaubt, präsent, wach und ohne Anstrengung zu sein. Sie können sitzen, stehen oder liegen. Schließen Sie die Augen oder entspannen Sie den Blick.
- Entschließen Sie sich, Ihren Atem neugierig zu beobachten, ohne darauf Einfluss nehmen zu wollen.
- Richten Sie Ihre Aufmerksamkeit auf Ihren eigenen Atem. Bemerken Sie, wie sich Ihre Bauchdecke oder Ihr Brustkorb mit jedem Atemzug bewegt. Spüren Sie das Strömen des Einatmens und Ausatmens an der Nase oder dem Mund. Hören Sie das Geräusch Ihres Atems. Vielleicht entdecken Sie ein anderes Merkmal, welches für Sie gut zu beobachten ist.
- Entscheiden Sie sich für eines dieser Merkmale des Atem-Prozesses. Richten Sie nun Ihre Aufmerksamkeit auf diesen selbst gewählten Fokus der Atembeobachtung. Bleiben Sie dabei neugierig und interessiert.
- Sobald Sie bemerken, dass Ihre Aufmerksamkeit gewandert ist – zu einem anderen Ort, zu irgendwelchen Gedanken oder Gefühlen –, verschieben Sie den Fokus einfach wieder auf den von Ihnen zuvor gewählten Punkt der Aufmerksamkeit.
- Nach einigen Minuten beenden Sie das Training.

Bei einem Achtsamkeitstraining unterscheidet man den Beobachter (man selbst) vom Objekt der Beobachtung (zum Beispiel der eigene Atem). Die Einstellung des inneren Beobachters ist wohlwollend und ohne Veränderungswillen. Der Atem ist als Beobachtungsobjekt in mehrfacher Hinsicht interessant. Er ist ein zyklischer innerer Prozess, der für die meisten Menschen gut wahrzunehmen ist. Oft führt alleine schon die Beobachtung des Atems zu dessen Veränderung. Den Atem nur wahrzunehmen – also den automatischen Mustern zu widerstehen, den Atem regulieren zu wollen – trainiert die Fähigkeit zur Präsenz und bewussten Selbstregulation. Es scheint nur auf den ersten Blick paradox: Durch das Üben des Nicht-Tuns entsteht die Fähigkeit des bewussten Tuns.

Die achtsame Selbsterforschung ist eine Weiterführung der Achtsamkeitspraxis durch Atembeobachtung. Nach einer Phase der Konzentration der Aufmerksamkeit auf den Atem entscheidet man sich, die Aufmerksamkeit auf das auszurichten, was sich im Inneren bewegt. Damit eignet sich dieses Werkzeug zur Selbsterforschung als Coach ebenso wie zur Erforschung der Innenwelt des Klienten. Nachfolgend eine Anleitung für eine kurze Selbsterforschung in Achtsamkeit. Pausen zwischen den einzelnen Schritten sind wichtig. Achtsam-Werden braucht seine Zeit.

. . . .

Achtsame Selbsterforschung

- Nehmen Sie sich etwas Zeit – vielleicht eine Minute oder auch 10 Minuten.
- Beobachten Sie Ihren Atem.
- An welcher Stelle im Körper können Sie den Atem besonders gut bemerken?
- Nehmen Sie Ihren Atem wahr – interessiert und wohlwollend.
- Bleiben Sie etwas dabei und verankern Sie Ihre Aufmerksamkeit an dieser selbst gewählten Stelle.
- Lassen Sie sich von der eigenen Wahrnehmung immer wieder überraschen.

Übung
(SELBST-)
COACHING-
TOOL

- Nach einiger Zeit erweitern Sie Ihre Aufmerksamkeit bewusst auf den ganzen Körper.
- Welche Empfindungen können Sie im Körper bemerken?
- Was spüren Sie gerade?
- Was fühlen Sie jetzt im Moment?
- Welche Gedanken denken Sie?
- Gibt es Worte/Bilder/Farben/Formen zu entdecken?
- Sie brauchen nichts zu verändern.
- Nur wahrnehmen; wohlwollend, annehmend, neugierig.
- Nach einiger Zeit beenden Sie die achtsame Selbsterforschung.

Diese Übungsform schult die Wahrnehmung für das, was ist, und löst den Fokus bewusst von dem, was sein sollte. Viele weitere Übungen finden sich im Achtsamkeitsübungsbuch (Weiss 2012). Das Üben der Achtsamkeit ist vergleichbar mit dem regelmäßigen Gang ins Fitnessstudio. Der Achtsamkeitsmuskel gewinnt an Stärke. Es gelingt, die Aufmerksamkeit zielgerichtet zu fokussieren und das eigene Erleben und Fühlen im Detail wahrzunehmen und zu regulieren. Coaching-Prozesse laufen achtsamer ab. Die Qualität des Coachings verbessert sich. Die praktische Anwendung von Achtsamkeit im Coaching wird beispielsweise im Kapitel III.2. „Coaching-Tools" im Abschnitt „Somatische Marker" beschrieben.

Wirkung von Achtsamkeit im Coaching Die Anwendung der Methode der Achtsamkeit im Coaching wirkt auf unterschiedlichen Ebenen:

- *Selbstführung des Coachs:* Durch vertiefte Selbstwahrnehmung und aktive Selbstführung kann der Coach im bestmöglichen Zustand sein und daraus agieren.
- *Erweiterte Wahrnehmung des Coachs:* Der Coach nutzt die eigenen körperlichen und emotionalen Reaktionen als Anzeigeinstrument für den Zustand des Coachees.
- *Methode der Exploration:* Die erweiterte, empathische Wahrnehmung des Coachees und dessen Themen durch den Coach wird möglich, Unterstützung der Selbstexploration des Coa-

chees durch empathische Kontaktaussagen (siehe auch Kapitel II.2., Abschnitt „Lethologische Haltung").

Auf den Punkt gebracht:

Achtsamkeit bedeutet, die gegenwärtige Situation durch bewusste und aufmerksame Wahrnehmung von Gedanken, Gefühlen, Körperempfindungen und Handlungen vollständig zu erfassen. Unbewusste Wahrnehmungs- und Handlungsabläufe werden so sichtbar und dadurch der Veränderung zugänglich.

Das menschliche Erleben und Handeln ist hochgradig automatisiert. Jeder Mensch greift dabei auf eine individuelle Datenbank von Erfahrungen zurück, die mit emotionalen Zuständen verknüpft sind. Im gegenwärtigen Erleben werden diese Zustände durch charakteristische Reize aktiviert und bestimmen das eigene Handeln. Durch die Praxis der Achtsamkeit lassen sich die automatischen Muster bewusst machen und verändern.

Selbstregulation

Friedemann Schulz von Thun prägte den Satz: „*Selbstführung bedeutet Dirigent zu sein im inneren Orchester.*" Die Fähigkeit, sich selbst zu führen und zu regulieren, ist eine wesentliche Fähigkeit für jeden Coach. Coachs werden oft mit problembehafteten Situationen konfrontiert, die dazu führen können, dass sie in eine Problem-Trance hineingezogen werden. Jeder Coaching-Prozess ist ein Beziehungsprozess, in dem es gilt, die Begegnung von Mensch zu Mensch zu meistern – mit Erwartungen von beiden Seiten, die manchmal kaum zu erfüllen sind. Für die Selbstregulation des Coachs ist es daher hilfreich, wenn er in Achtsamkeit geübt ist.

Der Begriff des Selbst

Die Begrifflichkeit des Selbst ist einerseits alltäglich. Man spricht von Selbstwert, Selbstbewusstsein oder Selbstbehauptung, um nur ein paar Beispiele zu nennen. Was ist aber dieses Selbst? Im Konzept der inneren Teile ausgedrückt könnte man sagen: Das Selbst ist der Teil, der übrig bleibt, wenn alle anderen zurückgetreten sind. Jemand, der mit dem eigenen Selbst in gutem Kontakt ist, wird oft so beschrieben: „Er ist authentisch. Eine runde Persönlichkeit. Ganz bei sich." Das ist ein selbstnaher Zustand.

Sich selbst nah zu sein bedeutet, im Kontakt zu sein mit den eigenen Gefühlen und Persönlichkeitsanteilen, ohne mit diesen identifiziert zu sein.

Der Flow-Zustand

Fast jeder kennt solche Momente: Alles ist richtig, alles ist in Ordnung. Man spürt Ruhe und Gelassenheit und kann gleichzeitig sehr lebendig und aktiv sein. Für manchen ist die Kunst ein Zugang zu diesem Zustand. Oder die Natur, Musik, Bewegung. Dann entstehen Momente tiefen Friedens, der Klarheit und des Einsseins. Eine inzwischen gängige Bezeichnung für diesen Zustand hat Csíkszentmihályi eingeführt: „Flow" (Csíkszentmihályi 1992). Dietz und Dietz beschreiben Selbstführung als „Selbst in Führung" sein. Sie verstehen darunter „guten Zugang zu Gefühlen und Anteilen der Persönlichkeit zu haben und diese situativ bewusst zu steuern" (Dietz/Dietz 2007). Sie sehen Selbstführung als eine wesentliche Kompetenz von Fach- und Führungskräften. Es ist ein verbreitetes Konzept im Business-Coaching, die Selbstführungs-Kompetenz der Coachees zu fördern. Bei genauer Betrachtung lassen sich sicherlich Unterschiede ausmachen hinsichtlich der Bedeutung der Begriffe Selbstführung, Selbstmanagement oder Selbstregulation – aber auch viele Gemeinsamkeiten. Wir möchten an dieser Stelle den Begriff der Selbstregulation weiter vertiefen.

Der Begriff Selbstregulation beinhaltet einerseits die Idee, dass man Einfluss nehmen kann auf den eigenen Zustand im Sinne eines regulativen Vorgangs. Andererseits steckt darin eine gewisse Zurückhaltung den Aspekt der Führung betreffend. Aus systemischer Sicht ist es so, dass durch die Regulation eines Zustands eine neue Situation entsteht, in der das Bestreben vernetzter Systeme, sich optimal an den Kontext anzupassen, aus sich selbst heraus zu einer Veränderung führt.

Die Basis der Selbstregulation ist die Selbstwahrnehmung. Im folgenden (Selbst-)Coaching-Tool der Selbsterforschung von typischen Zuständen wendet man sich in einem Prozess der Innenschau dem inneren Erleben zu. Ziel ist es, die eigene innere Welt anhand einer typischen, wiederkehrenden Situation (zum Beispiel Konflikte mit Mitarbeitern) zu erforschen.

Selbsterforschung anhand typischer Zustände

■ Entscheiden Sie sich für eine konkrete Situation, die Sie erlebt haben. Lassen Sie diese Situation in Ihrer Vorstellung wieder lebendig werden. Beantworten Sie sich selbst die folgenden Fragen: Was genau passiert im Außen? Was sind äußere Auslöser? Worauf reagiere ich eigentlich?
■ Erforschen Sie das innere Erleben: Welche Gefühle entstehen? Wie reagiert Ihr Körper? Wie verändert sich die Körperspannung, die Haltung, der Atem? Gibt es innere Stimmen und Dialoge? Was sagen Sie sich selbst? Wer sind Sie in diesem Zustand? Welche Teile in Ihnen werden aktiviert? Welche inneren Teile werden in den Hintergrund gedrängt? Welcher Teil geht in Führung?
■ Nutzen Sie die Methode der Achtsamkeit zur Selbsterforschung. Nehmen Sie sich Zeit. Erinnern Sie sich an die Haltung des inneren Beobachters: neugierig, wohlwollend und interessiert.

Übung
(SELBST-)
COACHING-
TOOL

- Wenn Sie genau hinschauen: Gibt es Möglichkeiten der Selbstregulation? Könnten Sie die Situation verlangsamen? Was würde sich verändern?
- Beenden Sie die achtsame Selbsterforschung und notieren Sie sich, was Sie über sich selbst erfahren haben.

Im folgenden (Selbst-)Coaching-Tool „Selbstdialog" besteht die Zielsetzung darin, einen Zustand herzustellen, der den oben genannten Kriterien eines selbstnahen Zustands entspricht.

Übung (SELBST-) COACHING-TOOL

Selbstregulation mittels Selbstdialog

- Beginnen Sie, achtsam zu werden, indem Sie sich einige Zeit auf die Beobachtung des eigenen Atems konzentrieren.
- Nach ein paar Minuten erweitern Sie den Fokus Ihrer Aufmerksamkeit und schauen, was Sie im inneren Erleben entdecken können.
- Falls ein Gefühl, eine Empfindung oder ein Gedanke auftaucht, wenden Sie sich dem innerlich zu. Gehen Sie davon aus, dass das, was Sie bemerken – dieser Gedanke oder das Gefühl –, zu einem Teil Ihrer Innenwelt gehört.
- Begrüßen Sie diesen Teil; vielleicht finden Sie auch einen Namen oder Begriff für diesen Teil. Verweilen Sie etwas dabei und bitten Sie diesen Teil dann, nun zurückzutreten.
- Eventuell richten Sie Ihre Aufmerksamkeit wieder auf Ihren Atem, bis ein anderer Teil in den Fokus tritt, dem Sie dann auf dieselbe Weise begegnen.
- Machen Sie immer weiter so, bis Sie einen Zustand erreichen, der sich leicht oder leer anfühlt.
- Beenden Sie den Selbstdialog.

Es ist nicht sicher, dass Sie in dieser Übung den selbstnahen Zustand erreichen. Manchmal gelingt es nicht. Man kann es nicht erzwingen. Durch die Praxis der Achtsamkeit kann man aber die Voraussetzungen schaffen, damit es gelingt. Schwartz beschreibt den selbstnahen Zustand so: *„Die Lichter sind an und jemand ist zuhause."* (Schwartz 2008, S. 38).

Der Selbstdialog ist eine paradoxe Intervention. Es gibt ein Ziel: die Veränderung des eigenen Zustands durch Selbstregulation. Und gleichzeitig wird eine annehmende, nicht-wertende, nicht-verändern-wollende Haltung eingenommen. Man sucht nicht nach einer Lösung, sondern vertraut darauf, dass sie entsteht.

Eine sehr konkrete Form der Selbstregulation ist beispielsweise die Selbstberührung. Berührung ist etwas, das Menschen intuitiv nutzen: In schwierigen Situationen berühren wir Menschen, die uns nahe stehen. Eine angenehme Berührung von vertrauten Menschen tut gut. Dass Berührung das Bindungshormon Oxytocin freisetzt und für Entspannung sorgt, muss man dafür gar nicht wissen. Interessant ist, dass dies auch bei einer achtsamen Selbstberührung funktioniert.

Selbstregulation mittels Selbstberührung

■ Nehmen Sie sich etwas ungestörte Zeit für sich.

■ Die Idee ist, sich selbst auf achtsame Weise zu berühren und die eigene Reaktion darauf wahrzunehmen und zu erforschen.

■ Entscheiden Sie sich, wo genau Sie sich berühren werden. Ein passender Ort könnte der Bauch- oder Brust-/Herz-Bereich sein.

■ Legen Sie die Hand nicht plötzlich auf die gewählte Stelle, sondern lassen Sie sich etwas Zeit für den Weg dorthin.

■ Wenn Sie nun die Bewegung der Hand zur gewählten Stelle beginnen, halten Sie immer wieder kurz inne, wenn Sie eine innere Reaktion bemerken.

■ Begleiten Sie sich selbst mit den Fragen:

Übung
(SELBST-)
COACHING-
TOOL

- Wie fühle ich mich jetzt gerade?
- Welche Erwartungen habe ich?
- Wie könnte sich die Berührung anfühlen?
- Welche Emotionen kann ich jetzt bemerken?
- Welche Aussage hat die eigene Berührung für mich?
- Wo im Körper spannt sich etwas an?

■ Wenn die Hand am Ziel angekommen ist, lassen Sie sich Zeit, genau zu erforschen:
- Wie verändert sich mein Zustand?
- Woran kann ich das erkennen?

■ Beenden Sie die Selbstberührung – eventuell notieren Sie Ihre Entdeckungen.

- -

Selbstregulation bedeutet, dass man „gute" Zustände bewusst herbeiführen kann. Aus guten inneren Zuständen heraus lassen sich Probleme eher lösen. Durch Achtsamkeitstraining können gute Zustände auch in herausfordernden Situationen beibehalten werden.

Auf den Punkt gebracht:

Selbstregulation bedeutet, in Kontakt zu kommen mit den eigenen Gefühlen und Persönlichkeitsanteilen und Einfluss zu nehmen auf den eigenen Zustand. Der Selbstdialog ist im Grunde eine paradoxe Angelegenheit: Man möchte den eigenen Zustand regulieren – nimmt dazu aber eine annehmende, nicht-wertende, nicht-verändern-wollende Haltung ein, die nicht nach Lösungen sucht, sondern vertraut, dass sie entstehen.

Selbstregulation setzt Achtsamkeit voraus. Berührung und Körperkontakt sind Möglichkeiten der Selbstregulation.

Selbstwert – Selbstliebe – Selbstempathie/Selbstmitgefühl

Warum halten manche Menschen viel von sich selbst, während andere sich immer wieder selbst fertigmachen? Warum hört man manchen Menschen zu, wenn sie das Wort ergreifen, während andere Mühe haben, sich Gehör zu verschaffen? Warum sagen manche Menschen, „also gut, packen wir's an", während andere zurückweichen, wenn sie sich mit etwas Neuem konfrontiert sehen? Diese verschiedenen Denk- und Verhaltensweisen resultieren aus einem unterschiedlichen Selbstwert.

Der Selbstwert ist definiert als die Bewertung des Bildes, das man von sich selbst hat, oder in anderen Worten, unser Urteil über unseren eigenen Wert.

Ein anderer Begriff für Selbstwert ist „Selbstwertgefühl". Es heißt aus gutem Grund „Selbstwertgefühl" und nicht „Selbstwertwissen", denn beim Selbstwert geht es nicht um objektive Gründe, weshalb man wertvoll ist oder nicht. „Selbstwertgefühl" setzt sich aus drei Worten zusammen: Selbst + Wert + Gefühl. „Selbst" weist darauf hin, dass es um unsere Identität geht. „Wert" zeigt an, dass etwas gemessen wird. Und „Gefühl" deutet darauf hin, dass es darum geht, wie wir uns im Hinblick auf uns selbst fühlen.

Selbstwert

Wir werden nicht mit einem hohen oder niedrigen Selbstwert geboren. Das Bewusstsein über einen selbst und die eigene Wichtigkeit entwickelt sich über die Zeit durch die Erfahrungen, die wir machen, und die Bedeutung, die wir diesen Erfahrungen zuschreiben. Der Grundstein wird in unserer Kindheit gelegt, aber unser Selbstkonzept und Selbstwertgefühl kann sich unser ganzes Leben hindurch ändern.

Selbstliebe Es ist uns möglich, unser Selbstwertgefühl zu verbessern. Allerdings ist der Selbstwert unbeständig. Das Selbstwertgefühl ist ein „Schönwetterzustand": Solange die Dinge gut laufen, ist es leicht, ein hohes Selbstwertgefühl zu haben, aber wenn es Niederlagen und Schicksalsschläge zu bewältigen gibt, sieht es mit dem Selbstwert schnell nicht mehr ganz so gut aus.

Selbstliebe wird als die allumfassende Annahme und uneingeschränkte Liebe seiner selbst definiert.

Leicht gesagt, mögen Sie jetzt denken, aber wie kommt man zur Selbstliebe? Nun, Selbstliebe fällt nicht vom Himmel; sie entwickelt sich durch entsprechendes Verhalten. Genauso wie es nicht möglich ist, eine andere Person auf der Stelle zu lieben, ist es auch nicht möglich, uns selbst mit sofortiger Wirkung zu lieben.

So wie Liebe im Laufe der Zeit wachsen kann, kann sich auch die Selbstliebe entwickeln. Wenn wir uns selbst lieben möchten, sollten wir damit beginnen, uns gegenüber uns selbst so zu verhalten wie jemand, den wir lieben können.

Selbstempathie/ Selbstmitgefühl Um den Bewusstseinszustand der Selbstliebe zu entwickeln, ist ein drittes „Selbst" nötig: Selbstempathie beziehungsweise Selbstmitgefühl.

Selbstmitgefühl ist eine achtsame, annehmende, freundliche Haltung sich selbst gegenüber.

Nach Kristin Neff (Neff 2011, S. 39–106) besteht Selbstmitgefühl aus drei Komponenten: Selbstfreundlichkeit, Akzeptanz
unserer Menschlichkeit und wechselseitigen Abhängigkeit sowie Achtsamkeit.

Selbstmitgefühl beinhaltet, dass wir – statt unseren Schmerz zu
ignorieren oder uns mit Selbstkritik zu überziehen – behutsam
und verständnisvoll mit uns umgehen, wenn wir uns unzuläng-
lich fühlen. Selbstmitgefühl umfasst auch, dass wir anerkennen,
dass wir als Menschen voneinander abhängig sind und Leiden
und persönliche Unzulänglichkeiten Teil unserer gemeinsamen
menschlichen Erfahrung sind. Schließlich erfordert Selbstmitgefühl einen achtsamen, aufnahmebereiten und bewertungsfreien Bewusstseinszustand, in dem wir unsere Gedanken und
Gefühle beobachten, ohne zu versuchen, sie zu unterdrücken
oder zu leugnen, und ohne mit ihnen identifiziert zu sein.

Selbstmitgefühl bedeutet nicht Selbstmitleid, Selbstnachgiebig-
keit oder Egoismus. Wenn wir Selbstmitleid haben, versinken
wir so in unserer eigenen Welt, dass wir vergessen, dass andere ähnliche Probleme haben. Im Gegensatz dazu weiten wir aus
der Perspektive des Selbstmitgefühls unseren Blick und sehen
die verwandten Erfahrungen, die wir mit anderen teilen. Selbst-
mitfühlend zu sein bedeutet auch nicht, dass wir uns selbst alles durchgehen lassen. Selbstmitgefühl ist vergleichbar mit dem
Mitgefühl für andere.

Stellen Sie sich vor, Sie sind auf dem Weg zu einer Verabredung und Sie   **Beispiel**
sind spät dran. Als Sie an einer roten Ampel halten, springt ein Mann auf
Ihr Auto zu und versucht, die Windschutzscheibe zu putzen. Sie sind der
Auffassung, dass die Fensterscheiben keiner Reinigung bedürfen, und ver-
suchen ihn zu verscheuchen. Sie sind verärgert. Wenn Sie den Mann je-
doch als jemanden sehen würden, der versucht, etwas Geld zu verdienen,
um seine schwierige finanzielle Situation zu verbessern und seine Familie
zu ernähren, würden Sie vermutlich Mitgefühl für ihn empfinden. Empa-
thie für die Situation des Mannes würde es Ihnen auch leichter machen,
geduldig zu sein, obwohl Sie spät dran sind.

Mitgefühl für andere resultiert aus Empathie. Genauso ist es mit dem Selbstmitgefühl: Es erwächst aus Selbstempathie. Deshalb ist Selbstempathie Voraussetzung für Selbstmitgefühl. Und Selbstmitgefühl ist Voraussetzung für Selbstliebe. Die gute Nachricht ist: Selbstempathie ist eine Fähigkeit, die man lernen und entwickeln kann.

Die drei Selbst im Vergleich

Das Selbstwertgefühl bezieht sich auf den Wert, den wir uns selbst zuschreiben. Es gibt vermutlich wenig Zweifel daran, dass ein niedriges Selbstwertgefühl nachteilig ist, aber ein hohes Selbstwertgefühl kann ebenfalls problematisch sein. Der Selbstwert basiert oft darauf, wie sehr wir herausragen. Deshalb können Versuche, unseren Selbstwert zu steigern, in egozentrischen und aggressiven Verhaltensweisen münden und dazu führen, dass wir unsere Unzulänglichkeiten ignorieren, verzerren oder verstecken und andere kleinmachen, um uns selbst besser zu fühlen. Auch ist der Selbstwert oft von Erfolgen abhängig. Er produziert nur dann positive Gefühle, wenn wir uns als wertvoll erleben. Dies ist üblicherweise der Fall, wenn wir mit unseren Bemühungen erfolgreich sind und Anerkennung von anderen erfahren. Aber aufgrund der volatilen Natur des Selbstwerts verwandeln sich die tollen Gefühle schnell in unangenehme, wenn wir mit etwas scheitern. Unser Selbstwert schwankt in Abhängigkeit von den sich ständig ändernden Umständen.

Im Gegensatz dazu basiert Selbstmitgefühl nicht auf Selbstbewertungen. Wir müssen uns nicht besser fühlen als andere, um uns gut zu fühlen. Beim Selbstmitgefühl resultieren die guten Gefühle nicht aus unseren Erfolgen, sondern aus der Tatsache, dass wir uns um uns kümmern – ganz besonders dann, wenn die Dinge nicht so gut laufen. Wir verhalten uns, wie es eine gute Freundin tun würde: Sie ruft uns an, um zu hören, wie es uns geht. Sie lässt uns erzählen und hört zu – ganz egal, was wir auf dem Herzen haben, manchmal stundenlang. Sie ist einfach da für uns: präsent und empathisch mit offenen Ohren und einem offenen Herzen. Selbstempathisch zu sein bedeutet, dass wir uns selbst behandeln, wie es unsere beste Freundin tun würde.

Untersuchungen deuten darauf hin, dass das Selbstmitgefühl dem Selbstwert in schwierigen Zeiten überlegen ist. Selbstempathie beziehungsweise Selbstmitgefühl fängt uns auf, wenn uns unser Selbstwertgefühl im Stich lässt. Menschen mit ausgeprägtem Selbstmitgefühl haben ein akkurateres Selbstkonzept, weniger Narzissmus und reaktiven Ärger, liebevollere Beziehungen, eine höhere Selbstwirksamkeit und emotionale Resilienz, sie erreichen ihre Ziele eher, leiden seltener unter Depressionen und Ängsten und erholen sich schneller von Schlaganfällen als Menschen, die sich mit Selbstkritik überziehen. Selbstmitgefühl ist unverzichtbar für mentale Gesundheit.

Wenn Sie sich in Selbstempathie üben möchten, um daraus Selbstmitgefühl und im Laufe der Zeit Selbstliebe zu entwickeln, möchten wir Ihnen die gewaltfreie Kommunikation nach Dr. Marshall Rosenberg ans Herz legen. Sie schlägt folgendes Vorgehen für Selbstempathie vor (Fritsch 2009):

. . . .

Der Selbstempathie-Prozess der gewaltfreien Kommunikation   Übung

1. Nehmen Sie zur Kenntnis, was Sie wahrgenommen haben. Pure Fakten, keine Interpretationen! Was haben Sie gesehen oder gehört? Was hätte eine Videokamera aufgezeichnet?
2. Nehmen Sie Ihre Gedanken wahr. Welche Interpretationen, Bewertungen, Urteile, Fantasien, Vorwürfe, Vermutungen gehen Ihnen durch den Kopf?
3. Nehmen Sie wahr, wie Sie sich fühlen. Keine Pseudo-Gefühle wie missverstanden, ignoriert, betrogen, unter Druck gesetzt, angegriffen, die eher zum Ausdruck bringen, wie Sie das Verhalten anderer interpretieren!
4. Identifizieren Sie die Bedürfnisse hinter Ihren Gedanken und Gefühlen. Bedürfnisse wie zum Beispiel Frieden, Freiheit,

Autonomie sind universell und die „Motoren" allen menschlichen Verhaltens.

5. Verpflichten Sie sich zu einer Strategie, die geeignet ist, diese Bedürfnisse zu erfüllen. Finden Sie eine konkrete Aktivität, die Sie selbst ausüben können und wollen, um Ihre Bedürfnisse ein Stück weit zu erfüllen.

In der heutigen Welt scheint fast alles perfekt zu sein: In den Medien sieht man Frauen in ihren Dreißigern, die Kleidergröße 36 tragen, keinerlei Falten aufweisen und neben ihrem Management-Job noch eine Familie organisieren. Angesichts der Vielzahl solcher Eindrücke ist es kein Wunder, dass viele Menschen nach Makellosigkeit streben und Schwierigkeiten damit haben, Schwächen zu akzeptieren. Umgeben von all diesen angeblich „perfekten" Mitmenschen liegt es nahe, dass viele unter einem geringen Selbstwert leiden und zu Überzeugungen wie den folgenden tendieren:

- Ich bin nicht gut genug.
- Andere sind beliebter/attraktiver/erfolgreicher, ... als ich.
- Niemand darf sehen, wie ich wirklich bin.

Coachs können Menschen mit tendenziell niedrigem Selbstwert zum Beispiel dadurch unterstützen, dass sie sie über die Unterschiede und Zusammenhänge zwischen den drei „Selbst" aufklären und sie anleiten, wie sie achtsam und empathisch mit sich selbst umgehen können. Sie können die Selbst-Akzeptanz ihrer Klienten fördern, indem sie ihre Stärken würdigen und ihnen dabei helfen, die Bedürfnisse hinter ungeliebten Verhaltensweisen und Gefühlen zu erkennen. Sie können ihre Klienten anregen, sich bewusst zu machen, welche Überzeugungen hinter unerwünschten Denk- und Verhaltensmustern stecken, und diese gegebenenfalls zu ändern. Und sie können die Ressourcen ihrer Klienten stärken, indem sie ihnen helfen, das Positive im Negativen zu sehen.

All dies setzt voraus, dass der Coach Selbstempathie verinnerlicht hat und aus einer Haltung des Selbstmitgefühls und der
Selbstliebe agiert. Dies ist für Coachs deshalb ganz besonders
wichtig, um zu vermeiden, dass sie ihre Minderwertigkeitsgefühle auf ihre Klienten projizieren und ihr Selbstwertgefühl
unbewusst dadurch zu erhöhen trachten, dass sie sich der Anerkennung wegen unersetzlich zu machen versuchen (siehe Kapitel II.2., Abschnitt „Transaktionsanalyse"). Wenn Coachs andere Menschen unterstützen, sollten sie es aus Liebe tun und
nicht, um ihre Minderwertigkeitsgefühle durch Hilfsbereitschaft zu kompensieren. Coachs sollten in sich selbst ruhen,
unabhängig davon, ob sie von anderen Anerkennung oder Kritik bekommen.

Auf den Punkt gebracht:

Der Selbstwert oder auch das Selbstwertgefühl ist unser
Urteil über unseren eigenen Wert.

Im Gegensatz dazu bezeichnet Selbstliebe die allumfassende Annahme und uneingeschränkte Liebe seiner selbst. So
wenig wie man andere Menschen auf Kommando lieben
kann, kann man Selbstliebe erzwingen. Ähnlich wie die
Liebe für einen anderen Menschen im Laufe der Zeit wachsen kann, kann sich aber auch die Liebe für uns selbst entwickeln – wenn wir uns gegenüber uns selbst so verhalten,
wie es jemand tut, den wir lieben können.

Selbstmitgefühl ist eine achtsame, annehmende, freundliche Haltung sich selbst gegenüber. So wie Mitgefühl für andere aus Empathie resultiert, erwächst Selbstmitgefühl aus
Selbstempathie – eine Fähigkeit, die man lernen und entwickeln kann.

Selbstempathie ist Voraussetzung für Selbstmitgefühl und Selbstmitgefühl wiederum ist Voraussetzung für Selbstliebe.

Menschen mit Selbstwertschwierigkeiten können im Rahmen eines Coachings auf die Unterschiede und Zusammenhänge zwischen den drei Selbst aufmerksam gemacht und angeleitet werden, wie sie empathisch mit sich selbst umgehen können, um ihr Selbstmitgefühl und ihre Selbstliebe zu stärken. Dies setzt voraus, dass der Coach Selbstempathie verinnerlicht hat und aus einer Haltung der Selbstliebe agiert.

3. Beziehungsgestaltung

Wir haben schon mehrfach betont, wie wichtig die Beziehung zwischen dem Coach und dem Coachee für den Erfolg eines Coachings ist. Im vergangenen Abschnitt haben Sie erfahren, welche Bedeutung eine gute Selbstführung für die Beziehungsfähigkeit eines Coachs hat und wie er diese weiter verbessern kann. Im nun folgenden Abschnitt möchten wir einige ganz konkrete Verhaltensweisen vorstellen, die Coachs dabei helfen, die Beziehung zu ihren Coachees erfolgreich zu gestalten.

Agieren statt reagieren

Über viele Dinge des täglichen Lebens müssen wir nicht nachdenken, während wir sie tun, bei den meisten Menschen ist das zum Beispiel beim Auto- oder Radfahren der Fall. Tätigkeiten wie diese laufen beim Gros aller Menschen automatisiert und ohne bewusstes Nachdenken ab. Wir haben gelernt, auf gewisse Dinge in einer bestimmten Weise zu reagieren. Solche Routinen sind wichtig in unserem Leben. Sie helfen uns, sicher durch den Tag zu kommen. Einige dieser Muster können allerdings auch hinderlich für uns sein. Es ist deshalb hilfreich, unsere Routinen immer wieder dahingehend zu überprüfen, inwieweit sie förderlich für uns sind.

Wenn wir reagieren, ist das eine automatische Erwiderung auf einen Reiz oder Auslöser. Tief in uns drin haben wir ein Sammelsurium an Reaktionen auf bestimmte Auslöser abgespeichert. Wir reagieren in der Art und Weise, auf die wir uns selbst programmiert haben. Wenn wir uns nicht gezielt damit beschäftigen, sind uns die Programme, die wir verinnerlicht haben, nicht bewusst. Unsere Programme können nicht nur positiv, sondern teilweise auch sehr destruktiv sein. Wenn wir nicht glücklich mit einigen unserer Programme sind, haben wir die Möglichkeit, die betreffenden verinnerlichten automatischen Denk- und Verhaltensmuster zu ändern. Professionelle Coachs kennen Methoden dafür und können dabei unterstützen. Aber auch ohne externe Unterstützung kann man weiterkommen. Zum Beispiel kann einem ein simples Luftholen und Durchschnaufen dabei helfen, bewusst zu agieren, statt automatisch zu reagieren. Das bewusste Atmen bringt uns nämlich in den gegenwärtigen Moment und in eine bewusste Haltung. Ein einziger Atemzug kann eine Situation komplett verändern.

Automatische Programme bewusst machen

Reaktionen sind antrainierte Verhaltensweisen auf bestimmte Auslöser und entstammen der Vergangenheit. Zu reagieren heißt, nicht im Moment zu leben. Bewusst zu agieren, statt automatisch zu reagieren, setzt hingegen voraus, dass wir gelernt haben, im Moment präsent zu sein. Wenn wir präsent sind, reagieren wir nicht unreflektiert auf das, was jemand sagt oder macht, sondern wir gehen bewusst auf ihn ein.

Coachs sollten ein hohes Maß an Präsenz mitbringen und die Auslöser kennen, auf die bestimmte Routinen „anspringen", sodass dies im Coaching nicht passiert. Wenn Coachs auf etwas, was der Klient sagt, automatisch reagieren, statt bewusst zu agieren, ist der Fokus des Coachings nämlich nicht mehr gegenwarts- und Klienten-bezogen, sondern vergangenheits- und Coach-bezogen und dem „Drama" sind Tür und Tor geöffnet ... (siehe Kapitel II.2., Abschnitt „Transaktionsanalyse").

Auf den Punkt gebracht:

Viele Verhaltensweisen laufen völlig automatisch ab, ohne dass wir bewusst darüber nachdenken müssen. Durch Wiederholung haben wir uns antrainiert, auf gewisse Auslöser in einer bestimmten Art und Weise zu reagieren; wir haben uns quasi selbst programmiert. Es ist ein Segen, dass wir solche Routinen in uns haben, denn sonst wären wir von der Fülle an Informationen, mit denen wir sekündlich konfrontiert werden, „erschlagen" und zeitweise handlungsunfähig.

Einige unserer Routinen können allerdings auch sehr hinderlich sein und uns (und anderen) mehr schaden als nützen. Es ist daher hilfreich, sich immer wieder mit den eigenen Programmen zu beschäftigen und sie zu überprüfen und gegebenenfalls zu ändern.

Für Coachs ist es besonders wichtig, die eigenen Routinen immer wieder unter die Lupe zu nehmen und zu lernen, im Moment präsent zu sein und bewusst zu agieren, statt automatisch zu reagieren. Wenn Coachs nicht präsent sind, sondern auf ihre Klienten unreflektiert reagieren, spulen sie eigene alte Muster ab und verlagern den Fokus unbewusst auf sich selbst und laufen Gefahr, „Spiele" zu spielen und „Drama" zu produzieren.

Gewaltfrei kommunizieren

Wir haben bereits erwähnt, dass Wahrnehmung und Kommunikation die „Hauptwerkzeuge" von Coachs sind. Sie haben einen großen Einfluss auf den Erfolg oder Misserfolg eines Coachings. Es lohnt sich daher, wenn Coachs ihre Kommunikationsweise reflektieren und optimieren. Die gewaltfreie Kommunikation (abgekürzt GFK) nach Dr. Marshall Rosenberg ist für uns in diesem Zusammenhang das Ideal einer beziehungsförderlichen Kommunikation und wir möchten Sie Ihnen daher näher vorstellen.

Die gewaltfreie Kommunikation wurde in den 1960er-Jahren von Dr. Marshall Rosenberg entwickelt. Rosenberg wurde 1934 in den USA geboren und erlebte als amerikanischer Jude in seiner Kindheit und Jugend unterschiedliche Arten von Gewalt einschließlich Rassenunruhen mit Todesopfern. Dies nährte in ihm früh den Wunsch, mehr darüber zu erfahren, was es manchen Menschen möglich macht, selbst unter schwierigsten Bedingungen einfühlsam zu bleiben, während andere ihrerseits gewalttätig werden (Rosenberg 2000, S. xi-3). Um dies herauszufinden, entschied er sich dafür, klinische Psychologie zu studieren. Er wurde Schüler von Carl Rogers – dem Begründer der Gesprächs-Psychotherapie – und erhielt im Jahr 1961 seinen Doktor in Klinischer Psychologie von der Universität Wisconsin. „While studying the factors that affect our ability to stay compassionate, I was struck by the crucial role of language and our use of words" (Rosenberg 2000, S. 2). Seine Forschungsergebnisse mündeten in einem Modell, das er „Gewaltfreie Kommunikation" nannte.

Entstehung, Grundannahmen und Modell der GFK

. . . .

Die gewaltfreie Kommunikation basiert auf der Vision einer Welt, in der die Bedürfnisse aller wahrgenommen werden und Menschen mit Freude geben und nehmen. Primäres Ziel der GFK ist es, Menschen dabei zu unterstützen, mit sich und anderen in Verbindung zu kommen und sich zu verständigen.

. . . .

Grundsätze der GFK

Die GFK geht von der Annahme aus, dass ...

- Bedürfnisse der „Motor" allen menschlichen Verhaltens sind – dass also alle Handlungen von Menschen Versuche sind, Bedürfnisse zu erfüllen.
- alle Menschen dieselben Bedürfnisse haben, zum Beispiel Autonomie, Freiheit, Frieden, Sicherheit, Wertschätzung.
- Gewalt (körperlicher wie verbaler Art) Ausdruck unerfüllter Bedürfnisse ist.
- unsere Gefühle Signale dafür sind, ob unsere Bedürfnisse erfüllt sind oder nicht.
- alle Menschen das Potenzial, aber häufig nicht die Fähigkeit haben, sich in sich selbst und in andere Menschen einzufühlen.

Um leichter in die Verständigung suchende Haltung zu kommen, gibt uns die GFK als Instrument das folgende Modell an die Hand:

Fähigkeit	Selbstempathie	Aufrichtigkeit	Empathie
	Einfühlung in sich selbst zum Zwecke der Selbstklärung	*Offenes Ansprechen von Teilen der Selbstklärungs-Erkenntnisse gegenüber anderen*	*Stilles Hineinversetzen in die andere Person, evtl. Ansprechen des Erspürten (als Frage!)*
Fokus auf	**einem selbst**	**einem selbst**	**dem anderen**
1. Wahrnehmung	Ich sehe/höre ...	Ich sehe/höre ...	Du siehst/hörst ...?
2. Gefühl	... und fühle mich ...	... und fühle mich ...	... und fühlst dich ...?
3. Bedürfnis	... weil ich ... brauche.	... weil ich ... brauche.	... weil du ... brauchst?
4. Bitte	Deshalb werde ich jetzt ...	Deshalb bitte ich dich jetzt ...	Möchtest du jetzt, dass ...?

Schaubild 4: Das Modell der gewaltfreien Kommunikation

Es ist für die meisten Menschen leicht zu verstehen, aber schwierig umzusetzen, weil es die folgenden Fähigkeiten voraussetzt:

1. *Selbstempathie:* Die Fähigkeit, sich in sich selbst einzufühlen und zu spüren, was man gerade wahrnimmt, fühlt, braucht und will.
2. *Aufrichtigkeit:* Die Fähigkeit, sich anderen gegenüber offen, aufrichtig, klar und zugleich urteilsfrei auszudrücken.
3. *Empathie:* Die Fähigkeit, präsent zu sein und sich in andere Menschen hineinzuversetzen und einzufühlen.

Voraussetzungen der GFK

Statt anderen Vorwürfe zu machen, sie zu kritisieren oder ihnen „schönzutun" oder auszuweichen, schlägt die GFK vor, sich darauf zu konzentrieren, was wir selbst und der andere gerade erleben, fühlen, brauchen und wollen. Dabei geht es nicht darum, „nett" zu sein oder wohlklingende Floskeln einzustudieren, sondern sich selbst und den anderen ernsthaft verstehen zu wollen.

Die Bedürfnisse spielen bei der GFK eine ganz zentrale Rolle, denn sie sind es, die aufgrund ihrer Universalität die Verbindung zwischen uns Menschen herstellen. Jeder Mensch auf der Welt – ob 5, 35 oder 85 Jahre alt, männlich oder weiblich, in Afrika, Amerika, Asien, Australien oder Europa geboren – möchte zumindest gelegentlich gesehen und gehört werden, Anerkennung bekommen, sicher sein, vertrauen können, respektiert werden und einen Beitrag zu etwas leisten, um nur einige Bedürfnisse zu nennen. Die Gefühle fungieren dabei als „Signalgeber", denn sie weisen uns darauf hin, welche Bedürfnisse gerade erfüllt oder nicht erfüllt sind.

Allgemeingültige Standards für die Qualität von Coaching gibt es bis dato nicht. Wie in Kapitel I.8. („Erfolgsfaktoren") beschrieben, kommt die bisherige Forschung zur Qualitätssicherung im Coaching zu dem Fazit, dass die Beziehung zwischen dem Coach und dem Coachee von besonderer Bedeutung ist und Vertrauen, Sympathie, Offenheit und wechselseitige Wertschätzung einen beträchtlichen Anteil am Erfolg eines Coachings ha-

Der Beitrag der GFK zur Qualität von Coaching

ben (von Schumann 2008, S. 20). Außerdem ist es wichtig, dass der Coach sein Coaching-Konzept transparent macht und die Klienten in den Prozess einbindet. Weitere Erfolgsfaktoren sind die Zuhör-Fähigkeiten des Coachs und persönliche Qualitäten wie Integrität, Vertraulichkeit und Glaubwürdigkeit. Das Formulieren und Kontrollieren von konkreten und verbindlichen Zielen hat nachweisbare Auswirkungen auf den Erfolg eines Coachings; ebenso die Veränderungsmotivation des Klienten. Außerdem wird die Bedeutung eines wertschätzenden Feedbacks und einer detaillierten abschließenden Evaluation betont.

Nach Martina Schmidt-Tanger (Schmidt-Tanger 2004, S. 79-82) machen die folgenden Kriterien einen professionellen Coach aus:

Kriterien für professionelles Coaching

- die Fähigkeit, zwischen der Ich-, Du- und der Meta-Ebene zu wechseln;
- die Steuerung der „Betriebstemperatur" des Klienten;
- das Management seiner eigenen Befindlichkeit;
- seine Fähigkeit, mit dem Klienten emotional mitzuschwingen.

Wenn man von Schumanns und Schmidt-Tangers Erkenntnisse zur Qualität von Coaching zusammenfasst und mit der GFK in Verbindung bringt, wird schnell klar, dass die GFK sehr zu Offenheit, Wertschätzung, Vertrauen und Transparenz in der Coaching-Beziehung beitragen kann. Darüber hinaus kann sie die Zuhör-Fähigkeiten eines Coachs und seine Fähigkeit, wertschätzendes Feedback zu geben, verbessern.

Coachs, die in GFK trainiert sind, sind daran gewöhnt, zwischen der Ich- (eigene Gefühle, Bedürfnisse) und der Du-Ebene (Empathie für den Klienten) hin und her zu wechseln und dabei starke Emotionen auszuhalten und ihre eigene Befindlichkeit (Gedanken, Gefühle) im Griff zu haben. Sie haben zudem die Fähigkeit entwickelt, zu beobachten, ohne zu bewerten – eine Voraussetzung für eine zutreffende Einschätzung der „Betriebstemperatur" des Klienten.

II. Persönliche Qualifikation

Das Steuern der „Betriebstemperatur" durch den Coach ist insofern von Bedeutung, als neurologische Forschungen darauf hindeuten, dass nachhaltige Veränderungen nur bei einer angemessenen emotionalen Beteiligung möglich sind. Die Wahrscheinlichkeit nachhaltiger Veränderungen ist dann am größten, wenn die emotionale Beteiligung ein mittleres Niveau hat (Schmidt-Tanger 2004, S. 72–78). Das Zusammenspiel der beiden vom Coach zu steuernden Variablen „Sicherheit" und „Herausforderung" bestimmt, ob das Gehirn sich neu organisiert und nachhaltige Veränderung passiert oder nicht.

Wenn Coachs ihre Klienten zu wenig herausfordern, ist deren emotionale Beteiligung zu gering und im Ergebnis war es nur „nett, dass man gesprochen hat". Wenn Coachs ihre Klienten zu sehr herausfordern, ist deren „Betriebstemperatur" zu hoch und sie reagieren mit Widerstand, Rückzug oder Höflichkeits-Rapport (Schmidt-Tanger 2004, S. 72–73).

Auf den Punkt gebracht trägt die GFK vor allem folgendermaßen zur Qualität von Coaching bei:

Empathisches Zuhören
Empathisches Zuhören ist weithin anerkannt als grundlegender Erfolgsfaktor für eine gelingende Beziehungsgestaltung im Coaching (Migge 2005, S. 55 und 552).

Aktives Zuhören

Empathie bedeutet, das eigene „Terrain" zu verlassen, das Beurteilungsprogramm im Kopf abzuschalten und präsent zu sein, um die Welt mit den Augen des anderen zu sehen (Scharmer 2007).

Wenn Coachs empathisch zuhören, helfen sie, die „Betriebstemperatur" abzukühlen und zu Sicherheit und Vertrauen beizutragen. Dies kann notwendig sein, wenn Klienten wieder und wieder einzelne Begebenheiten erzählen und sich in ihren Emotionen verlieren. In solchen Situationen ist es in der Regel hilfreich, die Aufmerksamkeit des Klienten auf die übergeordnete Bedeutung zu lenken (Wehrle 2011 b).

Beim empathischen Zuhören im Sinne der GFK ist der Coach darauf fokussiert, zu erspüren, was der Klient wahrnimmt, wie er sich fühlt, was er braucht und was er jetzt möchte (siehe Schaubild 4). Anstatt nach Informationen zu fragen, ohne sich wirklich auf die Realität des Klienten einzulassen („Wie fühlen Sie sich?"), öffnet der Coach sein Herz, vergisst seine „Agenda" und sieht die Welt für einen Moment mit den Augen des Klienten (Scharmer 2007). Gelegentlich paraphrasiert er in fragender Form, was bei ihm angekommen ist, zum Beispiel: „Sind Sie verärgert wegen des Verhaltens Ihres Kollegen, weil Sie sich ein faires Miteinander wünschen?" Der für die GFK typische Fokus auf den Bedürfnissen hilft den Klienten, in Verbindung mit sich zu kommen und den Kern ihrer Anliegen zu erfassen – um auf dieser Basis dann zu entscheiden, was sie konkret tun wollen, um zur Erfüllung ihrer Bedürfnisse beizutragen.

Ehrliches Feedback

Aufrichtige Rückmeldung Wenn der Coach eine Brücke zum Klienten gebaut und seine Art zu denken, handeln und fühlen empathisch erfasst hat, ist die Basis da, auf der er den Klienten in eine andere Welt einladen kann. Denn Konfrontation ist nur auf der Basis einer vertrauensvollen Beziehung erfolgreich (Migge 2005, S. 574).

Wie erwähnt ist ein bestimmtes Maß an Konfrontation erforderlich für eine nachhaltige Veränderung. Zu konfrontieren beinhaltet jedoch das Risiko, die „Betriebstemperatur" des Klienten zu überhitzen. Dieses Risiko kann stark minimiert werden, wenn Coachs ihre Coachees in der Verständigung suchenden Haltung der GFK konfrontieren.

Feedback im Stile von „Ich finde Ihr Verhalten unprofessionell und denke, Sie wären gut beraten, wenn Sie … machen würden" kann beim Klienten leicht so ankommen, als wolle der Coach ihm sagen, dass er ihn für inkompetent oder unfähig hält. Diese Art von Feedback mag zwar ehrlich sein, aber es berücksichtigt nicht das Selbst-Konzept der anderen Person (Posé 2010). Im Gegensatz zu einem Feedback, das aus der besser wissenden „Guckloch-Haltung" stammt (Radatz 2006, S. 18), gibt ein Coach in der Haltung der GFK nicht vor, es besser zu wissen als sein Klient. Stattdessen nutzt er seine Ich-Assoziationen (Schmidt-Tanger 2004, S. 79-80, Wehrle 2011 a), um den Klienten mit seiner „Wahrheit" in diesem Moment zu konfrontieren – und macht dabei sehr klar, dass es seine „Wahrheit" ist und nicht *die* „Wahrheit".

Feedback in „Guckloch-Haltung":   Beispiel
„Wenn Sie Ihre Einstellung zu … nicht überdenken, dürfen Sie sich nicht wundern, dass bisher alles nichts geholfen hat …"

Feedback in GFK-Haltung:
„Ich habe von Ihnen gehört, dass weder X noch Y die Situation verbessert haben, und bin jetzt etwas ratlos, weil ich mich frage, welche anderen Optionen noch denkbar wären. Welche Möglichkeiten sehen Sie denn noch, um Ihr Ziel doch noch zu erreichen?" (vergleiche Schaubild 4: „Aufrichtigkeit")

Dadurch wird der Klient herausgefordert, sich auf Lösungen und Ressourcen zu konzentrieren – ohne sich genötigt zu sehen, seine bisherige Herangehensweise rechtfertigen zu müssen. Diese Art von Feedback ist empathisch in dem Sinne, dass es berücksichtigt, was die andere Person verkraften kann (Posé 2010), und es trägt zu Offenheit und einer transparenten Kooperation bei.

Selbstführung

Selbst-
empathisch
agieren

Zu guter Letzt kann die GFK Coachs dabei unterstützen, einige der herausfordernden Situationen, die in Coaching-Prozessen entstehen können, ohne Supervision zu meistern. Dies können Situationen sein, in denen der Coach sich unwohl, unsicher, angespannt, besorgt, skeptisch, unzufrieden usw. fühlt, wenn er an das Coaching mit dem Klienten denkt. Wenn Coachs sich die Zeit nehmen, solche Situationen mithilfe der GFK selbstempathisch zu reflektieren, wird ihnen bewusst, was sie konkret wahrgenommen haben, wie sie sich damit fühlen, was sie brauchen und wie sie nun konkret damit umgehen wollen (vergleiche Schaubild 4: „Selbstempathie"). Wenn sie diesen Selbstempathie-Prozess der GFK durchlaufen, haben sie eine Chance, es zu erkennen, wenn sie zum Beispiel unbewusst versucht haben, den Klienten irgendwohin zu lenken, oder wenn sie den Klienten nicht mehr als jemanden gesehen haben, der in der Lage ist, selbst Lösungen für seine Herausforderungen zu finden. Dadurch können sie die Retter- oder Verfolger-Falle (Rautenberg/Rogoll 1992, S. 112–152) und manches „Drama" vermeiden oder zumindest schnell wieder aus ihm herauskommen.

In der Lage zu sein, die eigene Befindlichkeit zu managen, ist zudem Voraussetzung für aufrichtiges Feedback. Sich selbst führen zu können ist auch insofern essenziell für Coachs, als sie ansonsten Gefahr laufen, die – teilweise belastenden – Themen der Klienten mit sich herumzutragen und ihre emotional anstrengende Arbeit nicht langfristig gesund und freudvoll ausüben zu können (Binnewies/Dormann 2010). Selbstempathie kann Coachs dabei helfen, Blockaden aufzulösen, ihren eigenen Lernprozess zu beschleunigen und die Qualität ihrer Arbeit nach und nach zu verbessern.

Die gewaltfreie Kommunikation (GFK) wurde in den 1960er-Jahren von Dr. Marshall Rosenberg entwickelt. Ihr Ziel ist es, mit anderen Menschen in eine Verständigung zu kommen, bei der die Bedürfnisse aller zumindest berücksichtigt werden. Statt andere zu be-/verurteilen, schlägt die GFK vor, die Aufmerksamkeit darauf zu lenken, was wir selbst und die andere Person im Hier und Jetzt wahrnehmen, fühlen, brauchen und wollen. Dies setzt folgende Fähigkeiten voraus:

1. Selbstempathie: Sich in sich selbst einfühlen und spüren, was man gerade wahrnimmt, fühlt, braucht und will.
2. Aufrichtigkeit: Sich anderen gegenüber offen, aufrichtig, klar und zugleich urteils- und vorwurfsfrei ausdrücken.
3. Empathie: Präsent sein und sich in andere hineinversetzen und spüren, was sie gerade wahrnehmen, fühlen, brauchen, wollen.

In Coaching-Beziehungen kann die Haltung der GFK sehr zu Offenheit, Transparenz, Wertschätzung und Vertrauen beitragen. Wenn Coachs darin geübt sind, ihren Klienten empathisch im Sinne der GFK zuzuhören, helfen sie ihnen, in Verbindung mit sich selbst zu kommen und den Kern ihres Anliegens zu erfassen. Konfrontieren sie ihre Klienten in der Verständigung suchenden Haltung der GFK, minimieren sie das Risiko, dass diese (insgeheim) beleidigt den Rückzug antreten oder sich genötigt sehen, sich zu rechtfertigen.

Vertrauen schaffen

In einem vertrauensvollen Rahmen können starke emotionale Bindungen entstehen, die es Menschen ermöglichen, zu lernen und zu wachsen. Ohne Vertrauen stellt unsere Lernbereitschaft „den Betrieb ein". Ist eine Beziehung hingegen von Vertrauen ge-

Vertrauen ist der Anfang von allem

prägt, sehen wir das Beste in unseren Gesprächspartnern – auch wenn sie das selbst nicht können. Wenn sie über ihre Träume und Hoffnungen sprechen, können sie darauf vertrauen, dass wir ihnen offen und urteilsfrei begegnen. Fehlt das Vertrauen, ist es unwahrscheinlich, dass der Gesprächspartner sich öffnet und angstfrei über seine Wünsche und Befürchtungen spricht. Als Folge davon wird die Beziehung oberflächlich bleiben.

Stress verhindert Lernen Studien zur Funktion des Gehirns deuten darauf hin, dass das limbische System – das ist der Teil unseres Gehirns, der dafür angelegt ist, schnelle Entscheidungen zu treffen – auf den Plan tritt, wenn wir gestresst sind. Dieser Teil wirkt dann störend auf den Teil des Gehirns ein, der für Reflexion zuständig (der Neocortex). Wenn wir gestresst, unsicher und ängstlich sind und Bedenken haben, ist es für unser Gehirn schwer, etwas zu lernen. Wir können im wahrsten Sinne des Wortes nicht klar denken, wenn wir emotional gestresst sind. Um Wachstum und Entwicklung zu fördern, müssen wir daher ein vertrauensvolles Umfeld schaffen, das frei von Stress und Angst ist.

Um diesen vertrauensvollen Rahmen zu schaffen, tun wir gut daran, uns selbst zu vertrauen. Denn wenn wir nicht an uns selbst glauben, ist es schwierig für andere Menschen, das zu tun. Ein vertrauensvolles Miteinander entsteht im Laufe der Zeit durch vertrauensfördernde Verhaltensweisen wie etwa das aufrichtige Ansprechen von etwas, das wir bedauern.

Die Grundhaltung eines Coachs sollte von bedingungsloser Achtung und Wertschätzung dem Klienten gegenüber geprägt sein – auch dann, wenn er nicht von allem überzeugt ist, was der Klient denkt, will und tut. Es kann zum Beispiel herausfordernd sein, einen Klienten zu coachen, der einen aus Sicht des Coachs gut bezahlten und prestigeträchtigen Job aufgeben will, um einen neuen Karriereweg einzuschlagen, der dem Coach riskant erscheint. In solchen Situationen benötigt der Coach all seine Empathie- und Zuhör-Fähigkeiten und darüber hinaus eventuell die Unterstützung eines Supervisors, um nicht Gefahr zu laufen, den Klienten unbewusst in die von ihm favorisierte Richtung zu lenken.

Eine der allerwichtigsten Aufgaben eines Coachs ist es, einen vertrauensvollen Rahmen zu schaffen, in dem seine Klienten sich öffnen und wachsen können. Wesentliche Voraussetzung dafür ist ein offener Geist und eine urteilsfreie Haltung. Coachs müssen in der Lage sein, ihre eigenen Bewertungen und Urteile zurückzustellen und eine Balance zu finden zwischen der Notwendigkeit, ihre Klienten durch aufrichtiges Feedback herauszufordern, und dem Vertrauen in deren „Expertentum" für ihr eigenes Leben. Dies ist in der Praxis manchmal leichter gesagt als getan.

Sich allzeit ethisch einwandfrei zu verhalten ist eine weitere Voraussetzung für das Entstehen einer vertrauensvollen Basis. Dies bedeutet für einen Coach beispielsweise, dass er die Vertraulichkeit der Coaching-Inhalte wahrt, sich auf die Sitzungen vorbereitet, während der Sitzungen präsent ist und auch bereit, ein Coaching zu beenden, wenn es nicht mehr im besten Interesse des Klienten ist. Dieser muss darauf vertrauen können, dass es die primäre Motivation des Coachs ist, ihn zu unterstützen – und nicht ein hohes Einkommen zu erzielen oder dergleichen. Coachs sollten sich immer wieder fragen: „Was ist jetzt im besten Interesse meines Klienten?"

Auf den Punkt gebracht:

Aus der Hirnforschung ist bekannt, dass unser Reflexions- und Denkvermögen eingeschränkt ist, wenn wir uns gestresst, unsicher, ängstlich usw. fühlen. Für unser Gehirn ist es dann schwer, etwas zu lernen. Der Wunsch nach Wachstum und Entwicklung setzt also ein vertrauensvolles Umfeld voraus, das frei von Stress und Angst ist.

Es ist eine der wichtigsten Aufgaben des Coachs, ein solch vertrauensvolles Klima zu schaffen, in dem seine Klienten sich öffnen und entfalten können. Dafür braucht er selbst einen offenen Geist und eine urteilsfreie Haltung, die von Wertschätzung und Respekt geprägt ist – auch wenn er nicht mit allem übereinstimmt, was der Coachee denkt, will und tut.

Sich als Coach allzeit ethisch einwandfrei zu verhalten ist eine weitere Grundvoraussetzung für ein vertrauensvolles Miteinander.

Präsent sein, empathisch zuhören und paraphrasieren

Wenn wir jemandem wirklich zuhören, sind wir präsent im jeweiligen Moment und fokussiert auf den anderen, ohne uns durch irgendetwas ablenken zu lassen. Dies hört sich ziemlich einfach an, kann in der Praxis aber sehr herausfordernd sein. Es setzt nämlich voraus, dass wir in der Lage und gewillt sind, unseren eigenen „Müll" (eigene Themen / Probleme, die uns gerade beschäftigen) zur Seite zu legen, um voll und ganz für die andere Person da zu sein.

Menschen, die anderen etwas erzählen (wollen), möchten sich durch das Erzählen in der Regel ein Bedürfnis erfüllen (zum Beispiel nach Verständnis und Inspiration) und gehört werden. Über etwas sprechen zu können, hilft uns dabei, uns selbst besser zu verstehen und uns anderen gegenüber verständlich zu machen. Wenn wir den Eindruck haben, dass uns nicht wirklich zugehört wird, kann sich das negativ auf unser Selbstwertgefühl auswirken. Stellen Sie sich vor, Sie haben anderen Leuten etwas erzählt und niemand reagiert darauf. Sie würden sich vermutlich ziemlich unsicher und frustriert fühlen!

Um präsent für jemanden sein zu können, ist es erforderlich, dass wir unseren Gesprächspartner als jemanden sehen, der etwas zu sagen hat – auch wenn wir den Wert seiner Worte nicht unmittelbar erkennen können –, und dass wir interessiert daran sind, seine Gedankenwelt kennenzulernen.

Üblicherweise erinnern wir uns unmittelbar nach einem Gespräch nur an (Bruch-)Teile von dem, was wir gehört haben. Es ist daher nicht verwunderlich, wenn Menschen den Eindruck haben, man würde ihnen nicht zuhören. Im Coaching ist dies allerdings ein „No-Go".

Coachs sollten voll und ganz präsent für ihre Klienten da sein und nicht durch eigene Themen abgelenkt. Sie hören ihren Klienten aufmerksam zu und konzentrieren sich darauf, was diese sagen und was zwischen den Zeilen mitschwingt, das heißt, wie sie sich vermutlich fühlen, was sie brauchen und wünschen usw. (siehe auch Kapitel II. 3., Abschnitt „Gewaltfrei kommunizieren"). Persönliche „Geschichten" teilen Coachs nur selten mit ihren Klienten, wenn sie den Eindruck haben, es könnte hilfreich sein. Etwa 80 Prozent der Zeit mit ihren Klienten hören Coachs zu.

Für andere Menschen präsent zu sein und ihnen empathisch zuzuhören ist mit das Wichtigste, was ein Coach bieten kann. Ein guter Coach hört nicht nur das, was der Klient sagt, sondern auch, wie er es sagt und was er nicht sagt. Er hört, was unausgesprochen mitschwingt – was den Klienten inspiriert und begeistert, wie er sich fühlt, welche Bedürfnisse er zu erfüllen versucht, was ihm dabei im Weg steht und so weiter –, und spricht dies dem Klienten gegenüber fragend an. Dies nennt man paraphrasieren.

Zwischen den Zeilen hören

Empathie bedeutet nicht, zuzuhören, bis der andere aufgehört hat zu reden, um dann eigene Erfahrungen mit ihm zu teilen. Es bedeutet auch nicht, über das, was der andere sagt, nachzudenken und während er noch spricht die eigene Antwort vorzubereiten. Empathisch zuzuhören bedeutet, den eigenen Kopf auszuschaltenund die Welt mit den Augen des anderen zu sehen.

Wir hören still zu und schenken dem, der spricht, unsere volle Aufmerksamkeit. Was wir gehört und erspürt haben, gleichen wir dann mit unserem Gesprächspartner ab, indem wir es paraphrasieren, das heißt in unseren eigenen Worten fragend wiedergeben. Dadurch laden wir ihn ein, zu revidieren, was wir eventuell nicht zutreffend erspürt haben.

Beispiel   *Ein Coachee, Mitte 40, von Beruf Software-Architekt, erzählt:*

„Unser Chef mischt sich immer in alles ein; er gibt Infos nicht an uns weiter, obwohl er sie hat, möchte aber immer Infos von uns ... Es ist ungerecht, wie er sich verhält. Er meint wohl, dass er besser weiß, was gut für uns ist, als wir selbst ... Er verhält sich genau wie meine Mutter. Die versucht auch immer, mich zu bevormunden, und redet mir dauernd rein, was ich tun und lassen soll ...“
Der Coach paraphrasiert, was er erspürt hat:
„Frustriert (erspürtes Gefühl) Sie das Verhalten der beiden, weil Sie gerne hätten, dass Ihre Erfahrungen und Ansichten respektiert und ernst genommen (erspürtes Bedürfnis) werden?“

Empathie kann damit verglichen werden, für eine Weile in den Schuhen eines anderen Menschen zu gehen. Sie beginnt mit der inneren Entscheidung, das eigene Gebiet zu verlassen und eine andere Sichtweise einzunehmen.

Empathisch zu sein bedeutet nicht, dem anderen zuzustimmen. Es bedeutet, verstehen zu wollen, wie die Dinge von seiner Perspektive aussehen. Dafür ist es nicht erforderlich, schon einmal selbst in einer ähnlichen Situation gewesen zu sein. Empathie bedeutet schlicht und ergreifend, sich mit offenherziger Neugier für ein anderes Wesen zu öffnen – ohne die eigenen Gedanken, Gefühle, Erlebnisse, Werte, Meinungen, Urteile usw. einzubringen oder zu versuchen, für die andere Person deren Probleme lösen zu wollen.

Empathie heißt nicht Zustimmung

Auf den Punkt gebracht:

Coaching-Klienten haben ein Anliegen, das sie für sich klären wollen, sonst würden sie kein Coaching in Anspruch nehmen. Wenn sie erzählen, was sie beschäftigt, möchten sie sich durch das Erzählen ein Bedürfnis erfüllen, zum Beispiel das Bedürfnis nach Verständnis oder nach Klarheit. Wenn Coachs darin geübt sind, präsent und empathisch zuzuhören, schaffen sie einen Raum, in dem sich ihre Klienten beim Erzählen „sortieren" können. Denn das Sprechen hilft vielen Menschen dabei, sich selbst besser zu verstehen – allerdings nur, wenn sie den Raum dafür bekommen und nicht ständig durch „Geschichten" anderer unterbrochen werden.

Empathisch zuzuhören bedeutet nicht, der anderen Person zuzustimmen. Es bedeutet nicht mehr und nicht weniger, als sich bewusst dafür zu entscheiden, für eine Weile den eigenen Weg zu verlassen und die Welt aus der Sicht des anderen zu betrachten.

Akzeptieren

Den anderen annehmen Mit Akzeptieren ist gemeint, den Klienten anzunehmen, wie er ist – mit seinen Eigenarten, Überzeugungen, „Geschichten" –, und ihm verständnisvoll zu begegnen. Dadurch erlebt der Klient, dass er „okay ist" (siehe Kapitel II.2., Abschnitt „Transaktionsanalyse") – unabhängig davon, was er sagt und tut und wie er es sagt und tut. Dies schafft die für Veränderungen essenzielle vertrauensvolle Basis (siehe Kapitel II.3., Abschnitt „Vertrauen schaffen").

Wenn Klienten erleben, dass ihnen mit Akzeptanz und Verständnis begegnet wird, ganz egal, was sie sagen und wie sie sich verhalten, werden sie ermutigt, ihre Gedanken und Gefühle tiefer zu erforschen, und die Chancen stehen gut, dass sie tief greifende Erkenntnisse über sich gewinnen. Das Erleben eines solch liebevoll-akzeptierenden Zugewandtseins kann sehr heilsam sein.

> **Auf den Punkt gebracht:**
>
> Der Coach muss zunächst eine tragfähige vertrauensvolle Beziehung schaffen, die es erlaubt, dass er den Coachee auch konfrontieren kann, ohne dass dieser sich provoziert fühlt und in den Widerstand geht oder sich zurückzieht. Eine solche vertrauensvolle Basis entsteht nur, wenn der Klient spürt, dass er als Mensch akzeptiert wird – ganz egal, was er wie sagt oder tut.

Sinnessysteme beachten

Wir erleben die Welt durch unsere Sinnesorgane – wir sehen, hören, fühlen, riechen und schmecken, was in uns und um uns herum passiert. In unserem Gehirn entstehen Empfindungen,

Bilder, Klänge, Gerüche und Geschmackseindrücke, die den Reiz repräsentieren, der auf uns eingewirkt hat. Welches Sinnessystem dabei bevorzugt wird, unterscheidet sich von Mensch zu Mensch.

Von den fünf Sinnessystemen visuell, auditiv, kinästhetisch, olfaktorisch, gustatorisch (VAKOG) sind visuell, auditiv und kinästhetisch die drei Haupttypen (VAK). Visuelle Menschen sind fokussiert auf das Sehen, auditive auf das Hören und Kinästheten auf das Fühlen und Tasten. An den Verben und Substantiven, die unsere Gesprächspartner verwenden, kann man ihre bevorzugten Sinnes- beziehungsweise Repräsentationssysteme erkennen und für die Kommunikation nutzen. **VAKOG**

Wenn ein Coach zunächst mit seinen Äußerungen im selben Sinnessystem bleibt wie der Klient, steigt die Wahrscheinlichkeit, dass er von diesem als jemand erlebt wird, der ihn versteht.

- Klient: *Ich finde, das muss man in Ruhe beleuchten. (visuell)* **Beispiele**
  Coach: *Sie brauchen etwas Muße, um sich noch mal alles genau anzuschauen? (visuell)*
- Klient: *Ich finde, das muss man sich alles in Ruhe anhören. (auditiv)*
  Coach: *Sie wollen das noch mal nachklingen lassen? (auditiv)*
- Klient: *Ich finde, das muss man in Ruhe auf sich wirken lassen. (kinästhetisch)*
  Coach: *Sie möchten dem allen noch mal ungestört nachspüren? (kinästhetisch)*

Auf dieser Basis kann der Coach den Klienten peu à peu in die anderen, von ihm (bisher) nicht verbalisierten Sinnessysteme führen und ihn dazu anregen, seine Perspektive zu erweitern. Dies trägt sehr dazu bei, dass der Klient sein Erleben intensiviert und tiefer gehende Klarheit über sein Anliegen gewinnt.

Wir erleben die Welt durch unsere Sinnesorgane und haben dabei unterschiedliche Präferenzen: Visuelle Typen nehmen die Welt primär über das Sehen wahr, auditive über das Hören und kinästhetisch veranlagte Menschen über das Fühlen und Tasten.

Für das Coaching hat dies insofern Bedeutung, als es für Coachs hilfreich sein kann, darauf zu achten, welches Sinnessystem ein Klient bevorzugt, und dieses in der Kommunikation gezielt zu nutzen. Wenn der Coach mit seinen Äußerungen zunächst im selben Sinnessystem bleibt wie der Klient, steigen die Chancen, dass dieser sich von ihm verstanden fühlt. Auf einer solch vertrauensvollen Basis kann der Coach durch die Wahl seiner Worte den Klienten dann Schritt für Schritt auch in die anderen Sinnessysteme führen und dadurch dazu beitragen, dass er seine Perspektive erweitert.

Hilfreiche Fragen stellen

Wenn man das, was ein Coach tut, auf den Punkt bringen will, könnte man sagen, dass er andere Menschen dadurch unterstützt, dass er ihnen zuhört, Fragen stellt und Feedback gibt. Möglichst hilfreiche Fragen zu stellen ist also eine der wesentlichen Aufgaben eines Coachs. „Anfänger-Coachs" kann es leicht passieren, dass sie sich mächtig unter Druck setzen, „tolle" Fragen zu finden. Der Druck, sich „magische" Fragen auszudenken, um ein Gespräch zum Beispiel vom „Kreisen um das Problem" in eine andere Richtung zu lenken, kann Coachs davon abhalten, präsent zu sein für das, was für den Coachee im jeweiligen Moment wichtig ist.

„Magische" Fragen tauchen ganz von selbst auf, wenn Coachs präsent sind.

Die Kraft von Fragen kann enorm sein. Sie können dazu führen, dass die übliche „Denke" des Klienten gestoppt wird und ihm Zusammenhänge klar werden, die ihm bisher nicht bewusst waren, sodass er seine Situation aus einer neuen Perspektive sehen kann. **Die Kraft von Fragen**

Geschlossene Fragen wie „Hatten Sie eine gute Woche?" bieten eine limitierte Anzahl an Antwortmöglichkeiten, meist „Ja" oder „Nein". Offene Fragen, etwa „Wie war Ihre Woche?", bieten mehr Optionen und sind daher zu bevorzugen – ausgenommen das Paraphrasieren beim empathischen Zuhören.

Wenn Coachs nicht ausreichend lange warten, nachdem der Klient gesprochen hat, hören sie nicht effektiv zu. Ähnlich ist es, wenn sie sofort eine Antwort erwarten und nicht genug Zeit lassen, nachdem sie eine Frage gestellt haben; dann fragen sie nicht effektiv. Eine hilfreiche Frage, die neue Gedanken im Coachee „sät" und nicht nur bereits Gedachtes abruft, kann man gerade daran erkennen, dass der Klient nicht wie aus der Pistole geschossen antwortet, sondern Zeit braucht, um darüber nachzudenken.

Zu fragen ist im Grunde eine Verlängerung des Zuhörens. Fragen sind eine Resonanz auf etwas, was gesagt wurde. Um eine „gute" Frage zu stellen, muss der Fokus darauf liegen, was der Coachee gesagt hat. Wenn Coachs mit ihrer Aufmerksamkeit ernsthaft interessiert, neugierig und zugewandt beim Klienten bleiben, müssen sie nicht über „tolle" Fragen nachdenken. Die Fragen tauchen dann einfach in ihnen auf.

Es kann leicht passieren, dass wir bei einem Wort oder einem Gedanken des Coachees hängen bleiben und unser Kopf dann damit beschäftigt ist, darüber nachzudenken. Wenn dies passiert, hören wir nicht mehr zu.

Die Natur des Fragenstellens verändert die Energie in einem Gespräch zum Positiven. Dies ist jedoch nur dann der Fall, wenn die Fragen nicht aus einer inneren Haltung kommen, die dem anderen suggeriert, dass er falsch liegt, unfähig ist oder dergleichen.

Fragen ist oft ungewohnt Sich anzugewöhnen, Fragen zu stellen, statt Aussagen zu treffen, kann eine große Umstellung sein, denn viele Menschen sind eher daran gewöhnt, anderen ihr Wissen zu demonstrieren, ihre Meinung zu sagen und zu beweisen, dass sie recht haben. Stattdessen zuzuhören und Fragen zu stellen gelingt nur, wenn man ernsthaft an der anderen Person interessiert ist und mehr über sie erfahren will.

In Business-Situationen führt der Wunsch, ein Geschäft abzuschließen, oft dazu, dass wir dem anderen in kürzester Zeit so viel wie möglich über uns erzählen wollen. Und der andere verhält sich häufig ähnlich. Nachdem beide ihre Monologe darüber, wer sie sind, beendet haben, schauen sie sich unbehaglich an und schlagen vor, zum nächsten Gespräch zu gehen. In solch einer Situation ist keine Verbindung zustande gekommen, sondern es wurden zwei „Reden" gehalten. Stattdessen hätte einer sich dafür entscheiden können, Fragen zu stellen, um mehr über den anderen zu erfahren. Geschieht dies, hat der Gesprächspartner am Ende meist das Gefühl, dass er etwas gewonnen hat. Interessierte Fragen können eine Konversation sehr beleben. Sie öffnen die Tür für neue Entdeckungen und wirklichen Dialog. Sie sind eine Einladung, kreativ zu werden, und setzen Veränderungen in Gang.

Genau darum geht es im Coaching: Neues entdecken, lernen, verändern. Hilfreiche Fragen zu stellen ist daher unverzichtbar für effektives Coaching. Dabei ist es wichtig, dass der Coach entspannt ist und aus einer Haltung des bewussten Nicht-Wissens (siehe Kapitel II 2., Abschnitt „Lethologische Haltung") agiert und sich nicht unter Druck setzt, die Antwort zu kennen. Nur dann hat der Coachee den Raum, außerhalb des Paradigmas zu denken, innerhalb dessen er sich bisher bewegt hat.

Gute Coachs hören aus den Aussagen der Coachees zwischen den Zeilen auch die ihnen zugrunde liegenden Überzeugungen (über sich selbst, andere und die Welt im Allgemeinen) heraus. Sie betrachten die Äußerungen ihrer Klienten nicht als *die* eine unveränderliche „Wahrheit", sondern als ihre momentane Sichtweise – die geändert werden kann, falls der Klient sie als hinderlich erlebt und eine Änderung wünscht. Dies setzt voraus, dass sie in einer urteilsfreien Haltung agieren und verständnisvoll akzeptieren, was immer die Klienten sagen.

Auf den Punkt gebracht:

Coachs unterstützen andere Menschen primär, indem sie ihnen zuhören, Fragen stellen und Feedback geben. Fragen zu stellen ist also eine der Hauptaufgaben von Coachs. Hilfreiche Fragen entstehen in Resonanz zu dem, was gesagt wurde. Wenn Coachs präsent und aufmerksam für ihre Klienten sind, tauchen die Fragen von ganz allein in ihnen auf – quasi als Verlängerung des Zuhörens.

„Gute" Fragen, die neue Gedanken hervorbringen und nicht nur bereits Gedachtes abrufen, kann man daran erkennen, dass der Klient nicht wie aus der Pistole geschossen antwortet, sondern Zeit braucht, um über die Frage nachzudenken. „Gutes" Fragen setzt also „gutes" Zuhören voraus – und dass der Coach dem Klienten urteilsfrei mit Interesse und Neugier in einer Haltung des bewussten Nicht-Wissens begegnet, ihm Zeit gibt und nicht gleich eine weitere Frage stellt.

Bewusstsein schaffen

Bewusstheit bedeutet, den Fokus nach innen zu richten und die eigenen Gedanken, Überzeugungen, Gefühle, Körperempfindungen zu erforschen. Selbst-Bewusstsein heißt, sich selbst zu (er)kennen – und das kann manchmal auch Angst einflößen. Wenn wir uns aber dafür entscheiden, uns selbst *nicht* besser kennenlernen zu wollen, stagnieren wir und wachsen nicht.

Ein wesentlicher Schritt, um Selbst-Bewusstsein zu erlangen, ist zu erkennen, was wir brauchen und wollen und warum dies so ist. Wenn wir das Bewusstsein über uns selbst fördern wollen, stehen uns dafür viele Methoden zur Verfügung, zum Beispiel:

Methoden zur Selbsterkenntnis

- Ein Tagebuch schreiben, aus dem wir unsere Denk- und Verhaltensmuster erkennen können.
- Einen Freund oder ein Familienmitglied um Feedback zu unseren Stärken und Entwicklungspotenzialen bitten.
- Bücher zu Persönlichkeitsentwicklungsthemen lesen oder entsprechende Workshops besuchen.
- Regelmäßig meditieren.
- Sich von einem Coach auf der Reise zu sich selbst begleiten und inspirieren lassen.

Einer der wertvollsten Beiträge eines Coachs ist es, seine Klienten dabei zu unterstützen, Bewusstheit über sich selbst zu erlangen. Der Wunsch, mehr Positives in ihr Leben zu bringen und das Negative zu verringern, ist einer der häufigsten Gründe, weshalb Menschen mit einem Coach zusammenarbeiten. Coaching beinhaltet, dass der Coachee seine Gedanken laut ausspricht. Dadurch wird das innere Selbstgespräch gestoppt, das unter Umständen sehr kritisch sein und sich im Kreise drehen kann, ohne jemals Lösungen zu „gebären". Um dies zu erreichen, stehen dem Coach viele Methoden zur Verfügung: Fragen, Feedback, „Zeitreisen", Metaphern, Rollenspiele – um nur einige zu nennen. Ihnen allen ist gemein, dass sie den Klienten anregen, eine andere Perspektive einzunehmen.

Für Coachs ist es wichtig, dass sie sich in ihrer Arbeit stets der Retter- und Verfolger-Falle bewusst sind. Die meisten Menschen kennen die Situation, dass sie im Gespräch mit jemandem denken, „wenn er nur X machen würde, wäre sein Leben so viel besser". Aber egal wie gut gemeint ein solcher Rat auch ist, er kommt aus einer „besser wissenden" Haltung und enthält ein Urteil über die andere Person und ihre Situation und führt daher nicht selten zu unguten Gefühlen und Widerstand beim Empfänger der Botschaft. Wir stecken nicht in der Haut des anderen – wie können wir uns anmaßen, Experte für sein Leben zu sein und besser zu wissen als er, was gut für ihn ist?

Die Ratgeber-Falle vermeiden

Coaching basiert auf der Überzeugung, dass die Lösung im Klienten liegt und von diesem nur noch „freigeschaufelt" werden muss. Durch entsprechende Fragen unterbrechen Coachs das bisherige Denken des Klienten und regen ihn an, seine Situation von einer anderen Perspektive zu betrachten. Auch durch Interventionen wie Rollenspiele oder Feedback zu dem, was sie beobachtet haben, fördern Coachs die Bewusstheit ihrer Klienten.

Der Unterschied zwischen Feedback und einem Ratschlag ist, dass Feedback urteilsfrei ist. Effektives Feedback führt zu neuen Gedanken und Einsichten. Besser wissende Ratschläge hingegen führen meist zu Widerstand oder Rückzug.

Beim Feedbackgeben kann es eine Herausforderung für den Coach sein, seine Meinungen, Ansichten, Einschätzungen und Urteile zurückzustellen, um dem Coachee Raum zu geben, sich selbst Gedanken zu machen und zu eigenen Erkenntnissen zu kommen.

Bewusstheit bedeutet, die Aufmerksamkeit nach innen zu richten und sich der eigenen Gedanken, Gefühle, Werte, Motive, ... bewusst zu werden – sich selbst zu (er)kennen. Für die Reise zu sich selbst gibt es viele Wege. Einer davon ist der, sich coachen zu lassen.

Menschen dabei zu unterstützen, (bezogen auf definierte Themen und Ziele) Bewusstheit über sich selbst zu erlangen, ist eine der wichtigsten Aufgaben von Coachs. Dies gelingt nur dann, wenn der Coach aus einer stringent urteilsfreien Haltung agiert und dem Coachee nicht seine eigenen Ansichten aufzwingt.

Metaphern aufgreifen/anbieten

Um die Beziehung zu den Klienten zu vertiefen und diese zu neuen Erkenntnissen anzuregen, ist es hilfreich, wenn Coachs die Worte, Bilder und Metaphern ihrer Klienten aufgreifen und weiter ausbauen. Die Beziehung wird schon verbessert, indem der Coach einige Schlüsselbegriffe des Klienten wiederholt (siehe auch Kapitel II.3., Abschnitt „Sinnessysteme beachten"). Dadurch hat der Klient das gute Gefühl, gehört und verstanden worden zu sein, und er wird eingeladen, sein Modell der Welt weiterzuspinnen. Metaphern erreichen andere Ebenen des Bewusstseins und wirken daher besonders nachhaltig.

Beispiel *Klient X: Ich sehe einen Berg von Problemen.*
Coach: Wenn Sie mal langsam um diesen Berg herumlaufen – welche Aufstiegswege springen Ihnen ins Auge?

Um ihre Klienten anzuregen, ihre bisherige „Box" zu verlassen und mit einer anderen „Brille" auf sich und die Welt zu schauen, können Coachs ihnen auch eigene Bilder und Metaphern anbieten, die in ihnen beim Zuhören hochsteigen.

Beispiel

Klient Y: *„Ich frage mich, weshalb ich bisher so wenige Kunden gewinnen konnte. Vielleicht spreche ich die falschen Leute an, vielleicht ist an meinem Verhalten etwas, was die Leute abschreckt. Vielleicht denken sie, ich bin ein Anfänger … Ich blühe auf, wenn ich meiner Arbeit als Grafiker nachgehen kann. Ich liebe es, Logos, Anzeigen, Flyer usw. zu gestalten … Aber andererseits habe ich es bisher gescheut, Geld auszugeben für eine anständige Homepage. Und auch sonst habe ich fast nichts gemacht, um potenzielle Kunden auf mich aufmerksam zu machen. Irgendwas hält mich zurück …"*

Coach: *„In mir kommt grade das Bild von einem Autofahrer hoch, der mit angezogener Handbremse fährt. Er weiß zwar, dass er ein guter und sicherer Autofahrer ist, aber irgendetwas ängstigt ihn und macht, dass er sich unbewusst an der Handbremse festhält. Was ist es, was dem Autofahrer Angst macht?"*

Auf den Punkt gebracht:

Das Aufgreifen von Worten, Bildern und Metaphern der Klienten durch den Coach ist sehr förderlich für die Beziehung, da die Klienten sich dadurch verstanden fühlen.

Wenn Coachs ihren Klienten darüber hinaus ab und zu eigene Bilder und Metaphern anbieten, die in ihnen beim Zuhören aufsteigen, fordern sie diese heraus, sich mit einer anderen Sichtweise zu beschäftigen und dadurch unter Umständen neue Erkenntnisse zu gewinnen.

Perspektivwechsel anregen

Mit Perspektive ist die Art und Weise gemeint, wie wir etwas sehen, wie wir darüber denken. Jeder Mensch hat seine ganz persönliche Sicht auf sich selbst, andere Menschen und die Welt im Allgemeinen und unsere Sichtweisen unterscheiden sich teilweise erheblich.

Nicht die Umstände bestimmen, wie wir unser Leben erleben und uns fühlen, sondern wie wir diese Umstände interpretieren, also unsere Perspektive darauf.

Diese individuelle Wahrnehmung der Wirklichkeit können Sie leicht selbst überprüfen, indem Sie sich an einige Situationen erinnern, in denen Sie mit jemandem (Freund, Kollege, Geschäftspartner, ...) verabredet waren und der andere kam später als vereinbart. Wenn die Umstände oder die jeweilige andere Person „schuld" an Ihren Gefühlen wären, hätten Sie in jeder dieser Situationen dasselbe Gefühl haben müssen. Dies ist jedoch nicht der Fall, denn manchmal fühlen wir uns verärgert, wenn jemand zur vereinbarten Zeit nicht erscheint, manchmal aber auch irritiert oder frustriert oder besorgt und manchmal sogar froh oder erleichtert.

„Kopf-Kino" Die Umstände sind lediglich Auslöser, aber nicht Ursache unserer Gefühle. Ursache ist unser eigenes „Kopf-Kino", also, wie wir diese Umstände bewerten. Bewerte ich die Verspätung einer anderen Person als „unverschämt und respektlos", werde ich mich vermutlich ärgern; bewerte ich sie als „nervig, aber menschlich", bin ich wohl eher nicht verärgert, sondern vielleicht etwas unruhig. Wie wir über eine Sache oder einen Menschen denken, entscheidet maßgeblich darüber, wie wir uns fühlen.

Unsere Sichtweise hängt stark davon ab, was wir glauben; und was wir glauben wiederum, kann sich ändern, wenn wir zum Beispiel neue Informationen bekommen und neue Erkenntnisse gewinnen. Das Großartige daran ist, dass wir uns jederzeit entscheiden können, unsere Betrachtungsweise zu ändern. Wenn wir unseren Blick auf bestimmte Menschen, Dinge oder Situationen ändern, können diese plötzlich in einem ganz anderen Licht erscheinen.

Die Perspektive zu ändern wird auch Reframing genannt. Wir deuten die Dinge um und geben ihnen einen neuen „Rahmen" und sehen sie dadurch auf neue Weise. Die entscheidende Frage ist, ob eine bestimmte Perspektive hilfreich für uns ist oder uns eher einschränkt. Wenn wir sie als hinderlich erleben, können wir unsere Sichtweise jederzeit ändern.

Dieses „Umschalten im Kopf" erfordert, dass uns bewusst geworden ist, wie wir über die betreffende Sache denken. Und dass wir gewillt sind, zu verstehen, dass es mehr als eine Art und Weise gibt, eine bestimmte Sache oder Situation zu betrachten.

„Umschalten im Kopf"

Wenn wir den Eindruck haben, dass wir in einer Sache auf der Stelle treten und nicht vorankommen, ist es hilfreich, sich die Zeit zu nehmen, um zu erforschen, wie wir über diese Sache denken. Dabei kann es vorkommen, dass wir feststellen, dass wir zum Beispiel aus unserer Umgebung eine Überzeugung übernommen haben, die uns im Hinblick auf das Ziel, das wir erreichen möchten, einschränkt. Sobald wir dies erkannt haben, können wir uns befreien, indem wir unsere Perspektive ändern. Dabei kann uns eine simple, aber kraftvolle Frage helfen: Welche positiven und welche negativen Konsequenzen hat diese Betrachtungsweise für mein Leben?

Ein Klient klagt, dass er so schlecht locker bleiben kann, wenn etwas nicht so eintrifft, wie es besprochen wurde. Im Gespräch stellt sich heraus, dass er die Überzeugung „Vereinbarungen sind einzuhalten" verinnerlicht hat. Nach den positiven Folgen dieser Sichtweise befragt, meint er, sie führe dazu, dass er als sehr zuverlässig gelte. Andererseits mache sie ihm aber auch sehr viel Druck und Stress – im Hinblick auf das eigene Einhalten von Zusagen und wegen der ihm fehlenden Lockerheit bei plötzlichen Änderungen durch andere. Er kommt zu dem Schluss, dass das Negative für ihn überwiegt, und entscheidet sich dafür, seine Sichtweise wie folgt zu ändern: „Vereinbarungen sind gut, wenn man trotzdem noch flexibel bleibt."

Manchmal kommen uns Antworten auf Fragestellungen, die uns beschäftigen, ganz plötzlich in den Kopf, ohne dass wir bewusst darüber nachgedacht haben, zum Beispiel wenn wir im Urlaub weilen oder etwas ganz anderes machen. Die „Schlüssel" für dieses Phänomen sind Distanz und emotionale Stille. Coaching-Gespräche können beides bieten. Fragen wie „Wie scheinen Sie unbewusst über diese Sache zu denken, wenn am Ende immer wieder dieses Ergebnis dabei herauskommt?", gefolgt von „Wie hilfreich ist diese Denkweise im Hinblick auf Ihr Ziel?" können Menschen helfen, Dinge auf eine neue Weise zu sehen. Ein Perspektivwechsel kann auch mit spielerischen Mitteln angeregt werden, beispielsweise durch Fragen wie „Wie müssten Sie über ... denken, damit Sie doch noch Gefallen daran finden würden?" oder „Wenn Sie ... wären, wie würden Sie dann darüber denken?".

Eine der besten Strategien, um Menschen dabei zu helfen, ihre Sicht auf eine Sache zu erkennen und zu reframen, ist gleichzeitig eine der einfachsten: ihnen zuhören. Wenn der Coach es schafft, einen vertrauensvollen Rahmen zu schaffen, in dem der Klient sich gehört und angenommen fühlt, reicht das alleine oft schon aus, damit dieser sich innerlich freimacht und beginnt, die Denkmuster hinter seinen Verhaltensweisen zu erforschen. Dadurch, dass er seine Gedanken in einem vertrauensvollen Rahmen laut aussprechen kann, kann er sich selbst zuhören und „auf die Schliche kommen". Klienten dabei zu unterstützen, ihre Sichtweisen zu erkennen und gegebenenfalls zu ändern, ist eine sehr kraftvolle Coaching-Intervention.

Auf den Punkt gebracht:

„Perspektive" ist ein anderes Wort für Betrachtungsweise, Sichtweise oder Überzeugung – also dafür, wie wir über etwas (eine Sache, eine Situation, einen Menschen, ...) denken, unsere Einstellung dazu.

Wie wir uns fühlen, hängt nicht von den Umständen ab, sondern davon, wie wir diese Umstände interpretieren. Unsere Einstellung bestimmt, wie wir uns fühlen. Sie hängt stark davon ab, was wir aufgrund dessen, was wir gehört, erlebt und erfahren haben, über uns und die Welt glauben.

Beim Bewusstwerden von Perspektiven und Überzeugungen kann ein Coach sehr hilfreich sein. Allein sein empathisches Zuhören kann dazu führen, dass der Klient beginnt, sich beim Sprechen selbst zuzuhören und seine Denkmuster zu erkennen. Das gezielte Hinterfragen der Überzeugungen der Klienten ist eine wichtige Intervention im Coaching.

Emotionale Beteiligung steuern

Wie wir bereits erwähnt haben, ist aus der Hirnforschung bekannt, dass neue Bahnungsprozesse im Gehirn nur dann ablaufen, wenn es eine ausreichende Emotionalisierung gibt. Die Erregung des für die Emotionsverarbeitung zuständigen limbischen Systems ist die Grundlage für Neubildungen und Neustrukturierungen im Gehirn und somit für nachhaltige Veränderungen. Das „emotionale Beteiligtsein" beziehungsweise die „Betriebstemperatur" bestimmt also die Wirksamkeit eines Coachings und ist die Basis jeder dauerhaften Veränderungsarbeit (Schmidt-Tanger 2004, S. 72).

Nur wenn es emotional wird, wird hirnphysiologisch Neulernen möglich. Die Veränderungswahrscheinlichkeit ist dann am größten, wenn die Erregung ein mittleres Niveau hat. Dafür ist der Coach verantwortlich.

Die richtige Dosis Emotion
Bleibt die emotionale Beteiligung zu gering, fühlt sich der Klient sicher und wohl und kann prima kühl und analytisch über seine Situation reden, hat aber keinen Impuls, wirklich etwas zu verändern. Ist die „Betriebstemperatur" hingegen zu hoch, führt dies zu den alten Mustern kämpfen, flüchten oder totstellen.

Basis der emotionalen Erregung muss immer Vertrauen und Sicherheit sein. Denn nur wenn der Klient sich angenommen, sicher und geborgen fühlt, wird er sich auf konfrontierende Interventionen des Coachs, die geeignet sind, seine „Betriebstemperatur" zu erhöhen, ernsthaft einlassen. Ist diese Grundsicherheit nicht da, zum Beispiel weil es der Coach nicht geschafft hat, eine vertrauensvolle Beziehung aufzubauen, wird der Klient mit hoher Wahrscheinlichkeit auf Distanz zum Coach gehen und die Coaching-Beziehung abbrechen oder sie fortführen und nach außen hin höflich bleiben, aber innerlich abschalten (Schmidt-Tanger 2004, S. 73–74). Konfrontieren sollten Coachs daher nur auf der Basis von Sicherheit und Vertrauen.

Alles, was den Klienten stärker zu seinem Thema hinführt, erhöht seine innere Beteiligung; alles, was ihn sein Thema mit Abstand erleben lässt, kühlt seine „Betriebstemperatur" ab.

Für eine angemessene „Betriebstemperatur" zu sorgen, die nachhaltige Veränderungen ermöglicht, liegt in der Verantwortung des Coachs. Zur Steuerung der emotionalen Beteiligung kann er sich folgender Interventionen bedienen (Schmidt-Tanger 2004, S. 75–78):

Steigerung der Betriebstemperatur:

Hilfreiche Interventionen

- Aussagen des Klienten wiederholen, damit dieser sie noch einmal auf sich wirken lassen kann und ins Fühlen kommt
- Augenblicke der Nachdenklichkeit ausdehnen und verstärken
- Den Klienten anregen, konkreter zu werden und Beispiele zu seinem Thema zu schildern
- Dem Klienten Fragen stellen, die an das Gesagte anknüpfen
- Den Klienten anregen, eine andere Perspektive einzunehmen
- Das Thema mit Bildern, Metaphern, Gegenständen visualisieren
- Den Klienten anregen, seine Ansichten und Überzeugungen im Hinblick auf deren Konsequenzen zu hinterfragen
- Die eigenen Ich-Assoziationen nutzen und dem Coachee gegenüber äußern – als Einladung zur Reflexion und natürlich *nicht* als „die einzig korrekte und gültige Sichtweise"
- Durch Warten, Nicken und Schweigen emotionale Relevanz erlauben, statt durch vorschnelles Weiterreden und den Drang, etwas tun zu wollen, die Betriebstemperatur wieder abzukühlen
- Den Klienten zu konkreten Handlungen anregen

Senkung der Betriebstemperatur:

- Der „Agenda" des Klienten folgen und das Gehörte gelegentlich zusammenfassen
- Dem Klienten still empathisch zuhören und gelegentlich das, was man erspürt hat, fragend ansprechen (paraphrasieren)
- Den Klienten anregen, seine Situation von einer höheren Warte zu betrachten und nach Zusammenhängen und Bedeutungen zu suchen
- Dem Klienten (aufrichtig gemeinte) Anerkennung aussprechen

Aus der Hirnforschung ist bekannt, dass jede Lernerfahrung unseres Lebens in unseren Synapsen als neuronales Erregungsmuster manifestiert ist. Wenn wir etwas verändern wollen, braucht unser Hirn den Impuls, alte Verschaltungen stillzulegen und neue synaptische Wege zu etablieren. Dies ist bis ins hohe Alter hinein möglich (der Fachbegriff dafür ist Neuroplastizität) – allerdings nur, wenn wir emotional beteiligt sind. Ohne emotionale Erregung spielt unser Gehirn bei den gewünschten Veränderungen nicht mit.

Die Veränderungswahrscheinlichkeit ist dann am größten, wenn die Erregung ein mittleres Niveau hat. Ist die Erregung zu gering, tut sich hirnphysiologisch nichts; ist die Erregung zu groß, kommt es zu menschlichen Ur-Impulsen wie Kampf oder Flucht.

Um eine mittlere Emotionalisierung zu erzeugen, braucht es eine optimale Mischung aus Sicherheit und Herausforderung. Zur Steuerung der emotionalen Beteiligung ihrer Klienten stehen Coachs eine Reihe von Interventionsmöglichkeiten zur Verfügung, die das Potenzial haben, die „Betriebstemperatur" je nach Bedarf zu erhöhen oder zu senken. Dabei gilt, dass alles, was den Klienten näher an sein Thema heranbringt, seine emotionale Beteiligung erhöht. Alles, was ihn sein Thema mit Distanz erleben lässt, kühlt seine „Betriebstemperatur" ab.

Abstraktionsebenen steuern

Worte haben für Menschen unterschiedliche Bedeutungen; dies kann die Verständigung manchmal sehr erschweren. So kann sehr Unterschiedliches gemeint sein, wenn ein Coachee sagt, dass er sich „mehr Anerkennung" wünscht. Der eine meint damit, dass er vom Chef gern mehr positive Rückmeldungen zu seiner Arbeit hätte, der andere denkt dabei an anspruchsvollere Aufgaben und wieder ein anderer an eine Gehaltserhöhung. „Mehr Anerkennung" ist eine eher abstrakte Formulierung, hinter der sich ganz verschiedene Wünsche verbergen können.

Wenn Menschen sich Probleme (noch) nicht wirklich eingestehen oder starke Emotionen unbewusst wegdrücken wollen, tendieren sie manchmal dazu, sich abstrakt auszudrücken, sie sagen etwa: „Der Führungsstil der Geschäftsleitung ist optimierungsfähig." Um die emotionale Beteiligung des Coachees zu steigern (siehe obiger Abschnitt), ist es in einem solchen Fall hilfreich, wenn der Coach ihn zu konkreteren Formulierungen anregt, wie „Was genau meinen Sie damit?" oder „Können Sie mal ein Beispiel dafür geben?". Dadurch wird die Situation für den Klienten greifbarer und er kann sie in der Folge leichter verändern (Wehrle 2011 b).

Abstraktionstendenzen

Reiht ein Klient hingegen sehr emotional ein Detail an das andere und verliert sich dabei in Einzelheiten, ist es sinnvoll, wenn der Coach genau andersherum interveniert und den Coachee einlädt, seine Situation von einer höheren Warte aus zu betrachten. Helfen können hier Fragen im Stile von „Und wie hängt das mit Ihrem Anliegen zusammen?" oder „Welche Bedeutung hat das für Sie?" oder „Wie würden Sie das in einem Satz sagen?". Der Klient wird dadurch angeregt, ruhiger zu werden und Wesentliches von Unwesentlichem zu unterscheiden sowie Zusammenhänge, Muster und Bedeutungszuschreibungen zu erkennen.

Detailreichtum

Wenn Menschen sich abstrakt ausdrücken, beispielsweise weil sie unbewusst vermeiden wollen, die unangenehmen Emotionen zu spüren, die mit etwas verbunden sind, das als Problem empfunden wird, sollte der Coach sie anregen, konkret zu werden. Dies erreicht er etwa, indem er sie auffordert, Beispiele zu schildern.

Hören Klienten hingegen gar nicht mehr auf zu erzählen und reihen ein Detail ans andere, sollte der Coach das Abstraktionsniveau erhöhen, indem er zum Beispiel nach Zusammenhängen fragt.

Handlungen anstoßen

Wenn eine Entscheidung ansteht, kann es vorkommen, dass wir innerlich hin und her schwanken, weil wir nicht sicher sind, welcher Weg am besten für uns ist. Aber wenn die Entscheidung dann irgendwann getroffen werden muss, atmen wir tief durch und bewegen uns vorwärts. Etwas zu machen oder zu erschaffen, kann Angst einflößen, weil wir meist nicht wissen, wo das Ganze enden wird. Entscheidungen zu treffen und vorwärtszugehen ist aber wichtig, wenn wir etwas erreichen wollen. Ins Handeln zu gehen ist eine Gelegenheit für uns, etwas Neues zu erfahren, zu lernen und zu wachsen. Wenn Menschen nicht glücklich mit ihrem Leben sind, hat das häufig damit zu tun, dass sie bewusst oder unbewusst aufgehört haben, etwa Neues zu machen und zu lernen.

Im Coaching geht es darum, in Aktion zu sein beziehungsweise in Aktion zu kommen. Üblicherweise engagieren Menschen deshalb einen Coach, weil sie im Hinblick auf ein bestimmtes Anliegen etwas verändern und erreichen wollen. Coachs können das nicht für sie übernehmen, aber sie können dazu beitragen, dass sie ins Handeln kommen, und sie dann bei ihren Schritten unterstützen.

Manche Menschen kommen bereits mit Vorstellungen über Dinge, die sie angehen wollen, ins Coaching. Der „Service" des Coachs besteht dann hauptsächlich darin, ihnen zuzuhören, Fragen zu stellen und sie dabei zu unterstützen, ihre Gedanken zu sortieren, Pläne zu konkretisieren und ihr Voranschreiten zu würdigen.

Andere Menschen finden es hingegen schwierig, ins Handeln zu gelangen. Wenn Klienten nicht von sich aus tätig werden, kann der Coach sie zum Beispiel mit folgenden Fragen „anstupsen": **Fragen, die zum Handeln anregen**

- Mit welchen konkreten Aktivitäten wollen Sie sicherstellen, dass Sie Ihr Ziel erreichen?
- Was könnten Sie ganz genau tun, um im Hinblick auf ... voranzukommen?
- Welchen Schritt hin zu Ihrem Ziel möchten Sie in der nächsten Woche gehen?

Coachs sollten sich mit Vorschlägen eher zurückhalten und ihren Klienten Raum geben, eigene Ideen zu entwickeln. Wenn sich Klienten schwer damit tun, kann der Coach auch Vorschläge unterbreiten. Am Ende ist es aber selbstverständlich der Klient, der entscheidet, ob eine Aktivität stimmig für ihn ist und ob er sich überhaupt eine konkrete Handlung vornehmen will. Wenn er sich bewusst dafür entscheidet, nicht aktiv werden zu wollen, ist das in Ordnung und der Coach sollte keinen Druck auf ihn ausüben.

Indem Coachs ihre Klienten dazu anregen, Verpflichtungen sich selbst gegenüber einzugehen, unterstützen sie sie dabei, ihre Ziele auch tatsächlich zu erreichen. Hilfreich sind hier Fragen **Anregung zur Selbstverpflichtung** im Stile von „Wann genau möchten Sie das machen?". Es ist jedoch wichtig, Klienten nicht unter Druck zu setzen, wenn sie keine Selbstverpflichtungen eingehen wollen.

Es kann ein schmaler Grat für einen Coach sein, einen Klienten einerseits anzuregen, aktiv zu werden und konkrete Schritte zu gehen, die ihn seinem Ziel näher bringen, und andererseits nicht die Verantwortung für das Aktivwerden zu übernehmen, falls der Klient (noch) nicht dazu bereit ist.

Wenn Klienten nicht bereit sind, aktiv zu werden, oder ihre Selbstverpflichtungen nicht einhalten, kann das daran liegen, dass etwas sie blockiert. Häufig sind das Überzeugungen, die das Vorhaben aus dem Unterbewussten störend beeinflussen. Es ist dann hilfreich, den Klienten dabei zu unterstützen, herauszufinden, was genau ihn zurückhält.

Vergangenheitsorientierung aufbrechen Manchmal reden Klienten viel über vergangene Situationen. Dies kann ihnen dabei helfen, sich bewusst zu werden, was ihnen wichtig ist, aber es kann sie auch davon abhalten, voranzuschreiten. Wenn Klienten in der Vergangenheit „festhängen", ist es hilfreich, wenn der Coach liebevoll-beharrlich ihren Fokus ändert, indem er zum Beispiel ziel- und lösungsorientierte Fragen im Sinne von „Was möchten Sie in Zukunft anders machen?" stellt. Worauf wir uns fokussieren, das wächst. Den Fokus des Klienten darauf zu lenken, was er bereits unternommen und erreicht hat, und dies zu würdigen, ist ein guter Weg, ihn zum (weiteren) Aktivwerden anzuregen. Eine andere Möglichkeit, Klienten in Aktion zu bringen oder zu halten, besteht darin, sie anzuregen, konkrete, an ihren Werten und/oder Visionen ausgerichtete Ziele zu formulieren. Durch die Verknüpfung mit den Werten oder dem größeren Sinn und Zweck werden die Ziele so attraktiv, dass sie den Wunsch auslösen, ins Handeln zu kommen.

Es ist wichtig, sich als Coach immer bewusst zu sein, dass das, was für einen selbst eventuell nach einem kleinen Schritt aussieht, für den Klienten unter Umständen ein riesiger Schritt sein kann. Eine Veränderung im Denken ohne sichtbare Handlung kann ein großer Schritt für einen Klienten sein. Für die Nachhaltigkeit der Veränderung ist es wesentlich, dass der Klient in einem Tempo voranschreitet, das ihn herausfordert, aber nicht überfordert.

Wir Menschen realisieren manchmal nicht, wie weit wir mit etwas bereits gekommen sind, wenn wir nicht explizit darauf aufmerksam gemacht werden. Eines der kraftvollsten „Werkzeuge" eines Coachs, um Klienten zum Aktivwerden anzuregen, ist daher die Würdigung dessen, was sie bereits unternommen haben (siehe folgenden Abschnitt).

Auf den Punkt gebracht:

Wenn Menschen sich durch Coaching unterstützen lassen, möchten sie in der Regel im Hinblick auf ein bestimmtes Anliegen etwas verändern. Dies setzt voraus, dass sie im Verlauf des Coachings aktiv werden. Manchen Klienten muss man nur beim Sortieren ihrer Gedanken und Ideen helfen und ihre Aktivitäten würdigen, während andere explizite „Anstupser" wie die Frage „Wann genau werden Sie das machen?" benötigen.

Für die Zielerreichung ist es in jedem Fall wichtig, dass Coachs ihre Klienten dazu anregen, Selbstverpflichtungen einzugehen. Dies allerdings, ohne Druck auf sie auszuüben.

Wenn Klienten nicht bereit sind, aktiv zu werden, hat dies meist mit „störenden Einflüssen" aus dem Unterbewussten zu tun, zum Beispiel Überzeugungen, die das angestrebte Ziel konterkarieren. Der Coach sollte dann in der Lage sein, den Klienten dabei zu unterstützen, herauszufinden, was genau ihn zurückhält.

Anerkennung aussprechen

Anerkennung auszusprechen bedeutet, einen anderen Menschen als das einzigartige Wesen zu sehen, das er ist, und es ihn wissen zu lassen. Um jemand anderen anzuerkennen, darf man selbst nicht bedürftig sein. Man kann nur dann etwas geben, wenn man selbst gut versorgt ist. Wenn wir selbst nicht gut drauf sind, können wir nur schwer über uns selbst hinausschauen. Wie könnten wir jemand anderem sagen, was wir an ihm toll finden, wenn wir uns selbst nicht toll fühlen? Das ist kaum möglich.

Jemanden anzuerkennen bedeutet, dass wir unser Ego beiseitelegen, um die Größe anderer zu sehen und es sie auch wissen zu lassen – Geben in seiner reinsten und schönsten Form.

Anerkennung könnte auch wie folgt beschrieben werden: es wahrnehmen, wenn jemand etwas „gut" macht, und es ihm sagen. Wenn wir an andere Menschen glauben, unterstützen wir die höhere Vision, die sie von sich selbst haben.

Ermutigung, Anerkennung, Feiern

Anerkennung wird ausgesprochen, nachdem jemand aktiv geworden ist und etwas getan hat, während Ermutigung sich auf Aktivitäten bezieht, die in der Zukunft liegen. Zu feiern wiederum bedeutet, dass wir uns erlauben, einen Moment innezuhalten, um uns daran zu erfreuen, was wir bereits erreicht haben.

Beim Feiern nehmen wir uns die Zeit, zu reflektieren, was wir erreicht haben, und unsere Erfolge selbst anzuerkennen. Es stärkt unser Selbstvertrauen und ist außerdem eine Gelegenheit, den Menschen, die uns unterstützt haben, unsere Wertschätzung auszusprechen.

Coachs ermutigen ihre Klienten und sprechen ihnen Anerkennung aus, wenn sie aktiv geworden sind – jedoch nicht nur für das, was erfolgreich war. Wenn etwas nicht so gut gelaufen ist, erkennen sie auch an, dass der Klient überhaupt aktiv wurde. Dabei ist es wichtig, als Coach auf das Wörtchen „aber" zu verzichten, um das, was an Anerkennendem gesagt wurde, nicht gleich wieder abzuschwächen.

Coachs sollten mit ihren Klienten auch deren Erfolge feiern, indem sie während einer Coaching-Sitzung etwas Zeit einräumen, um das Erreichen eines Ziels oder Teil-Ziels zu würdigen.

Coachs, die ihr Augenmerk auf positive Unterschiede bei ihren Klienten legen und dies auch anerkennend äußern, tragen sehr dazu bei, dass diese sich immer sicherer und zuversichtlicher fühlen und ihr Potenzial mehr und mehr entfalten. Allein der Fokus darauf, was „gut" ist, führt oft zu maßgeblichen Fortschritten – ohne dass es allzu vieler weiterer Coaching-Interventionen bedarf.

Auf den Punkt gebracht:

Anerkennung auszusprechen bedeutet, etwas an einem anderen Menschen zu sehen, was uns gefällt, und es ihn wissen zu lassen. Anerkennung wird im Nachhinein ausgesprochen, nachdem jemand etwas getan hat, während sich Ermutigung auf Aktivitäten bezieht, die noch in der Zukunft liegen. Beim Feiern wiederum erlaubt man sich, innezuhalten, um sich über das Erreichte zu freuen.

Um das Selbstvertrauen und die Zuversicht ihrer Klienten zu stärken, ist es hilfreich, wenn Coachs sehr auf positive Unterschiede achten (was war ein klitzekleines bisschen besser als bisher, was ist schon ein Stück weit in die gewünschte Richtung gegangen, ...) und ihre Wahrnehmungen auch anerkennend äußern.

Hausaufgaben vorschlagen

Klienten „Hausaufgaben" vorzuschlagen, kann aus verschiedenen Gründen sinnvoll sein: Es kann beispielsweise dazu beitragen, ...

- neue Verhaltensweisen zu etablieren, etwa konsequent ein Zeitplansystem zu nutzen oder „Nein" zu sagen.
- neue Erfahrungen zu machen und Herausforderungen zu meistern, zum Beispiel Kaltakquise-Telefonate zu führen.
- neue Überzeugungen zu festigen, etwa sich täglich immer wieder selbst zu sagen „Von Tag zu Tag fühle ich mich immer freier, zu sein, wer ich bin, egal, mit wem ich es zu tun habe".
- ein neues Selbstbild zu etablieren, sich beispielsweise im Internet als Unternehmerin zu präsentieren.

Wenn ein Klient einen Vorschlag für eine Hausaufgabe nicht aufgreift oder ihn zwar aufgreift, aber dann nicht umsetzt, hat er seine Gründe dafür. Diese sollten dann thematisiert werden – in einer neugierigen, vorwurfsfreien Haltung. Es kann vorkommen, dass Klienten sich von „Hausaufgaben" zu sehr unter Druck gesetzt fühlen. Die empfundene Überforderung kann dann zu Blockaden führen und die ersehnte Veränderung erschweren statt erleichtern. Hausaufgaben sind also mit Bedacht zu wählen und zu begleiten.

Klienten „Hausaufgaben" vorzuschlagen kann die Produktivität eines Coachings sehr steigern, denn nachhaltige Veränderungen erfordern regelmäßige Wiederholung und
Übung.

„Hausaufgaben" sind jedoch insofern besonnen und um-
sichtig auszuwählen, als sie Klienten auch überfordern und
blockieren können und die gewünschte Veränderung dann
eher erschwert als erleichtert wird.

III Methodische Qualifikation

Nachdem Sie erfahren haben, was Coachs tun können, um die Beziehung zu ihren Klienten positiv zu gestalten, und welche persönlichen Kompetenzen sie dafür entwickeln müssen, möchten wir nun skizzieren, wie ein Coaching-Prozess konkret ablaufen kann. Außerdem möchten wir Ihnen Einblicke in den „Werkzeugkoffer" von Coachs geben – damit Sie eine Vorstellung davon bekommen, welcher Instrumente sie sich bei ihrer Arbeit bedienen. Wir haben uns Mühe gegeben, die Tools so präzise zu beschreiben, dass Sie sie als Anleitung für Ihr Coaching oder Selbst-Coaching nutzen und selbst anwenden können. Zunächst aber die versprochene Darlegung eines Coaching-Prozesses.

1. Coaching-Prozess

Grundsätzliches

Mit Coaching-Prozess ist der gesamte Ablauf eines Coachings vom Erstkontakt bis zur Erfolgskontrolle und Transfersicherung gemeint. Der Prozess sieht dabei von Coach zu Coach anders aus; den einen allgemeingültigen Ablauf gibt es nicht.

Jeder Coach ist aufgerufen, sich Gedanken darüber zu machen, welchen Ablauf er für passend und stimmig erachtet. Als menschenorientierte Prozessberatung ist Coaching zwar nur bedingt planbar, da die Auswirkungen von Interventionen und Einflüssen aus dem Umfeld des Coachees sich beispielsweise nicht vorhersagen lassen. Dennoch ist es vorteilhaft, als Coach ein eigenes Coaching-Modell zu entwickeln, das die eigenen Vorstellungen von einem idealen Ablauf reflektiert. Dies kann sehr zu Klarheit beitragen – für den Coach selbst und für seine (potenziellen) Klienten. Die Klienten können sich dadurch besser vorstellen, was sie im Coaching konkret erwartet; diese Transparenz fördert auch das Vertrauen.

Ein Coaching-Modell entwickeln

Ein Coaching-Modell sollte einen Überblick bieten, was genau im Coaching-Prozess passiert. Das Modell eines anderen Coachs zu nutzen, kann für den Anfang eine gute Sache sein, da es aber den eigenen Stil in der Regel nicht hundertprozentig widerspiegelt, ist es sinnvoll, wenn Coachs im Laufe der Zeit ihr eigenes Modell kreieren, das ihren individuellen Coaching-Stil vollumfänglich zum Ausdruck bringt. Dabei ist zu bedenken, dass ein Coaching-Modell etwas Lebendiges ist, das sich ändern kann, wenn ein Coach mit wachsender Erfahrung neue Erkenntnisse gewinnt. Es ist daher sinnvoll, das Modell regelmäßig zu überprüfen und gegebenenfalls an die aktuelle tatsächliche Praxis anzupassen.

Grundsätzlich lassen sich Coaching-Prozesse grob in die folgenden Phasen untergliedern:
1. Orientierungs- und Auftragsklärungsphase
2. Diagnose- und Interventionsphase
3. Abschluss- und Evaluationsphase
Oder noch kürzer: Orientieren → Bearbeiten → Abschließen.

In der Zusammenarbeit mit einem Unternehmen kann es sein, dass ein Coach seinen Coaching-Prozess mit dem des Unternehmens abstimmen muss. Unternehmen definieren nämlich unter Umständen ihrerseits den Ablauf, wenn sie Coaching als Personalentwicklungsmaßnahme in ihr Programm aufnehmen. Das Unternehmen sollte dabei überlegen, welche Ziele es mit dem Coaching erreichen möchte und welcher Bedarf vorliegt. Hat das Unternehmen einen Prozess für Coaching definiert, muss der Coach sich überlegen, ob er mit dem definierten Ablauf einverstanden ist und unter den beschriebenen Bedingungen arbeiten kann und will.

> **Auf den Punkt gebracht:**
>
> Der Coaching-Prozess ist der gesamte Ablauf eines Coachings von der Anfrage bis zur Transfersicherung. Den einen allgemeingültigen Prozess gibt es nicht. Als menschenorientierte Prozessberatung ist Coaching sowieso nur bedingt planbar. Dennoch ist es vorteilhaft, wenn Coachs sich Gedanken darüber machen, wie ein Coaching ihrer Auffassung nach idealerweise abläuft.
>
> Grundsätzlich kann man Coaching-Prozesse grob in die folgenden Phasen untergliedern: Orientieren → Bearbeiten → Abschließen.

Das Engpass-konzentrierte Coaching-Modell (EKC)

Im Folgenden wird das Engpass-konzentrierte Coaching-Modell von Silvia Richter-Kaupp näher beschrieben. Es wurde für Menschen in Führungsfunktionen entwickelt. Diese haben für ein Coaching meist wenig Zeit, sodass es wichtig ist, rasch sicht- und greifbare Ergebnisse zu erzielen, ohne Druck auf die Klienten auszuüben. Das Modell geht davon aus, dass jede herausfor-

Entschluss	Ergebnis	Engpass	EMotion	Erfolg	Ernte
▪ Vorgeschichte und Vorstellungen klären	▪ Wunsch-Ergebnis imaginieren	▪ Brennpunkte beleuchten	▪ Ausnahmen vom Problem (Sternstunden) erinnern	▪ Status quo feststellen (Scaling Dance)	▪ Erträge ernten
▪ Vorgehen erläutern und Vertrauen schaffen	▪ Angestrebtes Ergebnis SMART formulieren	▪ Brennpunkte gruppieren und priorisieren	▪ Ressourcen beleuchten	▪ Maßnahmen überlegen	▪ Erreichtes würdigen
▪ Rahmen klären und Regeln vereinbaren	▪ Weg zum Ziel besprechen	▪ Engpass identifizieren	▪ Ideale Zukunft (Futur Perfekt) imaginieren	▪ Transfer sichern	▪ Feedback erbitten

Schaubild 5: Engpass-konzentriertes Coaching-Modell (EKC)

dernde Situation in der Regel einen primären Engpass hat – aus dem sich weitere, damit zusammenhängende Probleme ergeben. Sobald der zentrale „Knoten" gelöst ist, ist der Weg frei für Entwicklung und Wachstum. Das Engpass-konzentrierte Coaching-Modell findet sowohl im Einzel- als auch im Team-Coaching Einsatz.

Die einzelnen Phasen werden nicht einmalig, sondern in jeder Sitzung durchlaufen. So wird beispielsweise zu Beginn einer Coaching-Sitzung die Vorgeschichte insofern geklärt, als besprochen wird, was sich seit der letzten Sitzung alles ereignet hat, und es werden Spielregeln vereinbart, nämlich der zeitliche Rahmen für die Sitzung festgelegt. Der aktuelle Engpass wird thematisiert und der Klient gefragt, wie er die Zeit nutzen will und was ein gutes Ergebnis am Ende der Sitzung wäre. Das Wunsch-Ergebnis nimmt der Coach dann als Ausgangspunkt für seine Interventionen. Gegen Ende der Sitzung regt er den Klienten an, zu prüfen, wo er gerade steht und was er gegebenenfalls noch braucht, und schließt dann mit einem wertschätzenden Feedback ab.

Die einzelnen Phasen des EKC-Modells werden in den nachfolgenden Abschnitten detailliert erläutert.

Auf den Punkt gebracht:

Das Engpass-konzentrierte Coaching-Modell wurde für Menschen in Führungsfunktionen entwickelt, die für ein Coaching meist nur wenig Zeit haben, sodass es wichtig ist, in kurzer Zeit Ergebnisse zu erzielen, ohne Druck auszuüben.

Das Modell geht davon aus, dass jede Situation einen übergeordneten „Knackpunkt" hat, mit dem die weiteren Herausforderungen zusammenhängen. Sobald dieser zentrale Engpass überwunden ist, ist der Weg frei für Entwicklung und Wachstum.

Entschluss herbeiführen

Die Klärung des potenziellen Auftrags in einem telefonischen oder persönlichen Gespräch oder auch via E-Mail oder Online-Fragen-Katalog ist der erste Schritt des Coachs bei einer Anfrage.

Ziel der Auftragsklärung ist es für den Coach, herauszufinden, ob er wirklich ein guter Partner für den Anfragenden und sein Anliegen ist, und diesem eine Gelegenheit zu geben, ihn in Aktion zu erleben, damit auch der Coachee eine Entscheidung für oder gegen eine Zusammenarbeit treffen kann.

Hilfreiche Fragen für die Auftragsklärung sind zum Beispiel:

- Was ist Ihr Anliegen? Welches Thema möchten Sie im Coaching besprechen?
- Welche Herausforderung möchten Sie mithilfe des Coachings besser meistern?
- Warum möchten Sie diese Herausforderung gerade jetzt angehen?
- Welche Lösungsversuche haben Sie bereits unternommen und mit welchem Ergebnis?
- Was ist Ihr Ziel? Was möchten Sie mithilfe des Coachings erreichen?
- Welche Funktion soll ich dabei übernehmen?
- Was würde eigentlich passieren, wenn Sie Ihr Ziel nicht erreichen?
- Was müsste ich tun, damit das Coaching erfolglos bleibt?
- Welche Vorstellungen haben Sie von einem Coaching? Wie sollte es aus Ihrer Sicht idealerweise ablaufen?

Im Auftragsklärungsgespräch stellt der Coach dem potenziellen Klienten also wie in einer ganz „normalen" Coaching-Sitzung Fragen zu seinem Anliegen, hört ihm empathisch zu und fasst gelegentlich zusammen, was er von ihm verstanden hat. Außerdem beantwortet er selbstverständlich auch die Fragen des potenziellen Klienten. Die Intention dieser Art von Auftragsklärung ist es, Klarheit darüber zu erlangen, ob man wirklich ein guter Partner für den Anfragenden und sein Thema ist, und diesem einen Eindruck vom eigenen Coaching-Stil zu vermitteln. Gelangen beide Parteien zu der Auffassung, dass sie miteinander arbeiten möchten, wird ein Vertrag geschlossen.

Bei unternehmensbezahltem Coaching gibt es in der Regel zwei Auftragsklärungsgespräche: eines mit demjenigen, der das Coaching zu zahlen gewillt ist – auch Sponsor genannt –, und eines mit demjenigen, der das Coaching in Anspruch nehmen darf – der (potenzielle) Klient. Manchmal gibt es außerdem noch ein Treffen mit allen am Prozess Beteiligten: Coach, potenzieller

Klient, dessen Vorgesetzter und gegebenenfalls noch ein Personaler. Es kommt aber auch vor, dass der Coach nach der grundsätzlichen Entscheidung des Klienten ohne weitere Gespräche sofort eine Auftragsbestätigung und einen Vertrag vom Unternehmen zugeschickt bekommt; die Details wie zum Beispiel Anzahl und Ort der Sitzungen werden dann im Anschluss beim Unternehmen eingereicht. Das Thema des Coachings schriftlich festzuhalten ist üblich, allerdings können Form und Tiefe stark variieren.

Unabhängig davon, ob ein Coaching vom Klienten selbst oder seinem Arbeitgeber bezahlt wird, ist es für den Coach wichtig, gut zu prüfen, ob er einen Auftrag annehmen will oder nicht. Es gibt nämlich eine ganze Reihe von „Fallen", in die er tappen kann, besonders bei unternehmensbezahltem Coaching, zum Beispiel Führungskräfte, die ihn instrumentalisieren und sich den/die Mitarbeiter mithilfe des Coachings „zurechtbiegen" wollen, statt ihrer Führungsaufgabe gerecht zu werden und mit dem/den Mitarbeiter(n) in den Dialog zu treten und sich dabei auch selbst kritisch zu hinterfragen.

Selbstklärungsfragen für den Coach Um zu einer Entscheidung zu kommen, sollte sich der Coach nach dem Auftragsklärungsgespräch einige Fragen stellen:

- Bringt der potenzielle Klient eine ausreichende Veränderungsmotivation mit?
- Ist der potenzielle Klient bereit, sein Verhalten zu reflektieren?
- Besteht zwischen dem potenziellen Coachee und mir Klarheit und Einigung über das Thema des Coachings?
- Habe ich für dieses Thema die erforderliche Kompetenz?
- Bin ich in der Lage, in einer neutralen Haltung mit dem Klienten an diesem Thema zu arbeiten, oder gibt es Gründe (konträre Wertvorstellungen, Erinnerungen an eigene Erfahrungen und damit verbundene ungute Emotionen, ...), die dagegen sprechen?

- Habe ich geprüft, ob eine andere Form der Unterstützung – auch wenn sie von mir selbst nicht angeboten wird – für den Klienten hilfreicher wäre, und falls ja, habe ich ihm dies offen mitgeteilt?
- Bin ich willens, mich neugierig, offen, respektvoll, wertschätzend und empathisch auf den Klienten einzulassen?
- Bin ich zugleich willens, den Klienten herauszufordern und zu konfrontieren und aktiv neue Ideen und Vorstellungen in ihm zu säen, um die für ein erfolgreiches Coaching erforderliche angemessene Emotionalisierung zu erzeugen?
- Wie geht es mir gefühlsmäßig, wenn ich mir die Sitzungen mit dem Klienten vor meinem geistigen Auge vorstelle? Falls ungute Gefühle hochkommen: Welche Gedanken und Bedürfnisse stecken hinter diesen Gefühlen und wie will ich damit umgehen?

Können sich beide Seiten eine Zusammenarbeit vorstellen, wird ein Vertrag geschlossen. Um Ihnen eine Orientierung zu geben, wie so ein Vertrag aussehen kann, nachfolgend exemplarisch zwei Muster-Verträge – für unternehmens- und für privat bezahltes Coaching:

· ·

Coaching-Vertrag für unternehmensbezahltes Coaching

Zwischen _____
– nachfolgend Auftraggeber oder Sponsor genannt –

ihrem/ihrer Mitarbeiter/-in _____
– nachfolgend Coachee genannt –

und _____
– nachfolgend Coach genannt –

wird folgende Vereinbarung getroffen:

Präambel

Die Beteiligten haben die Absicht, für einen bestimmten Zeitraum zusammenzuarbeiten. Der Coach führt im Auftrag des Sponsors mit dem Coachee ein Coaching durch, das die Erfassung, Aufarbeitung und Optimierung seiner/ihrer gegenwärtigen beruflichen Situation unter Berücksichtigung außerberuflicher Aspekte zum Ziel hat.

Das Coaching erfolgt auf der Grundlage der zwischen dem Coach, dem Auftraggeber sowie dem Coachee geführten vorbereitenden Gespräche. Es beruht auf Kooperation und gegenseitigem Vertrauen.

Der Auftraggeber und der Coachee erklären sich damit einverstanden, dass es dem Coach gestattet ist, den Coaching-Verlauf in anonymisierter Form im Rahmen einer Supervision, Intervision oder eines Mentor-Coachings zu reflektieren. Sie stimmen auch einer wissenschaftlichen Begleitung beziehungsweise Auswertung und eventuellen Veröffentlichung in anonymisierter Form zu.

Der Coach macht nochmals darauf aufmerksam, dass Coaching ein selbstverantwortlicher, aktiver, ressourcen-, ziel- und lösungsorientierter, aber ergebnisoffener Prozess ist und bestimmte Erfolge nicht garantiert werden können. Der Coach steht dem Coachee als Prozessbegleiter und Auslöser von Veränderungen zur Verfügung – die eigentliche Veränderungsarbeit wird vom Coachee geleistet.

1. Vertragsgegenstand

Gegenstand dieses Vertrags ist ein Coaching des Coachees zu folgendem Thema:

_____

_____

2. Verantwortung des Coachs

Der Coach verpflichtet sich, keine vertraulichen Informationen über den Coachee und den Auftraggeber an außenstehende Dritte weiterzugeben.

Der Coach verpflichtet sich, ausreichende Vorkehrungen zu treffen, damit vertrauliche Informationen, die ihm ausgehändigt wurden oder die er selbst aufgezeichnet hat, nicht an außenstehende Dritte gelangen können, und sie ausschließlich zu Zwecken des Coachings zu verwenden.

Der Coach verpflichtet sich, nur solche Informationen über das Coaching an den Auftraggeber weiterzugeben, für die er das Einverständnis des Coachees bekommen hat.

Der Coach verpflichtet sich, die von ihm angewandten Methoden, ihre Funktionsweisen und Zwecke sowie – nach bestem Wissen und Gewissen – die möglichen Risiken und Ergebnisse jederzeit offenzulegen.

Der Coach verpflichtet sich, die ihm zur Verfügung stehenden Interventionsmöglichkeiten zum Nutzen des Coachees einzusetzen und dem Coachee gegebenenfalls einen anderen Spezialisten zu empfehlen, falls er sich nicht mehr in der Lage sieht, das Coaching professionell fortzuführen.

3. Verantwortung des Auftraggebers/Sponsors

Der Auftraggeber verpflichtet sich, über diese Coaching-Vereinbarung und ihre Durchführung gegenüber anderen Mitarbeitern des Unternehmens sowie außenstehenden Dritten Stillschweigen zu bewahren. Ausgenommen hiervon ist die Information der Personalleitung, der Geschäftsleitung und des direkten Vorgesetzten des Sponsors (sofern vorhanden).

Der Auftraggeber verpflichtet sich, es zu respektieren, dass der Coach nur solche Informationen über den Verlauf und die Inhalte der Coaching-Sitzungen an ihn weitergeben wird, für die er vom Coachee dessen Einverständnis bekommen hat.

4. Verantwortung des Coachees

Der Coachee erkennt an, dass er während des Coachings – sowohl während der einzelnen Sitzungen als auch in der Zeit zwischen den einzelnen Sitzungen – in vollem Umfang selbst für seine körperliche, geistige und seelische Gesundheit verantwortlich ist. Er erkennt außerdem an, dass sämtliche Schritte und Maßnahmen, die im Rahmen des Coachings von ihm unternommen werden, in seinem eigenen Verantwortungsbereich liegen. Der Coachee verpflichtet sich, über diese Coaching-Vereinbarung und ihre Durchführung gegenüber anderen Mitarbeitern des Unternehmens Stillschweigen zu bewahren. Ausgenommen hiervon ist die Information des Betriebsrats oder einer anderen gewählten betrieblichen Vertrauensperson, sofern vom Coachee gewünscht.

5. Ort des Coachings

Die einzelnen Coaching-Sitzungen können sowohl Face-to-Face in _____ als auch am Telefon stattfinden – ganz wie der Coachee dies jeweils wünscht.

6. Zeitlicher Rahmen des Coachings

Das Coaching beginnt mit dem Abschluss dieser Vereinbarung und ist auf unbestimmte Zeit angelegt / soll spätestens am _____ beendet sein.
Der vereinbarte Gesamtumfang des Coachings beträgt _____ Stunden.
Die Lage und zeitliche Dauer der Coaching-Sitzungen wird von Sitzung zu Sitzung aufs Neue gemeinsam zwischen dem Coach und dem Coachee festgelegt.
Sollte der Coachee einen vereinbarten Termin ausnahmsweise absagen müssen, wird er gebeten, dies mit einem Vorlauf von mindestens zwei Tagen zu tun. Sehr kurzfristige Absagen, die es

dem Coach unmöglich machen, den Termin anderweitig zu belegen, werden von ihm in Rechnung gestellt. Eventuell ersparte Aufwendungen des Coachs sind anzurechnen. Hierüber hat der
Coach auf Verlangen eine Auskunft zu erteilen. Dem Coachee und
dem Auftraggeber ist es unbenommen, nachzuweisen, dass gar
kein oder ein geringerer Schaden entstanden ist.

7. Honorar und Zahlungsweise

Das Honorar wird vom Auftraggeber beglichen. Es beträgt
_____ zzgl. 19 % MwSt. Vor- und Nacharbeiten wie zum
Beispiel das Beantworten von E-Mails und das Anfertigen von
Mitschriften werden nicht berechnet.
Über die geleisteten Stunden erteilt der Coach dem Auftraggeber eine Rechnung. Die Rechnungen sind innerhalb von 14 Tagen
nach Erhalt zur Zahlung fällig.

8. Kündigung

Dieser Vertrag kann von allen Beteiligten jederzeit ohne Einhaltung einer Frist beendet werden. Die Kündigung hat schriftlich zu
erfolgen.

9. Haftung

Der Coach haftet im Falle einer vorsätzlichen oder grob fahrlässigen Pflichtverletzung unbeschränkt. Das gilt auch bei Ansprüchen
wegen Verletzung von Leben, Körper oder Gesundheit sowie bei
Ansprüchen aus dem Produkthaftungsgesetz.
Im Falle einer leicht fahrlässigen Pflichtverletzung haftet der
Coach nur bei einer Verletzung von vertragswesentlichen Pflichten (Kardinalpflichten). In diesem Fall ist die Haftung beschränkt
auf den bei Vertragsabschluss typischerweise vorhersehbaren
Schaden.

10. Sonstiges

Der Coach speichert personenbezogene Daten des Coachees sowie Daten des Auftraggebers, soweit es für die Rechnungsstellung und Buchführung erforderlich ist. Eine weitergehende Speicherung personenbezogener Daten findet nicht statt, auch nicht in anonymisierter Form.

Sollte eine Klausel dieses Vertrags unwirksam sein oder werden, so bleibt der Vertrag im Übrigen gültig.

Ergänzungen und Änderungen dieses Vertrags sind zu ihrer Wirksamkeit schriftlich zu vereinbaren. Dies gilt auch für eine Aufhebung der Schriftformklausel.

_____   _____

Ort, Datum   Coach

_____   _____

Ort, Datum   Sponsor/Auftraggeber

_____   _____

Ort, Datum   Coachee

. . . .

Coaching-Vertrag für privat bezahltes Coaching

Zwischen _____
- *nachfolgend Coachee genannt –*

und _____
- *nachfolgend Coach genannt –*

wird folgende Vereinbarung getroffen:

Präambel

Die Beteiligten haben die Absicht, für einen bestimmten Zeitraum zusammenzuarbeiten. Der Coach führt mit dem Coachee ein Coaching durch, das die Erfassung, Aufarbeitung und Optimierung seiner/ihrer gegenwärtigen beruflichen Situation unter Berücksichtigung außerberuflicher Aspekte zum Ziel hat.

Das Coaching erfolgt auf der Grundlage der zwischen dem Coach und dem Coachee geführten vorbereitenden Gespräche. Es beruht auf Kooperation und gegenseitigem Vertrauen.

Der Coachee erklärt sich damit einverstanden, dass es dem Coach gestattet ist, den Coaching-Verlauf in anonymisierter Form im Rahmen einer Supervision, Intervision oder eines Mentor-Coachings zu reflektieren. Er stimmt auch einer wissenschaftlichen Begleitung beziehungsweise Auswertung und eventuellen Veröffentlichung in anonymisierter Form zu.

Der Coach macht nochmals darauf aufmerksam, dass Coaching ein selbstverantwortlicher, aktiver, ressourcen-, ziel- und lösungsorientierter, aber ergebnisoffener Prozess ist und bestimmte Erfolge nicht garantiert werden können. Der Coach steht dem Coachee als Prozessbegleiter und Auslöser von Veränderungen zur Verfügung – die eigentliche Veränderungsarbeit wird vom Coachee geleistet.

1. Vertragsgegenstand

Gegenstand dieses Vertrags ist ein Coaching des Coachees zu folgendem Thema:

_____

_____

2. Verantwortung des Coachs

Der Coach verpflichtet sich, keine vertraulichen Informationen über den Coachee an außenstehende Dritte weiterzugeben.

Der Coach verpflichtet sich, ausreichende Vorkehrungen zu treffen, damit vertrauliche Informationen, die ihm ausgehändigt wurden oder die er selbst aufgezeichnet hat, nicht an außenstehende Dritte gelangen können und ausschließlich zu Zwecken des Coachings verwendet werden.

Der Coach verpflichtet sich, die von ihm angewandten Methoden, ihre Funktionsweisen und Zwecke sowie – nach bestem Wissen und Gewissen – die möglichen Risiken und Ergebnisse jederzeit offenzulegen.

Der Coach verpflichtet sich, die ihm zur Verfügung stehenden Interventionsmöglichkeiten zum Nutzen des Coachees einzusetzen und dem Coachee gegebenenfalls einen anderen Spezialisten zu empfehlen, falls er sich nicht mehr in der Lage sieht, das Coaching professionell fortzuführen.

3. Verantwortung des Coachees

Der Coachee erkennt an, dass er während des Coachings – sowohl während der einzelnen Sitzungen als auch in der Zeit zwischen den einzelnen Sitzungen – in vollem Umfang selbst für seine körperliche, geistige und seelische Gesundheit verantwortlich ist. Er erkennt außerdem an, dass sämtliche Schritte und Maßnahmen, die im Rahmen des Coachings von ihm unternommen werden, in seinem eigenen Verantwortungsbereich liegen.

4. Ort des Coachings

Die einzelnen Coaching-Sitzungen können sowohl Face-to-Face in _____ als auch am Telefon stattfinden – ganz wie der Coachee dies jeweils wünscht.

5. Zeitlicher Rahmen des Coachings

Das Coaching beginnt mit dem Abschluss dieser Vereinbarung und ist auf unbestimmte Zeit angelegt / soll spätestens am _____ beendet sein.

Der vereinbarte Gesamtumfang des Coachings beträgt _____ Stunden.

Die Lage und zeitliche Dauer der Coaching-Sitzungen wird von Sitzung zu Sitzung aufs Neue gemeinsam zwischen dem Coach und dem Coachee festgelegt.

Sollte der Coachee einen vereinbarten Termin ausnahmsweise absagen müssen, wird er gebeten, dies mit einem Vorlauf von mindestens zwei Tagen zu tun. Sehr kurzfristige Absagen, die es dem Coach unmöglich machen, den Termin anderweitig zu belegen, werden von ihm in Rechnung gestellt. Eventuell ersparte Aufwendungen des Coachs sind anzurechnen. Hierüber hat der Coach auf Verlangen eine Auskunft zu erteilen. Dem Coachee ist es unbenommen, nachzuweisen, dass gar kein oder ein geringerer Schaden entstanden ist.

6. Honorar und Zahlungsweise

Das Honorar wird vom Coachee bezahlt und beträgt _____ zzgl. 19 % MwSt. Vor- und Nacharbeiten wie zum Beispiel das Beantworten von E-Mails und das Anfertigen von Mitschriften werden nicht berechnet.

Über die geleisteten Stunden erteilt der Coach dem Coachee eine Rechnung. Die Rechnungen sind innerhalb von 14 Tagen nach Erhalt zur Zahlung fällig.

8. Kündigung

Dieser Vertrag kann von allen Beteiligten jederzeit ohne Einhaltung einer Frist beendet werden. Die Kündigung hat schriftlich zu erfolgen.

9. Haftung

Der Coach haftet im Falle einer vorsätzlichen oder grob fahrlässigen Pflichtverletzung unbeschränkt. Das gilt auch bei Ansprüchen wegen Verletzung von Leben, Körper oder Gesundheit sowie bei Ansprüchen aus dem Produkthaftungsgesetz.
Im Falle einer leicht fahrlässigen Pflichtverletzung haftet der Coach nur bei einer Verletzung von vertragswesentlichen Pflichten (Kardinalpflichten). In diesem Fall ist die Haftung beschränkt auf den bei Vertragsabschluss typischerweise vorhersehbaren Schaden.

10. Sonstiges

Der Coach speichert personenbezogene Daten des Coachees, soweit es für die Rechnungsstellung und Buchführung erforderlich ist. Eine weitergehende Speicherung personenbezogener Daten findet nicht statt, auch nicht in anonymisierter Form.
Sollte eine Klausel dieses Vertrags unwirksam sein oder werden, so bleibt der Vertrag im Übrigen gültig.
Ergänzungen und Änderungen dieses Vertrags sind zu ihrer Wirksamkeit schriftlich zu vereinbaren. Das gilt auch für eine Aufhebung der Schriftformklausel.

_____   _____

Ort, Datum   Coach

_____   _____

Ort, Datum   Coachee

Erhält der Coach eine Anfrage, führt er zunächst ein Auftragsklärungsgespräch. Damit verfolgt er das Ziel, sich eine Orientierung über den potenziellen Klienten und sein Anliegen zu verschaffen, um auf dieser Basis einschätzen zu können, ob er ein guter „Sparringspartner" für den Anfragenden ist. Außerdem möchte der Coach mit dem Auftragsklärungsgespräch auch dem Anfragenden Gelegenheit geben, ihn in Aktion zu erleben, damit auch dieser eine Grundlage für seine Entscheidung hat.

Bei unternehmensbezahltem Coaching gibt es meist nicht nur ein Auftragsklärungsgespräch, sondern mehrere: neben dem Gespräch mit dem potenziellen Klienten noch eines mit demjenigen, der das Coaching bezahlt, sowie eventuell eines mit der Personalabteilung.

Unabhängig davon, wer das Coaching bezahlt, sollten Coachs gut prüfen, ob sie einen Auftrag annehmen wollen, denn es lauern zahlreiche „Fallstricke" und potenzielle „Dramen".

Ergebnis klären

Ist die Zusammenarbeit beschlossen, kann das Coaching starten. Zu Beginn regt der Coach den Klienten an, sich eine Vorstellung davon zu machen, was er mithilfe des Coachings erreichen will, was sein Ziel ist.

Meist formulieren Klienten daraufhin zunächst kein Ziel, sondern einen Wunsch im Stile von „ich will mit Konflikten besser umgehen" oder „ich will mich besser präsentieren". Oder sie erzählen, was sie in Zukunft alles nicht mehr möchten. Durch em-

Ziele formulieren

pathisches Zuhören und Nachfragen unterstützt sie der Coach dann dabei, aus dem, was sie nicht mehr wollen, beziehungsweise aus dem, was sie sich wünschen, ein konkretes und messbares Ziel zu formulieren.

Ein Ziel ist ein in der Zukunft liegender angestrebter Zustand, der in positiven Worten klar, konkret und bildhaft beschrieben und mit einem Termin versehen ist (Details in Kapitel III.2., Abschnitt „SMARTe Ziele").

Wenn das Ziel klar ist, ist es am Coach, zu überlegen, auf welchen Wegen es erreicht werden kann, und dem Klienten entsprechende Vorschläge zu unterbreiten. Dies ist vergleichbar mit einem Taxifahrer, der zu seinem Fahrgast sagt: „Um in die ABC-Straße zu kommen, können wir den Weg über den X-Boulevard nehmen, aber auch den über die Y-Allee. Mein Vorschlag wäre die Y-Allee, weil es dort zurzeit weniger Baustellen gibt. Was wäre Ihnen am liebsten?"

Auf den Punkt gebracht:

Zu Beginn des Coachings regt der Coach den Coachee an, sich Klarheit darüber zu verschaffen, welches Ziel er mithilfe des Coachings erreichen will. Klienten erzählen daraufhin meist, was sie nicht mehr wollen oder welche Wünsche sie haben. Der Coach unterstützt sie dann dabei, aus diesen Wünschen konkrete und messbare Ziele zu formulieren.

Ziele sind in der Zukunft liegende angestrebte Zustände, die in positiven Worten klar, konkret und bildhaft beschrieben und mit einem Termin versehen sind.

Engpass identifizieren

Ist das Ziel klar, kann das Coaching starten. Zu Beginn gibt der Coach dem Klienten erst einmal Raum, um von seinen Herausforderungen zu erzählen. Dann unterstützt er ihn dabei, diese zu gruppieren und zu priorisieren und den zentralen „Knoten", mit dem alle Schwierigkeiten zusammenhängen und der zuerst gelöst werden muss, damit es wieder „flutscht", zu identifizieren. Dabei leistet das Modell der logischen Ebenen nach Robert Dilts (siehe Kapitel III.2.) gute Dienste.

Dilts unterscheidet sechs Ebenen, auf denen Veränderung stattfinden kann:

Veränderungs-ebenen nach Dilts

1. Spiritualität und Sinn;
2. Identität und Zugehörigkeit;
3. Werte und Überzeugungen;
4. Fähigkeiten, Wissen, Ressourcen;
5. Verhalten;
6. Umgebung, Kontext, Rahmenbedingungen.

Basierend auf dem, was der Coach vom Klienten gehört hat, trifft er eine Einschätzung darüber, auf welcher Ebene der zentrale „Knoten" beziehungsweise der Haupt-Engpass zu liegen scheint, und bittet den Klienten seinerseits um eine Bewertung. Wenn die beiden in ihrer Beurteilung nicht übereinstimmen, folgt der Coach der Einschätzung des Klienten – getreu der systemischen Grundhaltung, dass der Klient der Experte für sein Leben ist und sein „System" selbst am besten kennt.

Eine Klientin – Ende 40, geschieden, kinderlos, im kaufmännischen Bereich bei einem mittelständischen Unternehmen angestellt – berichtet, sie jongliere sich so durchs Leben. Ihre Arbeit mache ihr keinen Spaß. Außerdem würde eine Kollegin immer wieder intrigieren. Und ihren Vorgesetzten, den Geschäftsführer, könne sie auch nicht wirklich respektieren. Fachlich halte sie ihn zwar für kompetent, aber sein Führungsverhalten

Beispiel

sei völlig unmöglich. Die Situation auf der Arbeit sei alles andere als er-
füllend und belaste sie immer mehr, aber in ihrem Alter sei es ja nicht
mehr so leicht, noch eine neue Stelle zu finden und den Arbeitgeber zu
wechseln. Und mit den Männern sei es auch schwierig.

Als sie vom Coach gefragt wird, auf welcher Ebene sich ihr Problem bewe-
ge, sagt sie nach etwas Überlegung: „Ganz oben, auf der Ebene des Sinns.
Mir fehlt der Sinn – die Erfüllung in dem, was ich tue, und im Leben insgesamt." Nach einer Pause fügt sie hinzu: „Und das hat Auswirkungen
auf meine Identität, denn ich stehe nicht so wirklich zu mir. Und auf
mein Verhalten hat es sich auch schon ausgewirkt." Der Coach teilt ihre
Einschätzung und ergänzt noch erläuternd, dass ihre Antwort eine Kern-
aussage des Modells unterstreicht, nämlich dass die oberen Ebenen eine
große Hebelwirkung haben und in die unteren hineinwirken.

Auf den Punkt gebracht:

Ist das Ziel klar, gibt der Coach dem Klienten Gelegenheit,
von seinen Herausforderungen zu erzählen. Der Coach hört
gut zu und unterstützt den Coachee dann dabei, seine Themen zu gruppieren und zu priorisieren und den zentralen
„Knoten" zu lokalisieren, mit dem alle Schwierigkeiten verbunden sind. Dabei bedient er sich des Modells der logischen Ebenen von Robert Dilts.

EMotion anstoßen

Sind das Ziel und der aktuelle Haupt-Engpass klar, geht es darum, Lösungen zu entwickeln und zu bewerten, Entscheidungen zu treffen und konkrete Handlungsschritte zu überlegen und in Gang zu bringen. In anderen Worten: Es geht darum, den Klienten anzuregen, sich in Bewegung zu setzen und die für das Erreichen des Ziels erforderlichen Änderungen einzuleiten.

Bei der Wahl seiner Interventionen kann sich der Coach wieder an den logischen Ebenen von Robert Dilts orientieren. Aus der Einschätzung der Ebene, auf der sich der aktuelle Haupt-Engpass befindet, ergeben sich nämlich Hinweise für die Art der vermutlich hilfreichen Interventionen (siehe Kapitel III.2.).

Wenn ein Klient im Unklaren darüber ist, was ihn als Mensch ausmacht **Beispiel**
und in welche Richtung er sich beruflich weiterentwickeln soll und will, ist es sehr wahrscheinlich, dass der Engpass auf der Ebene der Identität liegt.

Da die höheren Ebenen in die darunterliegenden hineinwirken, dürfte eine Intervention auf der übergeordneten Sinn-Ebene in diesem Fall die größte Hebelwirkung haben. Der Coach könnte den Klienten auf dieser Ebene zum Beispiel fragen: „Was liegt Ihnen leidenschaftlich am Herzen?" Oder: „Was möchten Sie auf dieser Welt beitragen, bevor Sie sie eines Tages wieder verlassen?"

Abhängig von der Ebene des Engpasses können sich die Interventionen des Coachs auf das Umfeld des Klienten, auf sein Verhalten, seine Fähigkeiten, seine Überzeugungen und Werte, seine Identität sowie den übergeordneten Sinn beziehen.

Erfolg messen

Skalierungs-fragen

Mithilfe von Fragen wie „Auf einer Skala von 1 bis 10, wenn 1 für ‚der erste Schritt in Richtung Ziel ist getan' und 10 für ‚Ziel ist voll und ganz erreicht' steht, wo stehen Sie in diesem Moment?", gefolgt von „Wie haben Sie das möglich gemacht?" und „Was ist der Unterschied zwischen ... (5) und ... (4)?" regt der Coach den Klienten an, zu schauen, wo er mit Blick auf sein Ziel gerade steht, und den Erfolg zu messen. Fragen wie beispielsweise „Was tun Sie ander(e)s, wenn Sie auf einer ... (6) stehen?" und „Was möchten Sie sich jetzt konkret vornehmen, um voranzukommen?" bringen Ideen für weitere hilfreiche Aktivitäten hervor und helfen dem Klienten, sich auf sein Ziel zuzubewegen.

Wenn ein Klient mithilfe solcher Skalierungsfragen (Details dazu in Kapitel III.2., Abschnitt „Systemisch-lösungsorientierte Interventionen") darüber nachdenkt, wo er gerade steht, ist es durchaus möglich, dass ihm dabei weitere Engpässe bewusst werden. Hat der Klient im vorangegangenen Beispiel eine Antwort darauf gefunden, was ihm leidenschaftlich am Herzen liegt und was er auf dieser Welt beitragen will, ist seine neue große Frage vielleicht die, wie er das nun in die Tat umsetzen kann. Dann wäre der neue Engpass auf der Ebene der Strategien.

Es ist auch denkbar, dass ein Klient beim Reflektieren seines Status quo zu dem Schluss kommt, dass er sein Ziel aufgeben oder verändern will. Dies passiert etwa dann, wenn Klienten realisieren, dass das Ziel (doch) keine Anziehungskraft (mehr) auf sie ausübt, nachdem sie es eine Weile verfolgt haben.

Auf den Punkt gebracht:

Mithilfe von Skalierungsfragen regt der Coach den Klienten an, zu schauen, wo er im Hinblick auf das angestrebte Ziel gerade steht, wie er das geschafft hat, was anders wäre, wenn er noch weiter wäre, und welche konkreten Aktivitäten ihn dahin bringen.

Es kommt vor, dass Klienten dabei feststellen, dass sie ihr Ziel nicht weiter verfolgen, sondern verändern oder aufgeben wollen. Dann unterstützt der Coach sie dabei, das Ziel entsprechend ihren neuen Erkenntnissen zu modifizieren oder ein neues Ziel zu formulieren.

Ernte einfahren

Rückt das Ende des für das Coaching vereinbarten Zeitrahmens näher, regt der Coach den Coachee an, die „Ernte einzufahren". Dazu stellt er ihm Fragen wie „Was nehmen Sie aus diesem Coaching für sich mit?" oder „Wofür möchten Sie sich selbst Anerkennung aussprechen?". Außerdem würdigt er die Anstrengungen und Ergebnisse des Coachees.

Abschließend bittet der Coach den Coachee noch um ein Feedback, etwa indem er ihn fragt: „Was hätte ich vielleicht anders machen können, damit das Coaching noch hilfreicher für Sie gewesen wäre?" Ist das Coaching insgesamt abgeschlossen, bittet er ihn außerdem um eine schriftliche Evaluation.

Gegen Ende des Coachings regt der Coach den Coachee an, die „Ernte einzufahren" und sich bewusst zu machen, was er im Coaching erreicht hat. Der Coach würdigt die Anstrengungen des Coachees und bittet ihn außerdem um ein Feedback.

Sitzungen vor- und nachbereiten

Ein Coach, der mehrere Menschen begleitet, kann sich unmöglich von allen Klienten merken, was in den einzelnen Sitzungen im Detail besprochen wurde – zumal die Sitzungen häufig etliche Wochen auseinanderliegen. Es ist Coachs daher sehr zu empfehlen, ihre Coaching-Sitzungen direkt im Anschluss nachzubereiten, wenn die Erinnerungen noch ganz frisch sind.

Professionelle Coachs machen sich während des Coachings Notizen und räumen im Anschluss an eine Sitzung ausreichend Zeit ein, um diese zu reflektieren.

Professionelle Coachs halten die Ergebnisse des Coachings fest, zum Beispiel Aussagen und Selbstverpflichtungen des Klienten; ebenso aber auch ihre Beobachtungen und Eindrücke (nicht nur vom Klienten, sondern auch von sich selbst! – siehe Kapitel II.3., Abschnitt „Gewaltfrei kommunizieren") sowie ihre Ideen für ein mögliches Vorgehen in der nächsten Sitzung. Falls sie mit Flipchart, Bodenankern oder dergleichen gearbeitet haben, machen sie Fotos und nehmen diese zu den Unterlagen. Die Aufzeichnungen dienen als Gedächtnisstütze und Qualitätskontrolle und erleichtern die eigene Supervision.

Wenn Coachs Teile ihrer Aufzeichnungen ihren Klienten zur Verfügung stellen, können diese sie nutzen, um die Sitzung ihrerseits ebenfalls zu reflektieren und dabei weitere / tiefer gehende Erkenntnisse zu gewinnen.

Für die Vor- und Nachbereitung der Sitzungen sollten Coachs ausreichend Zeit einplanen. Wie bereits in Kapitel I.7. aufgeführt, kann man mit einem Faktor von 2,66 rechnen, wenn man den tatsächlichen Zeitaufwand für ein professionelles Business-Coaching ermitteln will (Dembkowski 2011). **Zeitaufwand**

Auf den Punkt gebracht:

Professionelle Coachs machen sich während der Sitzungen Notizen und räumen im Anschluss ausreichend Zeit ein, um die Sitzung zu reflektieren und nachzubereiten. Dabei halten sie die Ergebnisse des Coachings ebenso fest wie ihre Wahrnehmungen – einschließlich ihrer Wahrnehmungen von sich selbst während der Sitzung! – und Ideen für die Fortführung des Coachings. Direkt vor einer Sitzung lesen sie sich ihre Aufzeichnungen dann noch einmal durch und rufen sich in Erinnerung, was alles war.

Dies ist zeitaufwendig, trägt aber sehr zur Effektivität und Qualität des Coachings bei. Wenn Coachs Teile ihrer Aufzeichnungen den Klienten zu Verfügung stellen, können diese ihre Erkenntnisgewinne noch weiter vertiefen.

2. Coaching-Tools

Sie wissen nun, wie ein Coaching ablaufen kann – und fragen sich jetzt vielleicht, was in den Sitzungen konkret passiert. Dies möchten wir im folgenden Abschnitt näher beleuchten und Ihnen den versprochenen Einblick in den „Werkzeugkoffer" eines Coachs gewähren. Bei den aufgeführten Tools handelt es sich um eine kleine Auswahl der Instrumente, derer wir uns in unserer Coaching-Praxis bedienen. Es gibt noch viele weitere Coaching-Tools, die hier nicht aufgeführt werden. Mit dem beschriebenen „Werkzeugkoffer" ist ein Coach aber schon sehr gut ausgestattet. Die Tools sollen dem Coach die Arbeit erleichtern; sie können aber nicht die für ein erfolgreiches Coaching erforderliche persönliche Qualifikation ersetzen: eine von Vertrauen, Wertschätzung, Wohlwollen, Offenheit und ernsthaftem Interesse geprägte Grundhaltung und die Fähigkeit, sich selbst bewusst wahrzunehmen und zu regulieren und die Emotionalisierung des Coachees zu steuern.

In unserer Praxis kommen die Tools manchmal auch in modifizierter Form zum Einsatz, zum Beispiel nur Teile davon oder in Kombination mit anderen Instrumenten oder mit abgewandelten Details. Damit Sie die Tools für Ihr Coaching oder Selbst-Coaching nutzen können, haben wir uns aber Mühe gegeben, sie möglichst präzise im Sinne einer „Schritt-für-Schritt-Anleitung für Neulinge" zu beschreiben.

Den Anfang machen wir mit einem Tool, das wir in Kapitel III.1., im Abschnitt „Entschluss herbeiführen" bereits ein Stück weit beschrieben haben. Da eine saubere Auftragsklärung essenziell für ein erfolgreiches Coaching ist, haben wir uns entschieden, dem Thema hier noch etwas ausführlicher Raum zu geben – und nehmen in Kauf, dass wir uns dabei teilweise wiederholen. Aber Wiederholungen tragen ja dazu bei, dass sich etwas mehr und mehr einprägt ...

Auftragsklärung

Dieses „Werkzeug" dient der Klärung der Frage, ob dem poten- **Kurz-**
ziellen Klienten wirklich mit Coaching gedient ist. Und, falls ja, **beschreibung**
ob alle Beteiligten (der Coach, der potenzielle Klient sowie der
Sponsor bei unternehmensbezahltem Coaching) sich eine Zusammenarbeit vorstellen können. Und, wenn dies bejaht wird,
wie diese aussehen könnte.

Eine Auftragsklärung empfiehlt sich grundsätzlich immer und **Anwendungs-**
bei allen Arten von Anfragen. Dies schon deshalb, weil die Be- **bereiche**
griffe Coaching, Training, Schulung, Beratung, Mediation usw.
teilweise synonym verwandt werden und oft unklar ist, was man
sich konkret darunter vorzustellen hat beziehungsweise die
Vorstellungen recht unterschiedlich sein können. Daher sollte
geklärt werden, was sich der potenzielle Klient vorstellt.

Jemand fragt wegen eines „Präsentationstrainings" an. Ihm kann jedoch **Beispiel**
mit einem Coaching viel besser geholfen werden als mit einem Training,
wenn er bereits weiß, worauf bei Präsentationen zu achten ist, dies aber
nicht umsetzen kann, weil er beispielsweise hinderliche Überzeugungen
in sich trägt (etwa „ich bin ja nur ein kleines Licht, andere wissen viel
mehr als ich").

Eine Auftragsklärung ist auch deshalb unverzichtbar, weil sich
die Wahrscheinlichkeit einer für alle Beteiligten positiven Erfahrung signifikant erhöht, wenn vorab geklärt wird, ob Coaching überhaupt passend ist, beide Parteien sich wohl miteinander fühlen, die „Chemie" stimmt und die Vorstellungen zum
Ablauf übereinstimmen. In anderen Worten: Die Auftragsklärung trägt sehr dazu bei, dass sich die Zusammenarbeit im Gewinner-Dreieck (siehe Kapitel II.2.) bewegt – sofern man es miteinander wagt.

Der Coach gewinnt Klarheit darüber, ob er dem potenziellen **Zielsetzung**
Klienten helfen kann und will. Falls ja, bekommt er eine erste
Orientierung darüber, wie ein mögliches Vorgehen aussehen

könnte. Der potenzielle Klient wiederum gewinnt einen Eindruck davon, was ihn in einem Coaching mit diesem Coach erwarten wird und wie sich das für ihn anfühlt. In der Interaktion mit dem Coach spürt er, inwieweit er bereit ist, sich diesem anzuvertrauen. Dies erleichtert ihm die Entscheidung für oder gegen eine Zusammenarbeit.

Ausführliche Beschreibung

Der Coach erhält eine Anfrage von einem potenziellen Klienten. Dieser berichtet, er stehe vor diversen Herausforderungen und denke darüber nach, sich von einem Coach unterstützen zu lassen. Der Coach vereinbart einen (kostenfreien) persönlichen oder telefonischen Gesprächstermin mit ihm zur Auftragsklärung.

Um herauszufinden, ob er dem potenziellen Klienten helfen kann und will, stellt der Coach diesem eine Reihe von Fragen, die geeignet sind, ihm einen Einblick zu geben, wie der Betreffende seine Situation erlebt, was er bereits unternommen hat, wodurch der Wunsch nach einem Coaching ausgelöst wurde, was er mithilfe des Coachings erreichen will und wie er sich ein Coaching vorstellt. Hilfreich können die auf Seite 147 aufgeführten Fragen sein.

Wie bereits oben beschrieben, agiert der Coach im Auftragsklärungsgespräch wie in einer „echten" Coaching-Sitzung: Er stellt Fragen, hört empathisch zu und fasst gelegentlich zusammen, was er verstanden hat. Außerdem beantwortet er selbstverständlich Fragen des potenziellen Klienten.

Bei unternehmensbezahltem Coaching gibt es häufig zwei Auftragsklärungsgespräche: eines mit demjenigen, der das Coaching zu zahlen gewillt ist (der potenzielle Sponsor), und eines mit demjenigen, der das Coaching in Anspruch nehmen darf (der potenzielle Klient). Manchmal gibt es zusätzlich noch ein gemeinsames Treffen mit allen am Prozess Beteiligten, also mit dem Coach, dem potenziellen Klienten, dessen Vorgesetzten und/oder einem Personaler. Es kommt aber auch vor, dass der

Coach ohne weitere Gespräche mit dem Sponsor von diesem sofort eine Auftragsbestätigung und einen Vertrag zugeschickt bekommt, nachdem der Klient „grünes Licht" für eine Zusammenarbeit gegeben hat. Das Thema des Coachings schriftlich im Vertrag festzuhalten ist üblich; die Form und der Detaillierungsgrad können aber variieren.

Um „Fallstricke" (wie unter III.1., Abschnitt „Entschluss" skizziert) zu vermeiden, sollte der Coach sich gut prüfen, bevor er einen Auftrag annimmt. Um zu einer Entscheidung zu kommen, ist es hilfreich, wenn er sich gegen Ende des Auftragsklärungsgesprächs oder im Anschluss daran die auf Seite 148 angeführten Fragen stellt.

Kommt der Coach zu dem Schluss, dass eine andere Form von Unterstützung hilfreicher sein könnte als ein Coaching oder er kein geeigneter Partner für den Anfragenden ist, teilt er ihm dies aufrichtig mit (mit Nennung der Gründe) und spricht möglichst eine Empfehlung für eine andere Form von Unterstützung und/oder einen Kollegen aus, damit der Anfragende nicht „im Regen stehen bleibt": „Ich bin zögerlich, das Coaching zu übernehmen, weil ... Können Sie das nachvollziehen? ... Ich möchte Ihnen empfehlen, ... in Erwägung zu ziehen. Wie ist das für Sie?"

Kann der Coach sich eine Zusammenarbeit vorstellen, teilt er dies dem potenziellen Klienten selbstverständlich ebenfalls mit – verbunden mit der Frage an diesen, wie es ihm bei der Vorstellung einer Zusammenarbeit geht: „Ich kann mir gut vorstellen, Sie bei Ihrem Anliegen ... zu unterstützen. Sie ebenfalls?"

Können sich beide Seiten auf die gemeinsame Arbeit einigen, wird in der Regel ein schriftlicher Vertrag geschlossen (siehe Seite 149 ff.). Außerdem gibt der Coach dem Klienten eine erste Idee davon, wie das Vorgehen aussehen könnte und welches seiner Angebote (ein bestimmtes Coaching-Paket oder dergleichen) seiner Einschätzung nach am vorteilhaftesten für den Klienten ist: „Basierend auf dem, was ich von Ihnen gehört habe, denke ich, dass es sinnvoll wäre, wenn wir so vorgehen, dass wir zunächst A und dann B machen. Ich schätze, dass dafür X Sitzungen erforderlich sein werden. Wie hört sich das für Sie an?" ... „Dann denke ich, dass mein Y-Angebot am vorteilhaftesten für Sie wäre. Wie ist das für Sie?"

Voraussetzungen/ Kenntnisse

Die beschriebene Art der Auftragsklärung setzt voraus, dass der Coach darin geübt ist, Menschen Fragen zu stellen, die sie ins Denken bringen. Und dass er ihnen sehr präsent und empathisch zuhören und das Gesagte gelegentlich zusammenfassen und fragend an sie zurückgeben kann.

Kommentar/ Erfahrungen

Bei dieser Art von Auftragsklärung steht nicht der Coach im Mittelpunkt, sondern der Coachee. Es geht nicht darum, dass der Coach sich präsentiert; stattdessen wird der Coachee wie bei einem „normalen" Coaching angeregt, sein Thema von verschiedenen Blickwinkeln zu beleuchten. Dabei ist es durchaus möglich, dass der Anfragende bereits im Rahmen des Auftragsklärungsgesprächs Lösungen entwickelt, die (weitere) Coaching-Sitzungen obsolet machen. Kurzfristig betrachtet mag dies für den Coach nachteilig sein, da er dann keine Einnahmen generiert. Langfristig betrachtet dürfte es für ihn jedoch von Vorteil sein, da der Betreffende ihn vermutlich weiterempfehlen wird und/oder sich selbst wieder an ihn wenden wird, falls später ein erneuter Bedarf entsteht.

Anstelle eines Telefonats oder eines persönlichen Gesprächs kann die Auftragsklärung auch (ganz oder teilweise) online erfolgen.

Die beschriebene Form der Auftragsklärung kann in leicht modifizierter Form auch bei Anfragen für Team-Coachings, Trainings, Konfliktklärungs-Workshops eingesetzt werden. Klient ist dabei das Team inklusive Führungskraft, wobei die Führungskraft in der Regel zugleich der Sponsor ist. Im Auftragsklärungsgespräch mit dem Sponsor sollten diesem zusätzlich zu den bereits genannten Fragen zum Beispiel noch die folgenden gestellt werden:

- Worin sehen Sie Ihre eigene Beteiligung an der derzeitigen Situation? Welche Vorwürfe machen Sie sich vielleicht selber?
- Was erwarten Sie an Kritik Ihrer Person gegenüber?
- Wissen die Betroffenen, dass Sie ... (ein Team-Coaching) planen? ... Wie fühlen sie (die von der geplanten Maßnahme Betroffenen) sich vermutlich bei dem Gedanken an Ihr Vorhaben?

Die Auftragsklärung dauert im Schnitt zwischen zwanzig Minuten und einer Stunde. Hilfreich sind Papier und Stift zum Mitschreiben.

Technische Hinweise

Auf den Punkt gebracht:

Die Auftragsklärung hat den Sinn und Zweck, zu klären, ob dem Anfragenden mit einem Coaching wirklich gedient ist, ob der Coach ein guter Partner für ihn und sein Anliegen ist und ob der potenzielle Klient sich beim Coach gut aufgehoben fühlt. Sie ist unverzichtbar, weil sie die Wahrscheinlichkeit einer für alle Beteiligten positiven Erfahrung signifikant erhöht.

Es ist möglich, dass der Anfragende bereits im Rahmen der Auftragsklärung so viel Klarheit gewinnt, dass es eines weiteren Coachings nicht mehr bedarf. Dies ist kurzfristig betrachtet ökonomisch nachteilig, langfristig aber vermutlich vorteilhaft, da der Anfragende den Coach mit hoher Wahrscheinlichkeit wieder konsultieren und weiterempfehlen wird.

Plus-Minus-Aufstellung

Kurzbeschreibung Die Plus-Minus-Aufstellung ist ein einfaches, aber effektives Tool zur Standortbestimmung. Dem Klienten wird bewusst, was er derzeit in den verschiedenen Bereichen seines Lebens als positiv und negativ empfindet. Dadurch fällt es ihm leichter, festzulegen, wohin er will.

Anwendungsbereiche Das Tool eignet sich besonders dann, wenn Klienten nicht wissen, was sie eigentlich möchten – wenn sie anstelle von klaren Zielen nur „Nebel" sehen. Damit sie leichter herausfinden können, wohin sie künftig gehen wollen, ist es hilfreich, sie zunächst einmal dabei zu unterstützen, festzustellen, wo sie gerade stehen.

Zielsetzung Der Klient erkennt, was er derzeit alles als stärkend und positiv erlebt und was eher als kraftzehrend und negativ. Er wird aufgefordert, Entscheidungen zu treffen und konkrete Schritte zu überlegen, die er als Konsequenz aus seiner Plus-Minus-Aufstellung gehen will.

Ausführliche Beschreibung Im ersten Schritt wird der Klient angeregt, in den für ihn relevanten Lebensbereichen gezielt die guten und die weniger guten Punkte zu finden. Wichtige Lebensbereiche sind häufig die folgenden:

- Beruf und Karriere,
- Familie und Partnerschaft,
- Finanzen,
- Gesundheit und Wohlergehen,
- persönliche Weiterentwicklung,
- Freunde und Beziehungen,
- Freizeit und Hobbys,
- Spiritualität und Sinn.

Der Coach unterstützt den Coachee durch entsprechende Fragen zu den für ihn relevanten Lebensbereichen und notiert das Gesagte für ihn in einer (zur leichten Orientierung farbig markierten) Tabelle mit. Hilfreiche Fragen sind zum Beispiel die folgenden:

Plus-Punkte:
- Was empfinden Sie beim Gedanken an … (Lebensbereich, zum Beispiel Beruf, Familie, Finanzen) als positiv?
- Was bringt Ihnen Freude und Zufriedenheit, wenn Sie an … (Lebensbereich) denken?
- Wofür sind Sie im Hinblick auf … (Lebensbereich) dankbar?

Minus-Punkte:
- Was ist nicht so schön in … (Lebensbereich)?
- Was erleben Sie als unangenehm in … (Lebensbereich)?
- Was kostet Sie in … (Lebensbereich) zu viel Kraft?

Nachdem sich der Coachee bewusst gemacht hat, was er in den für ihn relevanten Lebensbereichen konkret als positiv und weniger positiv empfindet, wird er vom Coach angeregt, Entscheidungen zu jedem der gefundenen Plus- und Minus-Punkte zu treffen. Dazu geht der Coach mit dem Coachee die gefundenen Punkte durch und fragt den Coachee bei jedem Punkt, was genau er damit machen will:

- ME = Davon will ich MEHR.
- GE = Das will ich mehr GENIESSEN.
- BL = Das soll so BLEIBEN, wie es ist.
- AK = Das will ich AKZEPTIEREN lernen.
- ÄN = Das will ich ÄNDERN.
- SP = Das will ich SPÄTER ÄNDERN.
- NA = Darüber will ich NACHDENKEN.

In Abhängigkeit von den Antworten des Coachees werden die einzelnen Plus- und Minus-Punkte dann mit dem entsprechenden Kürzel versehen, wie im folgenden Beispiel dargestellt.

Beispiel

Kürzelteil	Beruf: Plus-Punkte?	Kürzelteil	Beruf: Minus-Punkte?
GE	Ich bin mit Menschen zusammen, die mir sympathisch sind.	ÄN	Ich verdiene noch nicht so viel Geld, wie ich es mir wünschen würde.
GE	Ich kann meine Zeit frei nach meinen Bedürfnissen einteilen.	ÄN	Es fällt mir schwer, meine Arbeit vor anderen zu präsentieren.
ME	Ich empfinde meine Arbeit überwiegend als sinnvoll und sie macht mir größtenteils auch Spaß.	SP	Beim Thema ... fühle ich mich manchmal noch unsicher; da hätte ich gerne noch mehr Knowhow.

Abschließend wird der Klient angeregt, ein Fazit aus seiner Plus-Minus-Aufstellung zu ziehen und konkrete Handlungsschritte daraus abzuleiten. Der Coach stellt ihm dafür zum Beispiel folgende Fragen:

- Was können Sie in Ihrer Plus-Minus-Aufstellung erkennen?
- Wenn Sie sich Ihre Plus-Minus-Aufstellung noch mal anschauen, was wäre der nächste logische Schritt für Sie?
- Was möchten Sie sich als Resultat Ihrer Plus-Minus-Aufstellung jetzt konkret vornehmen?

Voraussetzungen/ Kenntnisse

Um dazu beizutragen, dass Klienten nicht nur die offensichtlichen Dinge benennen, sondern (besonders bei den Minus-Punkten) bereit sind, tiefer zu „graben", statt Unangenehmes (weiter) zu verdrängen, ist es hilfreich, wenn der Coach in einer sehr präsenten, wohlwollenden und urteilsfreien Haltung agiert, dem Klienten Zeit und Raum gibt, damit er in sich hineinspüren kann, und immer wieder liebevoll nachfragt („Und was erleben Sie *noch* als kraftraubend, wenn Sie an ... denken?"). Eigene Erfahrungen mit der Plus-Minus-Aufstellung fördern sein Verständnis für die mögliche Tendenz, Unangenehmes aus Angst (weiter) deckeln zu wollen.

Kommentar/ Erfahrungen

Damit nicht nur offensichtliche Antworten kommen, sondern auch solche, die dem Klienten in dieser Klarheit bisher noch nicht bewusst waren, ist es wichtig, ihm in einer sehr wohlwollenden und urteilsfreien Haltung zu begegnen und ihm Zeit und Raum zu geben, damit er tiefer gehend mit sich in Verbindung kommt.

Die Plus-Minus-Aufstellung eignet sich auch gut als Selbst-Coaching-Tool und kann Klienten daher als „Hausaufgabe" gegeben werden. In diesem Fall sollte man mit dem Klienten besprechen, welche Lebensbereiche für ihn relevant sind, und ihm einige Fragen mitgeben, die er an sich selbst richten kann. Außerdem sollte man ihn darauf hinweisen, wie wichtig es ist, dass er sich Zeit lässt und ehrlich mit sich ist und sich die Fragen mehrmals stellt, damit auch Punkte hochkommen, die er bisher unbewusst verdrängt hat.

Technische Hinweise

In Abhängigkeit von der Anzahl an Lebensbereichen, die betrachtet werden, dauert die Plus-Minus-Aufstellung zwischen einer halben Stunde und zwei Stunden. Eine Tabelle (siehe Beispiel) kann die Orientierung erleichtern.

Die Plus-Minus-Aufstellung kann aber auch ganz ohne Tabelle und Schreiben erstellt werden: Dazu bittet der Coach den Coachee, einen Gegenstand zu wählen, der bezogen auf den ausgewählten Lebensbereich Positives für ihn verkörpert, und einen weiteren Gegenstand, mit dem er Negatives verbindet. Der Klient wird dann gebeten, aufzustehen und die beiden Gegenstände vor sich auf den Boden zu legen – nebeneinander mit etwas Abstand dazwischen. Nun legt der Coach vor jeden Gegenstand je drei Moderationskarten (mit einem Fußbreit Abstand dazwischen): eine Karte mit der Aufschrift „Körper", eine mit „Geist" und eine mit „Seele". Der Klient wird gebeten, sich vor den als negativ empfundenen Gegenstand zu stellen, sich den Lebensbereich bewusst zu machen, den er näher beleuchten möchte, sich dann vor die „Körper-Karte" zu stellen und in sich hineinzuspüren, welche Gefühle und Gedanken dazu in ihm hochkommen. Dann folgt dasselbe für die „Geist-" und die „Seele-Karte". Anschließend beginnt alles von vorne, aber dieses Mal für die positiven Aspekte des Lebensbereichs. Bei dieser Art von Plus-Minus-Aufstellung kommen Klienten leicht ins Spüren, da der ganze Körper einbezogen wird. Der Coach begleitet sie auf dem Weg durch die auf dem Boden liegenden Karten, still empathisch seitlich neben ihnen stehend, damit sie mit sich in Verbindung kommen, und stellt nur gelegentlich eine Frage. Hilfreich können zum Beispiel Fragen folgender Art sein:

Minus-Punkte:
- Was macht Ihnen in ... (Lebensbereich) körperlich zu schaffen?
- Was erschöpft Sie geistig in ... (Lebensbereich)?
- Was zehrt in ... (Lebensbereich) seelisch an Ihnen?

Plus-Punkte:
- Was stärkt Sie in ... (Lebensbereich) körperlich?
- Was inspiriert Sie geistig in ... (Lebensbereich)?
- Was tut Ihrer Seele im Hinblick auf ... (Lebensbereich) gut?

Auf den Punkt gebracht:

Die Plus-Minus-Aufstellung ist ein Coaching-Tool, das hilfreiche Dienste leisten kann, wenn Menschen unzufrieden sind, aber nicht sagen können, was sie eigentlich wollen. Wenn man herausfinden will, wo es in Zukunft hingehen soll, ist es hilfreich, zunächst festzustellen, wo man im Mo-

---

ment steht. Die Klienten werden angeregt, „Inventur zu machen" und zu erforschen, wie zufrieden sie mit den einzelnen Bereichen ihres Lebens sind – was genau sie stärkt und was sie eher schwächt. Ist alles beleuchtet worden, werden sie aufgefordert, ein Fazit zu ziehen und konkrete Schritte festzulegen, die sie gehen wollen, um ihre Situation zu verbessern.

Die logischen Ebenen

Das von Robert Dilts entwickelte Modell der logischen (oder auch neuro-logischen) Ebenen geht davon aus, dass sich das Leben von Menschen und Systemen auf verschiedenen Ebenen beschreiben und verstehen lässt: auf der Ebene der Umgebung, des Verhaltens, der Fähigkeiten, der Werte und Überzeugungen, der Identität und der Spiritualität (Dilts 2005, S. 19). Veränderung kann auf jeder dieser Ebenen stattfinden. Wir können unsere Umgebung ändern, unser Verhalten, unsere Überzeugungen und so weiter. Je nach Situation und Bedürfnissen des Klienten ist der Coach gefordert, auf einer oder mehreren Ebenen Unterstützung zu leisten.

Kurzbeschreibung

Die logischen Ebenen eignen sich sehr gut zur Klärung der Frage, auf welcher Ebene der aktuelle Entwicklungs-Engpass des Klienten liegt (siehe Kapitel III.1., Abschnitt „Engpass") und wo die Veränderungsarbeit demzufolge ansetzen sollte. Des Weiteren bieten sie dem Coach einen Leitfaden für mögliche Interventionen, denn je nach Situation und Bedürfnislage des Klienten ist er in unterschiedlichen Rollen gefordert, zum Beispiel als Caretaker, Guide, Mentor oder Awakener (Dilts 2005, S. 22–26).

Anwendungsbereiche

Der Klient erkennt, auf welcher Ebene sein aktueller Entwicklungsengpass liegt und welche Art von Veränderung (Änderung seines Verhaltens, seiner inneren Einstellung, seines Selbst-

Zielsetzung

bilds, ...) demzufolge erforderlich ist. Der Coach bekommt zudem eine Orientierung, welche Interventionen vermutlich hilfreich sind.

Ausführliche Beschreibung Der Coach kann das Modell der logischen Ebenen im Hinterkopf haben und quasi „verdeckt" mit ihm arbeiten, um Impulse für hilfreiche Interventionen zu bekommen. Er kann es aber auch dem Klienten vorstellen und diesen einbinden, indem er ihm das Modell zeigt oder ihn anleitet, es selbst auf einem Blatt Papier aufzumalen (etwa bei einem Telefon-Coaching). Hier das Modell:

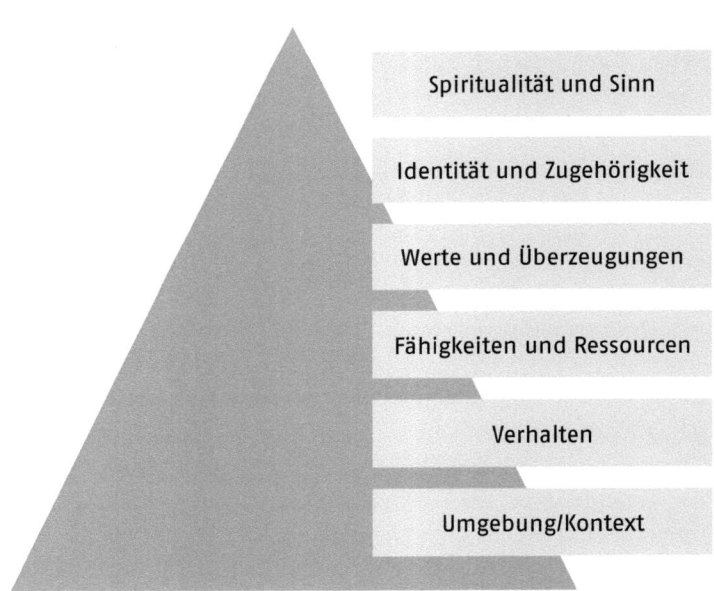

Schaubild 6: Das Modell der logischen Ebenen von Robert Dilts

Spiritualität und Sinn

Identität und Zugehörigkeit

Werte und Überzeugungen

Fähigkeiten und Ressourcen

Verhalten

Umgebung/Kontext

Mit der Ebene der Umgebung sind die Rahmenbedingungen gemeint, unter denen sich der Coachee bewegt. Verhaltensfaktoren sind seine Handlungen. Fähigkeiten und Ressourcen sind zum Beispiel Kompetenzen, die man mitbringt, aber auch materielle Ressourcen oder Kontakte, auf die man zurückgreifen kann. Bei den Werten und Überzeugungen geht es um die tiefere Motivation, aus der heraus wir auf eine bestimmte Weise handeln. Mit Identität und Zugehörigkeit ist gemeint, wie wir uns selbst wahrnehmen und wem wir uns verbunden fühlen. Und auf der Ebene der Spiritualität und des Sinns geht es um den Sinn, den wir einer Sache geben.

Eine Veränderung auf einer höheren Ebene hat eine große Hebelwirkung in die tieferen Ebenen hinein.

Eine Klientin, Ende 30, in einer mittleren Führungsfunktion tätig, **Beispiel** kommt mit folgendem Anliegen ins Coaching: Sie erlebe das Arbeitsverhältnis zu ihrem Vorgesetzten als sehr angespannt. Die Kommunikation sei schlecht und es gäbe unterschiedliche Sichtweisen über Arbeitsergebnisse. Sie möge ihn auch als Mensch nicht und seinen Führungsstil ebenfalls nicht. In einem Gespräch habe er ihr vor Kurzem mitgeteilt, dass er mit ihr nicht zufrieden sei. Sie sei geschockt und sprachlos gewesen. Mithilfe des Coachings wolle sie sich auf ein Gespräch mit ihm vorbereiten, welches vermutlich über ihre Zukunft im Unternehmen entscheide; sie müsse auch damit rechnen, dass er versuchen werde, sie loszuwerden. Als Ziel für das Coaching formuliert sie: „Bis zum … bin ich mir meiner Stärken wieder bewusst und habe so viel Selbstvertrauen in meine Person, dass ich mit einem zuversichtlichen Gefühl in das Gespräch mit meinem Vorgesetzten hineingehe."

Der Coach stellt das Modell der logischen Ebenen vor und erörtert mit ihr, auf welcher Ebene der aktuelle Engpass liegt. Der Klientin wird dabei bewusst, dass es im Kern um ihr Selbstbild, also ihre Identität geht. Sie wisse zwar eigentlich, was sie könne, aber durch die negativen Erfahrungen mit ihrem Vorgesetzten sei sie immer unsicherer geworden und ins Zweifeln gekommen, wer sie eigentlich sei und wo sie wirklich stehe. Ihr Selbstwertgefühl sei ziemlich angeknackst und ihr Selbstvertrauen schwanke.

Der Coach schlägt daraufhin eine identitätsstärkende Intervention vor: eine Erfolgs- und Stärken-Analyse (siehe Kapitel III.2., Abschnitt „Erfolgs- und Stärken-Analyse"). Die Klientin greift den Vorschlag dankbar auf und erreicht ihr Ziel nach insgesamt drei Sitzungen. Interventionen auf darunterliegenden Ebenen, zum Beispiel Rollenspiele zur Einübung eines veränderten Kommunikationsverhaltens dem Chef gegenüber, wären zu diesem Zeitpunkt vermutlich nur bedingt hilfreich gewesen, da der „Knoten" auf der Ebene des Selbstbilds / der Identität lag.

Zusätzlich zur Klärung der Ebene, auf der der aktuelle Engpass des Klienten liegt und auf der die Veränderungsarbeit ansetzen sollte, kann der Coach die logischen Ebenen auch nutzen, um Fragen zu bilden. Die Fragen können sich dabei auf das Problem, die Ressourcen oder das Ziel des Klienten beziehen.

Problemorientierte Fragen fokussieren auf das, was vom Klienten als schwierig oder mangelhaft erlebt wird oder ihm fehlt. Ressourcenorientierte Fragen ergründen all das, was ihm dabei hilft, seine Situation zu verbessern. Und zielorientierte Fragen regen ihn an, über Ziele nachzudenken und mögliche Lösungen zu entwickeln.

Beispiele für problemorientierte Fragen:

Logische Ebene	Mögliche Frage
Spiritualität und Sinn	Welchen Sinn sehen Sie darin, dass ... sich als schwierig gestaltet?
Identität und Zugehörigkeit	Wer sind Sie eigentlich tief in Ihrem Inneren, wenn Sie so handeln?

Logische Ebene	Mögliche Frage
Werte und Überzeugungen	Welche Überzeugung macht es Ihnen schwer, etwas zu verändern?
Fähigkeiten/Ressourcen	Welche Informationen fehlen Ihnen für eine Verbesserung Ihrer Situation?
Verhalten	Welche Ihrer Verhaltensweisen haben zu diesem Problem beigetragen?
Umgebung/Kontext	Welche Rahmenbedingungen machen es Ihnen schwer, etwas zu ändern?

Beispiele für ressourcenorientierte Fragen:

Logische Ebene	Mögliche Frage
Spiritualität und Sinn	Was hat Ihnen bisher dabei geholfen, Ihr(e) ... mit Sinn zu erfüllen?
Identität und Zugehörigkeit	Welches Selbstbild würde Ihnen Ihr(e) ... erleichtern?
Werte und Überzeugungen	Welche Grundeinstellung hat Ihnen bisher bei ... geholfen?
Fähigkeiten/Ressourcen	Welche Fähigkeiten bringen Sie mit, die Ihnen bei ... helfen?
Verhalten	Welche Ihrer Verhaltensweisen haben Ihnen bisher bei ... geholfen?
Umgebung/Kontext	Welche äußeren Faktoren erleben Sie als wohltuend im Hinblick auf ...?

Beispiele für zielorientierte Fragen:

Logische Ebene	Mögliche Frage
Spiritualität und Sinn	Welche Lösung für Ihr(e) ... bringt Ihnen die größte Erfüllung?
Identität und Zugehörigkeit	Wem müssten Sie sich zugehörig fühlen, um ... erreichen zu können?
Werte und Überzeugungen	An welchen Werten möchten Sie sich im Hinblick auf ... orientieren?
Fähigkeiten /Ressourcen	Welches Wissen sollten Sie sich noch aneignen, um ... zu schaffen?
Verhalten	Welche Verhaltensweisen müssen Sie ändern, um Ihr Ziel zu erreichen?
Umgebung/Kontext	Welche Rahmenbedingungen wären ideal für Ihr Vorhaben?

Voraussetzungen/ Kenntnisse   Die Anwendung der logischen Ebenen erfordert Sicherheit beim Identifizieren der Ebenen und Übung im Fragenstellen. Beides kann auch gut „verdeckt" trainiert werden, zum Beispiel, indem sich der Coach im Anschluss an eine Coaching-Sitzung Zeit nimmt, um zu reflektieren, auf welcher Ebene wohl die Herausforderung liegt, von der der Klient berichtet hat, und sich dann Fragen überlegt, die vermutlich hilfreich gewesen wären. Eine weitere Übungsmöglichkeit bietet sich im Rahmen von Selbst-Coaching an. Dabei überlegt der Coach für ein Thema, das ihn zurzeit beschäftigt, auf welcher Ebene der zentrale „Knoten" liegt, den er lösen muss – und stellt sich in der Folge selbst einige Fragen zu den einzelnen Ebenen.

Kommentar/ Erfahrungen   Im Rahmen von Face-to-Face-Coachings können die logischen Ebenen auf dem Boden ausgelegt und der Klient anhand von Fragen physisch hindurchgeführt werden.

Für Face-to-Face-Coachings kann es hilfreich sein, das Modell visuell aufbereitet parat zu haben, zum Beispiel auf einem Flipchart-Blatt, einem Laminat oder auf Bodenankern. Im Rahmen von telefonischen Coachings kann man den Klienten anleiten, das Modell selbst auf einem Blatt Papier aufzumalen, um ihm die Einschätzung seines aktuellen Entwicklungsengpasses durch die Visualisierung zu erleichtern.

Technische Hinweise

Auf den Punkt gebracht:

Die logischen Ebenen von Robert Dilts gehen davon aus, dass Veränderung auf verschiedenen Ebenen ansetzen kann: Wenn wir etwas in unserem Leben ändern wollen, können wir unseren Kontext (beispielsweise umziehen oder den Arbeitgeber wechseln), unser Verhalten, unsere Fähigkeiten, unsere innere Einstellung und unser Selbstbild ändern und dem betreffenden Thema einen (anderen) Sinn geben. Im Coaching leistet das Modell hilfreiche Dienste bei der Klärung der Frage, auf welcher Ebene sich der aktuelle zentrale „Knoten" des Coachees befindet und welche Art von Interventionen demzufolge vermutlich hilfreich wären. Zum anderen kann der Coach das Modell nutzen, um Fragen zu bilden.

SMARTe Ziele

Die Zielkonkretisierung, -bindung und -kontrolle ist der bisherigen Coaching-Forschung (von Schumann 2008) zufolge ein wesentliches Qualitätsmerkmal im Coaching (Kapitel I.8). Mit der Zielklärung regt der Coach den Coachee an, sich klar darüber zu werden, was genau er mithilfe des Coachings bis wann und weshalb erreichen will. Dies trägt sehr zur Effektivität des Coachings bei.

Kurzbeschreibung

Anwendungs-bereiche

Eine Zielklärung empfiehlt sich grundsätzlich zu Beginn eines Coachings, um herauszuarbeiten, wohin die Reise gehen soll. Denn: *„Wer das Ziel nicht kennt, für den ist kein Weg der richtige"* (Seneca). Während des Coaching-Prozesses fungiert das Ziel dann sowohl als motivierender Leitstern für das Kreieren weiterführender Lösungen als auch als kontrollierende Messlatte beim Überprüfen der praktischen Umsetzung. So eingesetzt trägt die Zielklärung zu einer kontinuierlichen Evaluation des Erfolgs im Coaching-Prozess bei.

Zielsetzung

Ist das Ziel des Coachings geklärt, können die Schritte und Ergebnisse der Coaching-Sitzungen fortlaufend dahingehend überprüft werden, inwieweit sie mit dem Ziel übereinstimmen und zur Zielerreichung beitragen. Der Bezug zum Ziel wird immer wieder hergestellt, wobei auch das Ziel selbst im Licht der neuen Erfahrungen infrage gestellt wird. Das Ziel bietet quasi eine Meta-Reflexionsebene, die sicherstellt, dass das Coaching effektiv ist.

Ausführliche Beschreibung

Ziele geben unserem Alltag eine Richtung, weil sie uns den Weg und die nächsten Schritte aufzeigen. Sie fokussieren unsere Kräfte, weil wir mit einer geschärften Aufmerksamkeit durch die Welt gehen und das, auf was wir uns konzentrieren, in der Folge regelrecht „anziehen". Mit einem Ziel senden wir die Botschaft aus, dass wir uns entschieden haben und etwas wirklich wollen. Ziele helfen uns dabei, als Mensch zu wachsen, da sie uns mit unseren inneren Widerständen (Trägheit, Selbstzweifel, Ambivalenz, ...) in Kontakt bringen. Wenn wir uns keine Ziele setzen, können wir auch nicht versagen. Aber diese Sicherheit hat ihren Preis: Wir erfahren nicht, was wirklich in uns steckt! Sich Ziele zu setzen hat also Vorteile.

Den Befürwortern von Zielen wird allerdings manchmal vorgehalten, der Weg sei doch das Ziel und es gehe im Leben darum, zu lernen, im Hier und Jetzt zu sein. Dem kann entgegengehalten werden, dass man auch dann im Hier und Jetzt leben und den gegenwärtigen Augenblick bewusst wahrnehmen kann, wenn man auf dem Weg zu einem Ziel ist. Tatsächlich ist es oft so, dass es gerade die Ziellosigkeit ist, die uns Kraft raubt.

Wegorientierten Menschen kann es passieren, dass sie sich ohne Ziel und Richtung in unerwünschten Situationen wiederfinden und sie den Weg immer weniger im Hier und Jetzt genießen können, weil dieser immer steiniger wird. Sehr zielorientierte Menschen hingegen versteifen sich manchmal so sehr auf ihr Ziel, dass sie darüber alles andere vergessen und die Freude am Leben verlieren.

Hilfreich ist der Weg der Mitte: sich Ziele zu setzen und sich darauf zuzubewegen, diese aber als flexible Arbeitshypothesen zu betrachten und sich auf dem Weg zum Ziel immer wieder zu fragen, wie sich das anfühlt und ob man das Ziel weiterhin anstreben will.

Eine verbindlich-entschlossene und zugleich locker-entspannte Haltung („Ich möchte dieses Ziel gerne erreichen, weil ... – aber egal, was dabei herauskommt, es hat seinen Sinn und ich werde etwas daraus lernen und mich weiterentwickeln") trägt sehr dazu bei, sich auf erwünschte Resultate zu fokussieren und gleichzeitig den Weg dahin bewusst zu gehen und zu genießen.

Auf die Frage nach ihrem Ziel formulieren die meisten Coaching-Klienten zunächst kein konkretes Ziel, sondern einen Wunsch im Stile von „meine Führungskompetenz verbessern" oder „mich besser durchsetzen". Oder sie erzählen dem Coach von ihren Problemen und was sie in Zukunft alles nicht mehr möchten. Selbstverständlich haben Klienten Ziele, aber diese schwirren ihnen meist eher vage als „weg von etwas" im Kopf herum. Hinzu kommt häufig eine Problemzuschreibung, die außerhalb des eigenen Einflussbereichs liegt: „Wenn mein Chef nicht immer ..., dann wäre alles gut. Er muss endlich lernen, ..."

....

Die vom Klienten empfundene Schwere des Problems zeigt sich
darin, wie schwierig ein Zielzustand für ihn vorstellbar ist.

....

Eine ausgiebige Eruierung des Problems bringt den Klienten
mental seinem Ziel jedoch nicht näher. Gleichzeitig ist ein Klient, der sich in einer „Problemtrance" befindet, in der Regel nicht in der Lage, direkt ein konkretes Ziel zu formulieren. Hier ist der Coach gefordert, den Klienten durch liebevoll-empathisches Zuhören und beharrlich-respektvoll-hartnäckiges Nachfragen dabei zu unterstützen, aus dem, was er alles nicht mehr will, beziehungsweise aus dem, was er sich wünscht, ein konkretes und messbares Ziel zu formulieren.

Beispiel *Wunsch:*
„Ich will einen Job, der mir Spaß macht."
Denkbares Ziel zu diesem Wunsch:
„Bis zum ... (Datum) habe ich fünf Berufsbilder identifiziert, deren fachliche Voraussetzungen ich erfülle und die mich begeistern."

Wohlgeformte Ziele erfüllen die folgenden Kriterien:

- Sie beinhalten das „Warum" hinter dem Ziel, das heißt die Beweggründe, aus denen heraus man das Ziel anstrebt.
- Sie berücksichtigen den „Preis" (zum Beispiel etwas investieren, lernen, aufgeben), der für die Zielerreichung zu „bezahlen" ist.
- Sie sind verträglich / in Balance mit anderen Zielen.

Wohlgeformte Ziele sind SMART!

S	Spezifisch, das heißt situationsbezogen und selbst erreichbar, konkret, klar, bildhaft und positiv (bejahend und nicht verneinend) formuliert und schriftlich festgehalten
M	Messbar und überprüfbar – durch die fünf Sinne, falls nicht quantifizierbar, zum Beispiel „... bin ich in der Lage, meine Argumente ruhig und sachlich vorzutragen, wenn ich von meinem Vorgesetzten kritisiert werde"
A	Attraktiv, das heißt anspruchsvoll *und* realistisch (in Sicht-, aber nicht in Reichweite), bisher Positives erhaltend und so formuliert, dass sie positive Gefühle auslösen
R	Resultat-orientiert, das heißt auf lohnende Ergebnisse fokussiert (und nicht vergleichsorientiert)
T	Terminiert, das heißt mit einem Termin versehen und so formuliert, als ob sie schon erreicht wären

Schaubild 7: SMARTe Ziele

Ziele sind Arbeitshypothesen, also etwas Flexibles. Sie können auf dem Weg immer wieder überprüft und gegebenenfalls modifiziert oder auch ganz aufgegeben werden.

Die Zielklärung kann vom Coach eingeleitet werden, indem er den Klienten fragt, was er mithilfe des Coachings erreichen will, und ihn bittet, folgenden Satzanfang zu ergänzen: „Bis zum ... habe / kann / weiß / bin ich ..." Dann konzentriert der Coach sich darauf, gut zuzuhören und das vom Klienten Gesagte wortwörtlich mitzuschreiben. Dabei achtet er auf die SMART-Kriterien und stellt dem Klienten gegebenenfalls Fragen, die geeignet sind, das Gesagte SMART zu machen. Die Antwort des Coachees notiert er wieder mit, integriert sie in das zuvor Gesagte und liest die Aufzeichnungen vor – mit wachem Blick und offenem Ohr für die Reaktion des Gegenübers, um daraus Rückschlüsse ziehen zu können, inwieweit das Ziel attraktiv ist. Was der Klient sagt, wird wieder notiert, mit dem bisher Formulierten verknüpft und an den Klienten „zurückgefüttert", eventuell verbunden mit einer weiteren Frage – so lange, bis das Ziel SMART ist.

Beispiel *Der Klient formuliert als Ziel:*
„Ich möchte mehr Vertrauen in mich und meine Fähigkeiten haben."
Diesem Ziel mangelt es an Klarheit (S); es ist nicht messbar (M) und auch nicht terminiert (T) und außerdem vergleichs- („mehr") statt resultatorientiert (R). Um den Klienten anzuregen, sein Ziel SMART zu machen, könnte der Coach zum Beispiel folgende Fragen stellen:

- *Was genau ist anders, wenn Sie mehr Vertrauen in Ihre Fähigkeiten haben? Was tun Sie dann, was Sie jetzt nicht tun?*
- *Was werden Ihre Kollegen an Ihnen wahrnehmen, woraus sie schließen, dass Sie mehr Vertrauen in Ihre Fähigkeiten haben?*
- *Woran werden Sie selbst merken, dass Sie mehr Vertrauen in sich und Ihre Fähigkeiten haben?*

Durch solche Nachfragen angeregt, formuliert der Klient schließlich als Ziel: „Bis zum … kann ich meine drei wesentlichen beruflichen Qualifikationen benennen und anderen erläutern sowie selbst wertschätzen und gehe mit einem sicheren und zuversichtlichen Gefühl in die anstehenden Vorstellungsgespräche."

In den folgenden Coaching-Sitzungen wird das Ziel vom Coach dann immer wieder „ins Spiel gebracht" und der Klient angeregt, in sich hineinzuspüren/-schauen/-horchen, …

- wie es sich anfühlt, ob er es weiter verfolgen oder ändern möchte,
- wo er im Hinblick auf sein Ziel gerade steht,
- wie er es möglich gemacht hat, dahin zu kommen,
- was genau er ander(e)s tut, wenn er noch weiter gekommen ist,
- was ihn (noch) dabei unterstützen könnte, sein Ziel zu erreichen,
- was er sich nun ganz konkret vornehmen will usw.

Skalierungsfragen (Details in Kapitel III.2., Abschnitt „Systemisch-lösungsorientierte Interventionen") haben sich dafür als sehr hilfreich erwiesen, zum Beispiel:

- Auf einer Skala von 1 bis 10, wenn 1 bedeutet „der erste Schritt ist getan" und 10 bedeutet „Ziel erreicht", wo stehen Sie gerade?
- Was macht den Unterschied zwischen der 1 und der ...?
- Wie haben Sie das geschafft/ermöglicht?
- Woran merken Sie, dass Sie auf der Skala eins weiter sind?
- Was tun Sie dann, was Sie jetzt nicht tun?
- Was tun Sie dann nicht mehr, was Sie jetzt noch tun?
- Welche Beispiele aus der jüngsten Vergangenheit weisen schon in die gewünschte Richtung?
- Was könnte Sie dabei unterstützen, weiter voranzukommen?
- Was wollen Sie sich konkret vornehmen, um auf der Skala weiterzukommen und Ihr Ziel zu erreichen?
- Was wäre nach unserem Gespräch ein erstes Zeichen dafür, dass Sie angefangen haben, weitere Fortschritte zu machen?

Voraussetzungen/ Kenntnisse

Die beschriebene Art der Zielklärung setzt voraus, dass der Coach die SMART-Kriterien so verinnerlicht hat, dass er beim Zuhören sehr schnell erkennen kann, inwieweit sie erfüllt sind. Voraussetzung dafür ist zunächst einmal die Fähigkeit, sehr konzentriert zuhören und das Gesagte dabei mitschreiben zu können. Des Weiteren muss der Coach darin geübt sein, sehr schnell zu analysieren, inwieweit die SMART-Kriterien erfüllt sind, und gegebenenfalls Fragen zu stellen, die den Klienten anregen, seine Aussagen zu präzisieren. Außerdem muss er in der Lage sein, Worte/Sätze inhaltlich miteinander in Verbindung zu bringen und so lange empathisch zuzuhören und immer wieder respektvoll-hartnäckig nachzufragen, bis dem Klienten der Blickwechsel vom Problem zum Ziel möglich ist.

Kommentar/ Erfahrungen

Im Business-Kontext werden Coachings selten gänzlich ohne Zielklärung begonnen, aber die Art und Weise sowie Intensität unterscheidet sich teilweise erheblich. Bei der beschriebenen

Vorgehensweise wird die Zielklärung zur zentralen Intervention, die sich über den gesamten Coaching-Prozess erstreckt.

Technische Hinweise Die beschriebene Art der Zielklärung dauert im Schnitt zwischen einer halben Stunde und eineinhalb Stunden. Unverzichtbar sind Papier und Stift zum Mitschreiben des Gesagten.

Auf den Punkt gebracht:

Wohlgeformte Ziele sind SMART, das heißt spezifisch und selbst erreichbar, messbar, attraktiv, resultatorientiert und terminiert.

In den Coaching-Sitzungen wird immer wieder ein Bezug zum Ziel hergestellt und es wird überprüft, inwieweit es noch weiter verfolgt oder eventuell geändert werden soll, wo der Klient im Hinblick auf das Ziel gerade steht, was ihn voranbringen würde und so weiter. Eine solche Zielkonkretisierung, -bindung und -kontrolle ist der Forschung zufolge ein wesentliches Qualitätsmerkmal im Coaching.

Tun-und-Lassen-Liste

Kurzbeschreibung Die Tun-und-Lassen-Liste ist ein sehr einfaches, aber dennoch hilfreiches Tool. Sie ist im Grunde eine andere Art Darstellung der Verhaltensebene nach Dilts (siehe Kapitel III.2., Abschnitt „Logische Ebenen"). Der Klient wird angeregt, darüber nachzudenken, was er konkret tun und lassen muss, um sein Ziel zu erreichen.

Anwendungsbereiche Das Werkzeug eignet sich prima zur Identifikation konkreter Maßnahmen, die den Coachee seinem Ziel näher bringen. Diese Maßnahmen können auch darin bestehen, dass der Coachee zukünftig bestimmte Handlungen unterlässt.

Der Klient erkennt, was genau er tun oder unterlassen muss, um sein Ziel zu erreichen. Dadurch wird ihm auch bewusst, was es konkret bedeutet, sein Ziel zu verfolgen – und ob er dies wirklich will.

Zielsetzung

Der Coach fragt den Coachee, was er konkret tun muss, um sein Ziel zu erreichen, und notiert das Gesagte für ihn (am besten in einer Tabelle – siehe Schaubild 8) mit. Dann fährt er mehrmals fort mit „Und was noch?". Bei ungenauen Aussagen des Coachees („Ich muss mir mehr Zeit für meine Mitarbeiter nehmen") fragt er nach: „Was heißt das konkret? Was tun Sie dann, was Sie jetzt nicht tun?"

Ausführliche Beschreibung

Wenn einige Punkte gesammelt sind, die der Coachee künftig tun möchte, regt der Coach den Klienten an, darüber nachzudenken, was er eventuell künftig lassen muss, wenn er sein Ziel erreichen will. Auch hier fährt er mehrmals fort mit „Und was müssen Sie außerdem künftig unterlassen?". Ungenaue Aussagen des Klienten („Ich muss das Grübeln sein lassen") hinterfragt er wieder („In welchen Situationen?") und unterstützt ihn dabei, herauszuschälen, was er stattdessen tun will („Was möchten Sie stattdessen tun?"). So ergibt sich eine Auflistung präziser Schritte und Maßnahmen, die den Klienten dabei unterstützen, sein Ziel zu erreichen.

Tun	Lassen
Was müssen Sie konkret tun, um Ihr Ziel zu erreichen?	Was müssen Sie alles unterlassen, um Ihr Ziel zu erreichen?

Schaubild 8: Tun-und-Lassen-Liste

Voraussetzungen/ Kenntnisse Die Anwendung des Tools setzt voraus, dass der Coach darin geübt ist, gut zuzuhören und es schnell zu erkennen, wenn der Klient vage Absichten statt konkreter Handlungen formuliert. Der Coach ist dann herausgefordert, respektvoll-hartnäckig nachzufragen, bis eine genaue Handlung formuliert ist.

Kommentar/ Erfahrungen Es kommt nicht selten vor, dass Klienten mehr lassen als tun müssen, wenn sie ihr Ziel erreichen möchten. Der Lassen-Seite sollte daher grundsätzlich die gleiche Aufmerksamkeit geschenkt werden wie der Tun-Seite.

Die Tun-und-Lassen-Liste eignet sich auch gut zur Überprüfung von Zielen. Es ist durchaus möglich, dass der Klient sein Ziel aufgeben oder verändern möchte, nachdem ihm mithilfe der Tun-und-Lassen-Liste klar geworden ist, welche praktischen Konsequenzen das Verfolgen seines Ziels mit sich bringt.

Technische Hinweise Eine Tun-und-Lassen-Liste ist meist in 10 bis 20 Minuten erstellt.

Auf den Punkt gebracht:

Die Tun-und-Lassen-Liste ist ein einfaches Werkzeug, das dem Klienten dabei hilft, sich bewusst zu machen, was er konkret tun und unterlassen muss, wenn er sein Ziel erreichen will – und ob er dies nach wie vor wirklich will.

Erfolgs- und Stärken-Analyse

Kurz- beschreibung Die Erfolgs- und Stärken-Analyse kann Menschen sehr dabei unterstützen, sich ihrer Stärken (wieder) bewusst zu werden. Da die Stärken aus tatsächlich erlebten Erfolgen abgeleitet werden, erlebt sie der Klient als „echt, wahr und real" und es fällt ihm dadurch leicht, sie anderen Menschen glaubwürdig zu vermitteln.

Die Beschäftigung mit Situationen, in denen er sich als kompetent erlebt hat, steigert seine Zuversicht und bestärkt ihn darin, aktiv zu werden und (weitere) Schritte in Richtung seines Ziels zu unternehmen.

Eine Erfolgs- und Stärken-Analyse empfiehlt sich besonders dann, wenn Menschen sich ihrer Stärken nicht (mehr) bewusst sind, an sich zweifeln, unsicher geworden sind und nicht (mehr) so ganz wissen, was sie eigentlich können. In anderen Worten: Wenn Menschen sich ihres eigenen Werts nicht (mehr) so richtig bewusst sind – zum Beispiel infolge von Situationen, in denen sie gehäuft Kritik erfahren haben. Davon unabhängig ist eine Erfolgs- und Stärken-Analyse generell in Phasen der Umorientierung hilfreich, etwa wenn Menschen sich beruflich neu orientieren möchten.

Anwendungs-bereiche

Ziel der Erfolgs- und Stärken-Analyse ist es, Menschen dabei zu helfen, sich ihrer Stärken bewusst zu werden und diese (durch die Rückbesinnung auf tatsächlich erlebte Erfolge) emotional gestärkt anderen gegenüber glaubwürdig zu vermitteln und motiviert (weitere) Schritte in Richtung ihres Ziels zu tun.

Zielsetzung

Der Coach bittet den Klienten, sich an konkrete Situationen (fünf bis acht) zu erinnern, in denen er zufrieden mit etwas war, was er getan hatte. Der Coachee wird angeregt, Situationen aus ganz verschiedenen Lebensphasen und -bereichen wachzurufen – aus seiner Kindheit bis in die jüngste Vergangenheit, aus dem Beruf genauso wie aus seinem Privatleben. Die Bandbreite kann vom Mal-Wettbewerb in der Schule über einen Fasten-Urlaub und das Kochen für 20 Party-Gäste bis hin zum trotz geringer Deutsch-Kenntnisse bestandenen Informatikstudium und dem Aufbau einer Niederlassung im Ausland reichen. Je „bunter", umso besser. Das Wort „Erfolge" vermeidet der Coach bewusst, da Menschen, die sich in einer Phase des Selbstzweifels befinden, dazu tendieren, bei/an sich selbst nichts Besonderes sehen zu können: „Da gibt es nichts Besonderes zu berichten. Ich habe halt einfach meine Arbeit gemacht." Um den Klienten

Ausführliche Beschreibung

anzuregen, sich auf den Gedanken einzulassen, dass es sehr wohl Dinge gab, die er besonders gut gemeistert hat, fragt der Coach daher nicht nach Erfolgen, sondern nach „Situationen, in denen Sie ganz zufrieden mit etwas waren, was Sie gemacht hatten und gedacht haben, ‚Das war eigentlich gar nicht schlecht!'". Mit einer der genannten Situationen beginnt der Coach und stellt dem Coachee Fragen dazu. Dabei orientiert er sich am Akronym STAR:

S – Situation	Wie war die Ausgangssituation?
T – Task	Was war die Aufgabe?
A – Action	Was haben Sie unternommen?
R – Result	Welches Ergebnis haben Sie erzielt?

Während der Coachee erzählt, hört der Coach sehr präsent zu, ohne über das Gesagte nachzudenken; stattdessen konzentriert er sich darauf, alles wortwörtlich für den Coachee mitzuschreiben. Beim Punkt A – Action achtet er darauf, dass der Coachee sehr „kleinteilig" erzählt und Details berichtet. Hilfreich sind dafür Fragen wie: „Was haben Sie als Erstes gemacht? ... Und was als Nächstes? ... Und was dann? ... Und dann?" und so weiter.

Beispiel *Erfolg: Preislistenerstellung 2007*

S – Situation: Wie war die Ausgangssituation?
Die Preisliste musste zu einem bestimmten Stichtag erstellt werden. Es gab viele Neuprojekte und die Preise wurden vom Produktmanagement erst sehr spät bekannt gegeben. Es gab einen hohen Zeitdruck, da viele Verkaufsveranstaltungen vereinbart waren, zu denen man die Preislisten mitnehmen wollte. Außerdem gab es viel zu koordinieren, zum Beispiel Foto-Shootings.

T – Task: Was war Ihre Aufgabe?

Ich hatte die Projektleitung, das heißt, dass mir der Verkaufsinnendienst, der Einkauf und diverse technische Abteilungen zuarbeiteten. Ich saß „dazwischen" und hielt den Kontakt zur Druckerei. Die Aufgabe war, die Preisliste zum Stichtag X fehlerfrei und optisch ansprechend in der benötigten Stückzahl im Haus verfügbar zu haben.

A – Action: Was haben Sie unternommen?

Ich habe ein Kick-off-Meeting mit allen betroffenen Abteilungen und externen Dienstleistern organisiert und durchgeführt. Dabei wurde zunächst kurz vorgestellt, welche Neuprodukte es gibt, dann habe ich den groben Zeitplan, den ich erarbeitet hatte, vorgestellt und mit den anderen zusammen verfeinert. Danach habe ich die Foto-Shootings organisiert, überwacht und dafür gesorgt, dass die Produkte zum richtigen Zeitpunkt am richtigen Ort waren, habe die Kollegen aus dem Produktmanagement zum richtigen Zeitpunkt dazugeholt, nach dem Shooting zusammen mit dem Fotografen und dem Produktmanagement die Bilder ausgewählt und danach diese dem Dienstleister zur Produktion gegeben und der Italien-Tochter zur Verfügung gestellt. Außerdem habe ich immer wieder unserem Dienstleister für dessen Detail-Fragen zur Verfügung gestanden. Und zudem dafür gesorgt, dass die Vorlagen nach jedem Korrekturlauf immer wieder fristgerecht vom Produktmanagement zurückkamen. Zusätzlich habe ich regelmäßig kontrolliert, ob die bereits festgelegten Preise ins Warenwirtschaftssystem eingepflegt waren, und dann den Verkaufsinnendienst entsprechend informiert. Ganz zum Schluss habe ich alle Rechnungen der Dienstleister auf deren Richtigkeit kontrolliert und sie ins Rechnungswesen gegeben.

R – Result: Welches Ergebnis haben Sie erzielt?

Das Ergebnis war, dass wir die Preislisten etwa vier bis fünf Arbeitstage vor dem Stichtag verfügbar hatten. Produktmanagement und Verkaufsinnendienst konnten sich komplett auf ihre Aufgaben konzentrieren und mussten sich um keinerlei organisatorische Tätigkeiten kümmern. Durch die vorzeitige Fertigstellung hatten die Kollegen aus dem Verkauf mehr Zeit, um sich auf Preislistenschulungen vorzubereiten. Ein Kollege aus dem Produktmanagement sagte zu mir: „Seit du das machst, läuft das hervorragend." Auch unser Geschäftsführer kam auf mich zu und sagte: „Sie haben das ganz hervorragend gemacht, toll!"

Auf diese Weise werden sämtliche Erfolge beziehungsweise Situationen, in denen der Coachee mit etwas, was er getan hatte, zufrieden war, beleuchtet. Die Beschreibung der weiteren Erfolge kann dem Coachee auch als Hausaufgabe mitgegeben werden – mit der Bitte, dem Coach das Dokument vor der nächsten Sitzung zuzumailen.

Sind alle Erfolge nach STAR beschrieben, beginnt die eigentliche Stärken-Analyse: Dazu geht der Coach mit dem Coachee alle Erfolge einen nach dem anderen durch und liest dem Coachee Satz für Satz vor, was dieser im Punkt A – Action jeweils berichtet hat. Nach jeweils ein bis zwei Sätzen fragt er den Coachee: „Welche Fähigkeiten (Kenntnisse/Eigenschaften) benötigt man dafür?" Die Formulierung „man" ist wieder bewusst gewählt, denn Klienten, die sich in einer Phase befinden, in der sie an sich selbst zweifeln, tendieren dazu, mit Aussagen wie „keine besonderen" zu reagieren, wenn sie direkt („Welche Fähigkeiten haben Sie dafür benötigt?") angesprochen werden. Wenn es Klienten trotzdem schwerfällt, Fähigkeiten zu benennen, reicht die Dissoziierung durch die Formulierung „man" eventuell nicht aus; dann bieten sich Fragen an, die den Klienten zu einem Perspektivenwechsel anregen: „Wenn Sie sich vorstellen, Sie wären damals krank gewesen und Ihr Chef hätte eine Vertretung für Sie finden müssen, was hätten Sie ihm gesagt, wer am besten dafür geeignet ist?" Die Antworten trägt der Coach in eine Mindmap ein. Dabei spielt es keine Rolle, wenn der Klient auf die Frage nach den Fähigkeiten zum Beispiel eine Eigenschaft nennt. Der Coach ordnet das Gesagte auf der Mindmap einfach dem passenden Ast zu.

Fähigkeiten drücken aus, was jemand kann, Kenntnisse, was jemand weiß, und Eigenschaften, wie jemand ist:
- Fähigkeiten = Können
- Kenntnisse = Wissen
- Eigenschaften = Sein

Zur Verdeutlichung wieder ein Beispiel:

Beispiel

Gute PowerPoint-Kenntnisse

Warenwirtschaftsprogramm SAP

Buchhalterische Grundkenntnisse

Kenntnisse über Funktion und Abläufe in ca. ³/₄ aller Unternehmen

Sehr gute Internet-Recherche-Kenntnisse

Bilddatenformate

Gute Kenntnisse unserer Produkte

Kenntnisse der Arbeitsweise von Agenturen, Messebauunternehmen und Druckereien

Kenntnisse

Hohes Maß an Genauigkeit und Gründlichkeit

Engelsgeduld und Durchhaltevermögen

Große innere Ruhe und Gelassenheit

Belastbarkeit und Stressresistenz

Hartnäckigkeit und Beharrlichkeit

Kooperations- und Hilfsbereitschaft

Flexibilität im Hinblick auf die eigenen Abläufe

Unkompliziertheit und Pragmatismus

Eigenschaften

Stärken

Organisations- und Koordinationstalent

Offenes Ohr für die Bedürfnisse der Kollegen

Erkennen, welche Infos für wen relevant sind, und entsprechend filtern

Analytische Fähigkeiten

Einfühlungsvermögen in die Bedürfnisse und Denkweisen von Kunden und Kollegen

Vorausschauendes Denken und Gespür für Qualität und Bedürfnisse

Stilempfinden und Sinn für Ästhetik

Hohes Maß an Konzentrationsfähigkeit

Komplexe und umfangreiche Sachverhalte sinnvoll zergliedern und einfach darstellen

Strukturiert und logisch denken

Sachverhalte ansprechend und verständlich formulieren

Auf Menschen angstfrei zugehen

Mit Kunden in ihrer Sprache sprechen

Multitasking und Überblick bewahren

Fähigkeiten

Schaubild 9:
Beispiel einer
Stärken-
Mindmap

Liegt die Stärken-Mindmap in voller „Schönheit" vor, kann der Coach dem Klienten die Hausaufgabe geben, seine Stärken in einem Satz auf den Punkt zu bringen („Was ich am besten kann, ist ...", „Meine größte Stärke ist ...") und dazu Feedback von einigen Menschen einzuholen, die ihn gut kennen, ihm wohlgesinnt sind und genügend Vertrauen in ihn haben, um aufrichtig zu sein.

Voraussetzungen/ Kenntnisse

Die beschriebene Art der Erfolgs- und Stärken-Analyse erfordert einiges an Detailarbeit und damit verbunden an Disziplin von Coach und Coachee. Weitere Voraussetzung seitens des Coachs ist die Fähigkeit, sehr konzentriert zuzuhören und das Gesagte dabei mitzuschreiben und zu kategorisieren (Fähigkeit, Kenntnis, Eigenschaft). Außerdem muss der Coach in der Lage sein, eine vertrauensvoll-empathische Haltung zu bewahren und gleichzeitig immer wieder liebevoll-beharrlich nachzuhaken („Und dann? ... Was braucht es dafür an Fähigkeiten? ... Und was noch? ...").

Kommentar/ Erfahrungen

Wie gesagt erfordert dieses Tool einiges an Zeit und Disziplin. Der Aufwand wird jedoch reichlich belohnt durch das hohe Maß an innerer Stärkung, die der Klient erfährt. Die Rückbesinnung auf tatsächlich erlebte Erfolge führt dazu, dass er wieder an sich glaubt, da er die beschriebenen Situationen ja tatsächlich erlebt hat – und dies strahlt er dann auch aus. In Gesprächen (Vorstellungs- oder Akquise-Gespräche, ...) kann er seine Kompetenzen dadurch sehr glaubwürdig vermitteln, da ihm seine Erfolge (wieder) präsent sind und er auch ganz konkrete Beispiele dafür nennen kann.

Technische Hinweise

Die Beschreibung der einzelnen Erfolge dauert in der Regel 20 bis 30 Minuten. Für fünf Erfolge sollte man also circa anderthalb Stunden einplanen und für die gemeinsame Analyse der Erfolge und die Extraktion der Stärken weitere eineinhalb Stunden. Ein (auch kostenfrei erhältliches) Mindmap-Programm erleichtert die Darstellung.

Mit der Erfolgs- und Stärken-Analyse können Coachs Menschen dabei helfen, sich ihrer Stärken wieder bewusst zu werden. Die Rückbesinnung auf konkrete Situationen, in denen Coaches zufrieden mit etwas waren, was sie gemacht hatten (= Erfolge), bewirkt, dass sie wieder an sich glauben. In Gesprächen mit anderen (zum Beispiel in Akquise- oder Vorstellungsgesprächen) strahlen sie dies dann auch aus und können ihre Kompetenzen mit Nennung von Beispielen glaubwürdig vermitteln, da ihnen ihre Erfolge wieder präsent sind.

Eine Erfolgs- und Stärken-Analyse ist generell in Phasen der Umorientierung hilfreich und außerdem dann, wenn Menschen an sich zweifeln, weil sie zum Beispiel eine Reihe von Misserfolgen oder Tiefschlägen erlebt haben, an denen sie noch „knabbern".

Systemisch-lösungsorientierte Interventionen

Analog zu Albert Einsteins berühmt gewordenem Satz „*Kein Problem kann durch dasselbe Bewusstsein gelöst werden, welches das Problem kreiert hat*" basieren systemisch-lösungsorientierte Interventionen auf der Annahme, dass das Reden über Probleme die Probleme größer werden lässt, während das Reden über Lösungen die Lösungen wahrscheinlicher macht. Die Zukunft wird als gestaltbar angesehen und nicht als Sklavin vergangener Ereignisse. Der Coach hält sich im Gespräch daher nicht lange damit auf, ein tieferes Verständnis des Problems zu erlangen. Stattdessen lenkt er die Aufmerksamkeit des Klienten auf dessen Ziele, andere Sichtweisen, Ausnahmen vom Problem, mögliche Lösungen und konkrete nächste Schritte.

Kurzbeschreibung

Dabei agiert er in einer Haltung, die Sonja Radatz (Radatz 2006, S. 18–19) „Teil-der-Welt-Haltung" nennt. In der „Teil-der-Welt-Haltung" oder auch systemischen Haltung ist der Coach sich bewusst, dass er mit seinem Handeln stets das gesamte System, an dem er teilhat, beeinflusst. Und dass er den sozialen Systemen, in denen er Mitglied ist, nicht hilflos ausgeliefert ist, sondern sie in jeder Sekunde mitbestimmt. Er weiß auch, dass es ihm freisteht, ein soziales System zu verlassen, wenn er es als nicht mehr passend erlebt. Gleichzeitig ist ihm klar, dass er die Systeme, an denen er nicht teilhat, auch nicht beeinflussen kann, etwa das System des Coachees. Im Unterschied dazu steht die „Gucklochhaltung" (Radatz 2006, S. 18–19). In dieser Haltung fungieren wir als Außenstehender, das heißt als jemand, der den Überblick hat und inhaltlich das objektiv Richtige raten kann. Die systemische „Teil-der-Welt-Haltung" beinhaltet hingegen, dass der Coachee die inhaltliche Verantwortung für sein Anliegen übernimmt und der Coach „nur" die Verantwortung für die Gestaltung des Coaching-Prozesses.

Coaching basiert auf der systemischen „Teil-der-Welt-Haltung"; diese ist somit Grundlage eines jeden Coachings. Coaching ist nicht Experten-, sondern Prozess-Beratung. Der Coach hilft, Probleme zu lösen und Ziele zu erreichen, ohne dass er dabei als Experte Lösungen vorgibt.

Anwendungs-bereiche Für Coachs gibt es keine „widerspenstigen" Klienten. Da sie nicht den Anspruch haben, Fachleute für bestimmte Sachgebiete zu sein, sondern mit der Annahme arbeiten, dass der Klient der Experte für sein Anliegen beziehungsweise sein Leben und immer kooperativ ist, betrachten sie seine Reaktionen als Rückmeldung und nicht als „Erfolg" oder „Misserfolg". Der Klient zeigt ihnen durch sein Verhalten, wie er sich eine Lösung für sein Anliegen vorstellen kann, und der Coach lässt sich darauf ein.

Eine Lösungs- und Ressourcen-Orientierung ist für Coaching essenziell – nur eben in dem Sinne, dass der Coach seine Interventionen auf Lösungen und Ressourcen fokussiert und nicht selbst über Lösungen nachdenkt oder diese gar vorgibt.

Lösungsorientierte Interventionen können allerdings auch unpassend sein; zum Beispiel wenn Klienten sehr in einer „Problemtrance" gefangen sind und erst einmal Empathie brauchen, bis sie bereit sind, sich für die Suche nach Lösungen zu öffnen.

Die systemisch-lösungsorientierte Haltung basiert auf dem Konstruktivismus – einer Sichtweise, die davon ausgeht, dass jeder Mensch sich seine eigene „Landkarte" von der Welt schafft und niemand eine objektive Sicht haben kann (siehe Kapitel II.2.). Jeder Mensch hat seine eigene Sicht der Realität; diese kann für sein Erleben und seine Entwicklung förderlich oder hinderlich sein; wenn sie von ihm als hinderlich erlebt wird, kann er seine „Landkarte" jederzeit ändern. Coachs gehen daher davon aus, dass die Kompetenzen und Ressourcen für die gewünschte Veränderung beim Klienten selbst liegen. Die Frage nach der „objektiven Realität" oder *der* Wahrheit stellt sich ihnen nicht. Stattdessen konzentrieren sie sich darauf, ihren Klienten dabei zu helfen, dass diese ihre „Landkarte" von der Welt so „umprogrammieren", dass sie sie als bekömmlicher erleben. **Zielsetzung**

Da Coachs nicht Teil der Welt ihrer Coachees sind, können sie auch nicht sinnvoll auf Fragen antworten, die von dort kommen, sondern ihre Coachees lediglich bei der Suche nach Antworten anstoßen und sie in Bewegung bringen (Radatz 2006, S. 34). **Ausführliche Beschreibung**

Aus systemischer Sicht erzeugt der Coachee seine Schwierigkeiten selbst – durch seine Art, zu denken und zu handeln. Und dieses Denken und Handeln stellt der Coach infrage. Durch entsprechende Fragen trägt er dazu bei, dass der Coachee sein „Hamsterrad" verlassen und seine Situation aus einer neuen Perspektive betrachten und dadurch auch auf neue Lösungen kommen kann. Der Coach stellt also nicht deshalb Fragen, um selbst mehr über den Coachee und dessen Situation und Sichtweisen zu erfahren, sondern um ihn einzuladen, seine gewohnten Denk- und Handlungsmuster zu reflektieren und gegebenenfalls zu verändern.

Systemisch-lösungsorientierte Interventionen regen die Selbstverantwortung des Coachees an; sie sind offen und lösungsfokussiert und fordern den Coachee auf, seine Definitionen und Interpretationen zu hinterfragen und die Situation nach seinen Wünschen umzugestalten oder sein Verhalten zu ändern.

Lösungsfokussierung bedeutet, positive Unterschiede zu erkennen und zu verstärken – also das, was bereits funktioniert und von dem man in Zukunft mehr will, zu betonen. Im Mittelpunkt lösungsorientierter Arbeit steht also nicht die Frage „Wie ist es und wie kam es dazu?", sondern „Was macht den Unterschied zwischen besser und schlechter aus?". Anstelle des allgemein üblichen Verstehenwollens des Problems tritt das konkrete Handeln in kleinen Schritten in Richtung eines erwünschten Ziels. Es wird nicht das Problemverständnis vertieft, sondern erkundet, wie es ist, wenn es (etwas) besser ist. Durch das Formulieren von Zielen wird die Aufmerksamkeit in die gewünschte Richtung gelenkt. Die Vorstellung eines Wunders ermöglicht es, im Hier und Jetzt zu erleben, wie gut sich das Erreichen des Ziels anfühlt, und die Suche nach Ausnahmen vom Problem bringt Strategien hervor, die bereits funktioniert haben, und stärkt das Vertrauen in das eigene Potenzial und in die Machbarkeit der Problemlösung (Walter und Peller 2004, S. 86).

Entwickelt wurde der lösungsorientierte Ansatz von Steve de Shazer und Insoo Kim Berg Ende der 1970er-Jahre am Brief Family Therapy Center in Milwaukee. Er geht davon aus, dass ...

- Veränderung unvermeidbar ist und sich fortwährend ereignet.
- eine Ausrichtung auf Positives Veränderungen erleichtert.
- kleine Änderungen zu großen Änderungen führen.
- jede Änderung eines Einzelnen die Interaktionen aller beeinflusst.
- zu jedem Problem Lösungen konstruiert werden können.
- positive Veränderungen auf der Basis kleiner Schritte geschehen.
- Menschen alles haben, um ihre Probleme lösen zu können.
- der Klient der Experte ist.
- Klienten immer kooperativ sind.

(Walter und Peller 2004, S. 27–55)

Nach Sonja Radatz (Radatz 2006, S. 39–42) können die folgenden Arten systemischer Fragen unterschieden werden:

- Ziel-, lösungs- und ressourcenorientierte Fragen, zum Beispiel: „Was möchten Sie konkret erreichen, was ist Ihr Ziel?"
- Verhaltensfragen wie: „Was tun Sie in der schwierigen Situation, was Sie in erfolgreichen Situationen nicht tun?"
- Fragen nach Unterschieden, etwa: „Auf einer Skala von 1 bis 10, wenn 1 ... und 10 ... bedeutet, wo stehen Sie jetzt?"
- Beschreibende, erklärende und bewertende Fragen, zum Beispiel: „Wie erklären Sie sich Ihr Verhalten in dieser Situation?"
- Fragen zum Infragestellen von Handlungsmustern, etwa: „Was haben Sie eigentlich davon, wenn Sie immer wieder ... machen?"
- Dissoziationsfragen, beispielsweise: „Wie würde mir wohl Ihr Chef Ihr Verhalten in solchen Situationen schildern?"
- Hypothetische Fragen wie: „Wenn Geld keine Rolle spielte und Sie voll Selbstvertrauen wären, was würden Sie dann tun?"

- Paradoxe Fragen, zum Beispiel: „Was müssten Sie eigentlich tun, damit Ihre Situation noch unerträglicher wird?"
- „Verrückte" Fragen wie: „Woran würde Ihr Terminkalender merken, dass sich Ihr Zeitmanagement verbessert hat?"

Nachfolgend finden Sie einen systemisch-lösungsorientierten Gesprächsleitfaden. Die Fragen sind als Orientierung und Inspiration gedacht und keineswegs „sklavisch" abzuarbeiten!

. . . .

Beispiel eines Gesprächs-leitfadens

Auftragsgestaltung und Zielklärung:
- Welche Rahmenbedingungen müssen wir heute beachten?
- Wie möchten Sie unsere Zeit heute nutzen, was ist Ihr Anliegen?
- Was wäre für Sie ein gutes Ergebnis am Ende unserer Sitzung?
- Wann war ... das letzte Mal ein bisschen weniger belastend?
- Was war da anders, was haben Sie ander(e)s gemacht/gedacht?
- Was müsste passieren, damit dies öfter geschieht?
- Was möchten Sie im Coaching erreichen, was ist Ihr Ziel?
- Woran werden Sie merken, dass Sie Ihr Ziel erreicht haben?

Hypothetische Lösungen und Ausnahmen vom Problem:
- Nehmen wir an, unsere Sitzung ist beendet, es wird Abend und Sie sind müde und gehen schlafen. Und mitten in der Nacht, während Sie tief und fest schlafen, geschieht ein Wunder. Und das Wunder besteht darin, dass Ihr Ziel erreicht ist. Und da Sie geschlafen haben, wissen Sie nicht, dass ein Wunder geschehen ist. Woran werden Sie morgen früh merken, dass über Nacht ein Wunder geschehen ist? ... Und woran noch?
- Woran werden andere es merken, dass ein Wunder passiert ist?
- Welche Situationen aus den letzten Monaten kommen Ihnen in den Sinn, in denen Sie kleine Vorboten des Wunders erlebt haben?
- Was genau war in diesen Situationen anders?
- Wie haben Sie diese kleinen Wunder ermöglicht?

Erfolg und Maßnahmen:
- Auf einer Skala von 1 bis 10, wenn 10 für den Morgen nach dem Wunder und 1 für das Gegenteil davon steht, wo stehen Sie jetzt?
- Wie haben Sie das möglich gemacht?
- Was tun Sie ander(e)s, wenn Sie einen Punkt höher sind?
- Woran würde X es merken, dass Sie auf der Skala weiter sind?
- Was könnten Sie tun, um auf der Skala weiterzukommen?
- Was würde X sagen, was Sie Ihrem Ziel näher bringen würde?
- Was möchten Sie jetzt konkret tun, um Ihr Ziel zu erreichen?
- Wer oder was unterstützt Sie dabei?

Gesprächsabschluss:
- Was nehmen Sie aus diesem Gespräch für sich mit?
- Wofür möchten Sie sich selbst Anerkennung aussprechen?
- Was hätten Sie sich in unserem Gespräch vielleicht anders gewünscht, damit es noch hilfreicher für Sie gewesen wäre?

Voraussetzungen/ Kenntnisse

Die Umsetzung der systemisch-lösungsorientierten Coaching-Haltung setzt voraus, dass der Coach die sogenannte lethologische Begabung – die Fähigkeit des bewussten Nichtwissens – entwickelt hat. Dazu braucht er das tiefe Vertrauen, dass jeder Mensch, der sich ein Problem „bastelt", auch fähig ist, es zu lösen. Außerdem muss er in der Lage sein, seine eigenen Hypothesen in Bezug auf den Coachee loszulassen, in dessen Problemlösungsfähigkeiten zu vertrauen und seine Lösungsideen wertzuschätzen.

Kommentar/ Erfahrungen

Systemisch-lösungsorientierte Interventionen sind Basis eines jeden Coachings, da Coaching auf der systemischen Haltung basiert!

Technische Hinweise

Es sind keine besonderen Techniken erforderlich.

Da Coaching Prozess-Beratung ist und Coachs in der systemischen „Teil-der-Welt-Haltung" agieren (und nicht in der bei Experten-Beratung üblichen „Gucklochhaltung"), sind systemisch-lösungsorientierte Interventionen Basis eines jeden Coachings. Coachs lenken die Aufmerksamkeit ihrer Klienten auf Lösungen, ohne selbst über diese nachzudenken oder sie vorzugeben.

Systemisch-lösungsorientierte Fragen basieren auf der Annahme, dass die Probleme größer werden, wenn man über sie redet, und das Reden über Lösungen die Lösungen wahrscheinlicher macht. Coachs versuchen daher nicht, ein tieferes Verständnis für die Probleme des Klienten zu erlangen, sondern lenken dessen Aufmerksamkeit zügig auf Ziele und Lösungen.

Inneres Team

Kurzbeschreibung Das innere Team ist ein Persönlichkeitsmodell von Friedemann Schulz von Thun (Schulz von Thun 1999). Daneben gibt es eine Vielzahl ähnlicher Modelle, zum Beispiel die Parts-Party von Virginia Satir, den Big-Mind-Prozess von Genpo Roshi und die systemische Therapie der inneren Familie von Richard Schwartz. Nach diesen Ansätzen bestehen wir aus einer Vielzahl von Teilpersönlichkeiten, die unsere innere Vielfalt und manchmal auch unsere Zerrissenheit ausmachen. Die Pluralität des menschlichen Innenlebens wird darin metaphorisch als Team dargestellt. Da gibt es beispielsweise einen Weinliebhaber neben einem Gesundheitsapostel, einen Abenteurer neben einem Angsthasen, einen taffen Manager neben einem verspielten Kind. Jeder Mensch trägt solche Teil-Persönlichkeiten in sich. In einem gewissen Sinne sind wir also alle multiple Persönlichkeiten. Solange es eine innere Instanz gibt, die sich ihrer Vielfalt bewusst ist und die Steuerung übernimmt, ist dies „normal". Eine Persönlichkeitsstörung ist dann gegeben, wenn einzelne Teile die Herrschaft übernehmen und der Mensch sie nicht mehr steuern kann, wie dies zum Beispiel bei Traumata der Fall sein kann.

Das hier beschriebene Tool kombiniert das innere Team von Schulz von Thun mit der gewaltfreien Kommunikation von Dr. Marshall Rosenberg. Es unterstützt die Selbstklärung und hilft dem Klienten, seine innere Widersprüchlichkeit zu verstehen und Lösungen zu finden, bei denen alle Teammitglieder mitgehen können. Dies ist Basis für eine klare und authentische Kommunikation.

Anwendungsbereiche

Das innere Team ist insbesondere in Entscheidungssituationen hilfreich, wenn Klienten sich innerlich zerrissen fühlen und nicht wissen, was sie tun sollen. Es eignet sich darüber hinaus für alle Arten von Situationen, in denen Klienten unterschiedliche Bestrebungen in sich verspüren und Klarheit suchen.

Zielsetzung

Der Klient kann seine unterschiedlichen und teilweise auch widersprüchlichen inneren Bestrebungen klar erkennen, benennen und die dahinterliegenden Bedürfnisse ausfindig machen. Auf dieser Basis kann er dann Lösungen finden, bei denen alle inneren Teammitglieder mitziehen – und dadurch inneren Frieden finden und seine Bedürfnisse anderen gegenüber klar kommunizieren.

Ausführliche Beschreibung/ Beispiel

Das Vorgehen wird anhand eines Beispielfalls geschildert. Der Klient berichtet, er sei in einem Verein aktiv und sei vom Vorstand gebeten worden, die Neugestaltung und Pflege der Vereins-Website zu übernehmen. Er habe sich Bedenkzeit erbeten und wisse aber leider partout nicht, was er machen solle. Als Frage formuliert er: „Soll ich die Neugestaltung und Pflege der Vereins-Website übernehmen?"

Schritt 1: Innere Stimmen „herauslocken" und anhören
Der Coach bittet den Klienten, alles auszusprechen, was ihm zu seiner

Fragestellung durch den Kopf geht. Dieser beginnt: „Wissen Sie, das sind zig Stunden Arbeit, die in keiner Weise gewürdigt werden, da kaum einer was davon versteht. Die haben ja alle keine Ahnung von so was. Ich verstehe eigentlich auch nicht sooo viel davon, aber unter den Blinden ist der Einäugige ja der König. Die Kollegen meinen vermutlich, dass das in ein bis zwei Stunden gemacht ist. Also, ich darf mich da nicht drauf einlassen, denn die haben ja keine Ahnung, wie viel Arbeit damit verbunden ist!" Der Coach fasst das Gesagte zusammen und gibt es an den Coachee zurück: „Also ein Teil in Ihnen sagt so was wie ‚Lass dich bloß nicht darauf ein! Das sind zig Stunden Arbeit, die in keiner Weise gewürdigt werden, da kaum einer etwas davon versteht!‘, richtig?" Der Coachee bestätigt und wird dann vom Coach gefragt: „Wer ist denn das, der da gerade gesprochen hat? Welchen Namen wollen Sie diesem Teil von Ihnen geben?" Der Coachee antwortet, das sei der Ernüchterte, und der Coach hält den gerade identifizierten Teil bildlich auf einem Flipchart oder Blatt Papier fest (siehe Schaubild 10). Bei einem Telefon-Coaching kann er den Coachee instruieren, mitzumalen. Wenn der Coachee nicht von sich aus weiterspricht, fragt der Coach ihn zum Beispiel: „Was geht Ihnen im Hinblick auf ... (sein Thema) noch durch den Kopf?" Der Klient im Beispiel antwortet darauf, dass er sich bestimmt stundenlang anhören müsse, was den Vereinskollegen an der neuen Website alles nicht gefalle, und er hunderte von Stunden vor dem Computer sitze, um E-Mails zu beantworten. Der Coach fasst das Gesagte wieder zusammen, fragt den Coachee nach dem Namen und visualisiert auch diesen Teil. Sofern der Coachee nicht von sich aus mit weiteren Gedanken zu seinem Thema fortfährt, regt ihn der Coach dazu an, in sich hineinzuhören, welche Bestrebungen es sonst noch tief in ihm drin gibt. Hilfreich sind dafür vor allem die folgenden beiden Fragen:

- „Gibt es vielleicht einen Teil in Ihnen, der anderer Meinung ist und sagt ‚Alles schön und gut, mag ja sein, aber ...‘?"
- „Gibt es vielleicht eine Stimme in Ihnen, die der/den bisherigen zustimmt und sagt ‚Ja genau! Und außerdem ...‘?"

Auf diese Weise werden alle Teile angeregt, sich zu Wort zu melden. Sie werden ausführlich angehört mit allem, was sie sagen wollen, und mit einem Namen versehen. Im Beispielfall melden sich fünf Teile zu Wort:

der Ernüchterte, der Betriebswirt, der Boss, der Faire und der Spaßsucher (Schaubild 10). Wenn sich kein weiterer Teil mehr meldet, fährt der Coach fort wie unter Schritt 2 beschrieben.

Schritt 2: Bedürfnisse der einzelnen Teile identifizieren

Nachdem alle inneren Stimmen zu Wort gekommen sind, geht der Coach eine nach der anderen mit dem Coachee durch, wiederholt die jeweilige „Botschaft" und fragt den Coachee, worum es diesem Teil von ihm geht: „Was möchte dieser Teil Positives für Sie erreichen? Welche Bedürfnisse will er erfüllt haben?" Im Beispiel möchte der Ernüchterte zum Beispiel Wertschätzung bekommen und gesehen werden (für den Aufwand, den er hat). Falls der Coachee keine Bedürfnisse (im Sinne der gewaltfreien Kommunikation) nennt, sondern Strategien wie „der möchte halt Geld verdienen und keine Zeit verplempern", unterstützt ihn der Coach dabei, die Bedürfnisse dahinter zu identifizieren, indem er sich empathisch in den Teil hineinversetzt und seine Vermutung fragend ausspricht: „Geht es diesem Teil vielleicht um ...?"

Schritt 3: Bedürfnisse zusammenfassen

Sind die Bedürfnisse der einzelnen Teile identifiziert, werden diese auf einem separaten (Flipchart-)Blatt notiert – und zwar unabhängig von ihren Teilen/Stimmen. Bei einem Telefon-Coaching liest der Coach die Bedürfnisse nochmals langsam vor und bittet den Klienten, sich diese ebenfalls auf einem separaten Blatt Papier zu notieren, sodass er sie auf einen Blick vor sich hat. Mehrfach genannte Bedürfnisse werden nur einmal notiert (Schaubild 10).

Schritt 4: Mögliche Strategien brainstormen

Nun wird der Klient gebeten, sich seine Bedürfnisse noch einmal vor Augen zu führen und sie sich sehr bewusst zu machen und dabei zu überlegen, welche Möglichkeiten es gäbe, all diese Bedürfnisse ein Stück weit zu erfüllen. Falls Reaktionen wie „ich weiß nicht, das geht doch nicht" kommen, antwortet der Coach: „Bleiben Sie trotzdem noch einen Moment dabei und erlauben Sie sich die Vorstellung, dass es doch möglich ist, alle Bedürfnisse zumindest ein bisschen zu erfüllen." Im Beispielfall kam der Klient nach einer anfänglichen „Blockade" unter anderem auf die Idee, dass er ja als Bedingung nennen könnte, Feedback zur neuen Homepage nur persönlich im Rahmen einer Mitgliederversammlung entgegenzunehmen und nicht per E-Mail oder Telefon. Alternativ dazu kann der Coach den Coachee anregen, seine Bedürfnisse zu priorisieren und in eine Reihenfolge zu bringen. Manche Klienten tun dies automatisch. Auch wenn ihnen vorgeschlagen wird, zu überlegen, wie alle Bedürfnisse ein Stück weit erfüllt werden könnten, antworten sie dann zum Beispiel mit Aussagen wie „Also am allerwichtigsten ist für mich ...".

Schritt 5: Entscheidung treffen
Ist das Brainstorming von Möglichkeiten oder alternativ dazu die Priorisierung von Bedürfnissen abgeschlossen, fragt der Coach den Coachee: „Was heißt das jetzt konkret? Was wollen Sie jetzt tun?" Dabei sollte er bedenken, dass es bei größeren Fragestellungen mit weitreichenden Folgen (zum Beispiel „Ich werde in Kürze 70 und möchte mich so langsam zurückziehen. Was soll ich mit meiner Firma machen?") nicht immer möglich ist, die Ausgangsfrage mit einem einzigen inneren Team „in einem Aufwasch" zu beantworten. In so einem Fall ist es wichtig, als Coach darauf hinzuwirken, dass der Coachee konkrete Schritte definiert, die ihn in seiner Entscheidungsfindung weiterbringen. Der Coachee im Beispielfall entschied sich dafür, die Neugestaltung und Pflege der Vereins-Website zu übernehmen – unter der Bedingung, dass Vorstand und Mitglieder nur jeweils einmal Feedback geben dürfen und dies auch nur persönlich im Rahmen eines Vorstandstreffens und einer Mitgliederversammlung und nicht via Telefon oder E-Mail. Außerdem gab er den Zeithorizont vor und erbat sich eine Back-up-Person (Schaubild 10). Mit dieser Entscheidung fühlte er sich rundum wohl.

Der Ernüchterte	**Der Betriebswirt**	**Der Boss**
Stimme 1: Lass dich bloß nicht darauf ein! Das sind zig Stunden Arbeit, die in keiner Weise gewürdigt werden, da kaum einer was davon versteht!	**Stimme 2:** Ja genau! Und außerdem kannst du dir dann noch anhören, was alles nicht gefällt und geändert werden soll. 1000 Stunden nur für E-Mails von Kollegen ...	**Stimme 3:** Mag ja sein, aber wer soll es bitteschön sonst machen? Außer X blickt das doch keiner. Und du bist auch nicht so aktiv in Projekten drin wie die anderen!
Bedürfnisse: Wertschätzung, Gesehen werden	**Bedürfnisse:** Freude, Effektivität, Leichtigkeit, Rücksichtnahme	**Bedürfnisse:** Fairness, Balance von Geben und Nehmen, Beitrag leisten

Der Faire	**Der Spaßsucher**
Stimme 4: Stimmt! Und Y gegenüber wäre es auch unfair. Sonst würde es ja doch wieder an ihr hängen bleiben wie fast alles andere auch ...	**Stimme 5:** Außerdem machst du diese Art von Arbeit doch eigentlich ganz gerne – zumindest ab und zu – oder etwa nicht!?
Bedürfnisse: Fairness, Rücksichtnahme, Unterstützung	**Bedürfnisse:** Freude, Leichtigkeit, Entwicklung, Herausforderung

Identifizierte Bedürfnisse:
Wertschätzung, Gesehen werden, Effektivität, Freude, Leichtigkeit, Rücksichtnahme, Fairness, Balance von Geben und Nehmen, Beitrag leisten, Unterstützung, Entwicklung, Herausforderung

Brainstorming von möglichen Strategien:
- Gebündeltes Feedback beschränkt auf je 1 × durch den Vorstand und 1 × durch die Mitglieder
- Ausschluss von E-Mail- und Telefon-Feedback (nur persönlich im Rahmen von Vorstandstreffen und Mitgliederversammlung)
- Übernahme nur der Pflege der Website, nicht aber der Gestaltung
- Zeithorizont für die Gestaltung der Website bis mindestens 30. September
- Back-up-Person für die Pflege der Website von Anfang an benannt

Entscheidung:
Info an den Vorstand, beides zu übernehmen – Neugestaltung und Pflege der Website – mit Beschränkung des Feedbacks auf Face-to-Face-Rückmeldungen (keine Emails und Telefonate) und weiterer Beschränkung auf jeweils maximal 1 × durch den Vorstand und 1 x durch die Mitglieder; außerdem Zeithorizont bis mindestens 30.09. und Back-up-Person für die Pflege.

Schaubild 10: Beispiel eines inneren Teams (Vereins-Website)

Voraussetzungen/ Kenntnisse	Bei der Anwendung dieses Tools ist es wichtig, als Coach in einer stringent urteilsfreien Haltung zu agieren. Jeder Teil ist willkommen und will mit seiner positiven Intention gesehen werden. Falls Klienten einzelne Teile ablehnen wollen, sind ihnen die Konsequenzen zu erläutern. Dafür eignet sich zum Beispiel die Metapher der „Kellerkinder": Kinder, die in den Keller gesperrt werden, klopfen so lange immer wieder gegen die Tür und machen sich bemerkbar, bis sie gehört werden und hinausdürfen – oder irgendwann vor Durst und Hunger gestorben sind. Für den inneren Frieden ist es also wichtig, keine „Leichen" im Keller zu produzieren, sondern alle „Kinder" zu hören und keines in den Keller zu sperren beziehungsweise die, die eventuell dort bereits eingesperrt sind, rauszulassen und anzuhören. Der Coach muss außerdem in der Lage sein, die Klienten dabei zu unterstützen, die Bedürfnisse der einzelnen Teile zu erkennen, denn die Benennung von Bedürfnissen erweitert den Raum der Lösungsmöglichkeiten enorm. Coachs, die in gewaltfreier Kommunikation geübt sind, dürften hier im Vorteil sein.
Kommentar/ Erfahrungen	Bei diesem Werkzeug ist es besonders wichtig, in der systemischen Haltung zu agieren und darauf zu vertrauen, dass der Klient seine Antworten findet, wenn man ihn nur nicht dabei stört. Der Coach tut gut daran, nicht über die Aussagen des Coachees nachzudenken und sie zu bewerten, sondern sich darauf zu konzentrieren, empathisch zuzuhören, das Gesagte mitzuschreiben und die Bedürfnisse hinter dem Gesagten zu erspüren. Es ist hilfreich, dabei langsam zu arbeiten (damit der Klient angeregt wird, tief gehend in sich hineinzuhören/ -schauen/-spüren) und Teile des Gesagten möglichst wörtlich zu notieren (damit der Klient seine Worte auf sich wirken lassen und tiefer gehend nachspüren kann). Bei einem Telefon-Coaching ist es hilfreich, als Coach mitzuschreiben und dem Coachee vorzuschlagen, parallel dazu selbst auch mitzuschreiben beziehungsweise mitzumalen. Dies hilft visuell orientierten Klienten dabei, ihre Gedanken zu sortieren.

Die Arbeit mit dem Tool dauert im Schnitt zwischen einer halben Stunde und eineinhalb Stunden. Hilfreich sind ein Flipchart
bei Face-to-Face-Coachings oder Papier und Stift bei Telefon-
Coachings zum Visualisieren und Mitschreiben des Gesagten.

Auf den Punkt gebracht:

Das hier beschriebene Tool kombiniert das innere Team von
Schulz von Thun mit der gewaltfreien Kommunikation. Es
geht davon aus, dass wir aus einer Vielzahl von Teilpersönlichkeiten bestehen, die (höchst) unterschiedliche Bestrebungen haben. Manch einer hat zum Beispiel einen risi-
kofreudigen „Unternehmer" in sich und gleichzeitig einen
sicherheitsbedachten „Beamten".

Das Werkzeug hilft Menschen dabei, ihre inneren Bestrebungen zu einer bestimmten Fragestellung klar zu erkennen und zu benennen und die dahinterliegenden Bedürfnisse aufzuspüren. Das Erkennen der Bedürfnisse hinter
den „Botschaften" der einzelnen Teile ermöglicht es, aus
einem uneinigen oder gar zerstrittenen Haufen ein Team
zu bilden und Lösungen zu finden, bei denen alle Teammitglieder mitgehen können. Dies schafft inneren Frieden
und ist die Basis für eine klare und authentische Kommunikation. Das Tool eignet sich immer dann, wenn Menschen
nicht wissen, was sie tun sollen, und sich innerlich zerrissen fühlen.

Somatische Marker

„Soma" ist griechisch und bedeutet „Körper". Unser Körper ist
ein ideales Instrument zur Überprüfung unserer Annahmen,
Ideen und Beobachtungen, denn in ihm ist eine riesige Menge
emotionaler Erfahrungen abgespeichert.

Somatische Marker sind körperliche Veränderungen (Atemfrequenz, Durchblutung, Muskelspannung, ...), die durch Reize ausgelöst werden und eine Reaktion in unserem emotionalen Erfahrungsgedächtnis zur Folge haben, die sich als Gefühl bemerkbar macht.

Der bekannte Neurowissenschaftler António Damásio prägte dazu den Satz: *„Der Körper ist die Bühne der Gefühle."*

Anwendungsbereiche In der Alltagssprache sind die somatischen Marker fest verankert:

- ▪ Mir bricht es das Herz.
- ▪ Da spür ich einen Kloß im Hals.
- ▪ Das schlägt mir auf den Magen.
- ▪ Mir stockt der Atem.
- ▪ Da verlier ich den Boden unter den Füßen.
- ▪ Ich hab da so ein Gefühl im Bauch.

Die Anwendung der somatischen Marker im Coaching besteht darin, dass man solche körperlichen Empfindungen bewusst werden lässt.

Der Coach lädt den Coachee ein, seine Aufmerksamkeit auch in den Körper zu richten. Dadurch wird die mentale Ebene vertieft und um die körperliche Ebene ergänzt. Mit der Anwendung der somatischen Marker wird die Intuition bewusst ins Coaching einbezogen.

Zielsetzung Durch die Wahrnehmung der somatischen Marker wird dem Klienten bewusst, wie er körperlich auf seine Ideen, Ansichten, Annahmen, Überzeugungen und dergleichen reagiert. Entscheidungsprozesse lassen sich dadurch verbessern und beschleunigen, indem eine emotionale Vorauswahl von Handlungsoptionen getroffen wird.

Wir denken oft, dass Entscheidungen allein im Kopf getroffen werden können. Durch gründliches Nachdenken sollte es doch möglich sein, herauszufinden, was zu tun ist. Aber: Wieso tun wir dann manchmal etwas nicht, obwohl gute Gründe dafür sprechen und wir uns vom Kopf her dafür entschieden haben? Das Gehirn hat etwas entschieden, aber der Körper folgt dieser Entscheidung nicht. Es fühlt sich schwer an. Das Bauchgefühl spricht dagegen. Man fühlt sich gelähmt, genervt oder angespannt.

Die Entscheidung, ob etwas stimmig oder unpassend ist, lässt sich nicht nur logisch oder faktisch begründen. Es lohnt sich, den Körper bei Entscheidungen mit einzubeziehen, denn in ihm sind unzählige emotionale Erfahrungen abgespeichert. Unser körpereigenes Signalsystem gibt uns eindeutige Rückmeldungen für anstehende Entscheidungen – wenn wir nur darauf hören!

Aufgrund zurückliegender Erfahrungen bewertet der Körper aktuelle Situationen und Handlungsoptionen und gibt durch körperliche Empfindungen Auskunft darüber, was für uns stimmig ist und was nicht. Dabei greift der Körper auf eine umfangreiche emotionale Datenbank zurück. Dieses Körperwissen kann auch als Intuition bezeichnet werden.

Der bekannte Neurobiologe Gerald Hüther äußert sich dazu wie folgt (Marlock/Weiss 2006, Klappentext): *„Gehirn und Körper sind untrennbar miteinander verbunden – nicht nur anatomisch, sondern auch durch ihre gemeinsame Entwicklungsgeschichte. Und weil die im Laufe des Lebens gemachten Erfahrungen immer auf beiden Ebenen – im Gehirn und im Körper – strukturell verankert sind, bleibt jede psychotherapeutische Intervention, die den Körper nicht mit einbezieht, nur eine Teilbehandlung.“*

Hier einige konkrete Möglichkeiten, wie Coachs durch Einbeziehen der somatischen Marker Coaching-Prozesse vertiefen können:

Aufmerksamkeit auf den Körper lenken:
- Wie fühlt sich Ihr Körper jetzt gerade an?
- Wo im Körper bemerken Sie etwas?
- Da stockt der Atem – oder?
- Da läuft es einem kalt den Rücken runter?

Interessieren und fokussieren:
- Interessiert es Sie, das noch genauer anzusehen?
- Wollen Sie das Gefühl näher untersuchen?
- Das macht mich neugierig – haben Sie Lust, das zu erkunden?

Verlangsamen, innehalten, zu Achtsamkeit einladen:
- Können Sie das mal genauer beschreiben?
- Lassen Sie uns mal ganz langsam machen ...
- Wenn Sie mal die Augen schließen ...

Das gegenwärtige Erleben bemerken und benennen:
- Was passiert jetzt gerade in Ihnen?
- Das berührt Sie gerade?
- Da entsteht gerade ein Gefühl?
- Da verändert sich etwas in Ihnen?

Voraussetzungen/ Kenntnisse

Voraussetzung für die Einbeziehung der somatischen Marker ins Coaching ist eine stabile und sichere Beziehung zwischen Coach und Coachee. Auch der äußere Rahmen hat einen Einfluss. Ein formales Setting mit festgelegten Sitzpositionen kann das lebendige körperliche Erleben behindern. Den Körper einzubeziehen gelingt leichter, wenn man ihm beispielsweise Raum für Bewegung gibt. Ein gemeinsamer Spaziergang kann überraschende Impulse bringen.

Die achtsame Erforschung der körperlichen Signale braucht meist etwas Zeit. Kommen die Antworten sehr schnell – wie aus der Pistole geschossen –, ist das ein Hinweis darauf, dass auf gespeichertes Wissen zurückgegriffen und nicht das aktuelle Erleben beschrieben wird. Nicht jeder Klient findet auf Anhieb den Zugang zu diesem körperbezogenen Coaching.

Kommentar/ Erfahrungen

Beim Einsatz dieses Werkzeugs ist nichts Besonderes zu beachten.

Technische Hinweise

Auf den Punkt gebracht:

Jede Erfahrung, die wir im Laufe unseres Lebens machen, wird nicht nur im Gehirn abgespeichert, sondern auch im Körper. Deshalb sind Interventionen, die nur den Verstand berücksichtigen, nicht so wirksam wie solche, die auch den Körper integrieren.

Somatische Marker sind körperliche Veränderungen wie unser Pulsschlag oder unsere Atemfrequenz, die durch Reize ausgelöst werden und sich als Gefühl bemerkbar machen. Diese körperlichen Veränderungen werden bewusst gemacht, indem der Coach den Coachee einlädt, seine Aufmerksamkeit in den Körper zu lenken, innezuhalten und wahrzunehmen, was sich dort gerade tut. Die Empfindungen geben dem Coachee dann Auskunft darüber, welche Idee, Strategie, Aktivität, ... ihm entspricht und welche eher nicht.

Wechselwirkungsschleife

Menschen reagieren aufeinander. Das ist ein fortwährender Prozess, der ständig stattfindet. Man kommuniziert – verbal und nonverbal. Vordergründig geht es um konkrete Sachverhalte:

Kurzbeschreibung

Probleme wollen gelöst und Aufgaben erledigt werden. Im Hintergrund wirkt jedoch die emotionale Ebene des menschlichen Miteinanders. Das macht die Dinge kompliziert. Mit solchen Komplikationen haben wir es im Coaching regelmäßig zu tun, wenn Coachees von Situationen berichten, in denen das Verhalten einer anderen Person starke emotionale Reaktionen in ihnen auslöst:

- Meine Kollegin will mich immer belehren.
- Der Kunde bringt mich auf die Palme.
- Der Chef hört mir nie zu.

Eine Person tut etwas und die andere reagiert – und die Situation verschlimmert sich. Es ist eine Wechselwirkungsschleife entstanden: eine scheinbar unendliche Abfolge von problematischen Zuständen. Eine Lösung auf der Sachebene wird immer unwahrscheinlicher, wenn nicht die interpersonale Ebene des Konflikts beleuchtet wird.

Anwendungsbereiche

Im Kontakt zweier Menschen entstehen Wechselwirkungen. Emotionale Reaktionen werden ausgelöst und verstärken einander. Dieses Aufeinander-Reagieren wird näher betrachtet. Die Wechselwirkungsschleife ist eine hilfreiche Methode, um komplexe, festgefahrene Beziehungen zu erforschen.

Zielsetzung

Kern der Wechselwirkungsschleife ist es, Verhalten und Emotionen der beiden miteinander „verstrickten" Personen getrennt voneinander zu betrachten. Die problematische Situation wird aus einer anderen Perspektive gesehen und es wird deutlich, wie das eine zum anderen führt und dass beide zum Bestehen der Wechselwirkungen beitragen. Die Schuldfrage tritt in den Hintergrund und der Blick richtet sich auf Möglichkeiten der Veränderung.

Ausführliche Beschreibung

Das nachfolgend beschriebene Vorgehen basiert wesentlich auf der Veröffentlichung von Halko Weiss (Weiss 2007). Weiss beschreibt die Analyse von Wechselwirkungen in kritischen dyadischen Beziehungssituationen anhand der „Wechselwirkungs-Acht" (WW8). Die konkrete Anwendung dieses Instruments im Coaching und Selbst-Coaching beschreiben Ingeborg und Thomas Dietz (Dietz und Dietz 2007). Man betrachtet dabei eine problematische Situation, die der Coachee in den Coaching-Prozess einbringt. Es ist sinnvoll und notwendig, eine ganz konkrete Situation zu wählen.

Der folgende Ablauf führt Schritt für Schritt durch die verschiedenen Ebenen der Wahrnehmung – mit dem Ziel, die Wechselwirkung zwischen den Personen auf den Ebenen des äußerlich sichtbaren Verhaltens und des innerlich gefühlten Erlebens zu verstehen.

Schritt 1: Das Verhalten des anderen (Verhaltensebene)

Der erste Schritt ist das Sichtbarmachen der auslösenden Reize. Die Frage ist: Durch welches Verhalten löst die andere Person den emotionalen Zustand des Coachees aus? Der Fokus liegt also darauf, das Verhalten der anderen Person wahrzunehmen – ohne emotionale Bewertung. Der Klient wird aufgefordert, das Verhalten der anderen Person aus der Sicht eines neutralen Außenstehenden zu beschreiben. Die folgenden Fragen sind dabei nützlich:

- In welchen Situationen tritt der Konflikt auf?
- Was sagt und tut der andere in diesen Situationen?
- Was sind typische Sätze oder Worte?
- Gibt es typische Gesten?
- Wie ist seine Körperhaltung?

Man unternimmt also den Versuch einer „objektiven" Darstellung – wohl wissend, dass dies eine ideale Vorstellung ist. Die Interaktion wird auf verbaler und nonverbaler Ebene betrachtet: Stimme, Tonfall, Worte, Körperhaltung, Gesten, Mimik. Der Fokus liegt auf den beobachtbaren Abläufen. Man versucht, jegliche Interpretationen und Bewertungen zu unterlassen. Anstatt zu sagen „Die Person wurde ärgerlich", würde man beschreiben: „Die Person ist vom Stuhl aufgestanden und hat mit der rechten Faust auf den Tisch gehauen."

Die Wahrnehmung dieses Verhaltens löst Emotionen im Coachee aus. Darum geht es im nächsten Schritt:

Schritt 2: Das innere Erleben des Coachees (emotionale Ebene)

Der zweite Schritt der Wechselwirkungsschleife besteht in der genauen Betrachtung der emotionalen Zustände, die im Coachee in der als schwierig erlebten Beziehungssituation entstehen. Welche inneren Reaktionsmuster zeigt er? Die Fragen sind:

- Wie fühlen Sie sich in dieser Situation?
- Welche Empfindungen nehmen Sie in Ihrem Körper wahr?
- Welche Gefühle entstehen?

Mit diesen Fragen wird die somatische Ebene bewusst angesprochen. Unter Einbezug des Modells des inneren Teams kann man beispielsweise mit folgenden Fragen weiter explorieren:

- Wie könnte man den inneren Teil nennen, der in Ihnen in dieser Situation zum Vorschein kommt?
- Wie sieht dieser Teil aus?
- Was ist wohl seine Geschichte?

Der Fokus der Fragen liegt also auf der Erforschung des inneren Erlebens in der problematischen Situation. Dieses innere Erleben führt zu einer äußeren Reaktion des Coachees:

Schritt 3: Das Verhalten des Coachees (Verhaltensebene)

Nun wird das Verhalten des Coachees in der problematischen Situation unter die Lupe genommen. Analog zu Schritt 1 geht es wieder um die Sicht von außen; eine neutrale Betrachtung des Geschehens – ohne Bewertung. Die Fragestellungen sind identisch zu Schritt 1, mit dem Unterschied, dass der Blick auf das Verhalten des Coachees gerichtet ist und nicht auf das der anderen Person. Passende Fragen sind beispielsweise:

- Was genau tun und sagen Sie in dieser Situation?
- Wie sagen Sie es?
- Was sind typische Sätze und Worte?
- Gibt es typische Gesten?
- Wie ist Ihre Körperhaltung?

Fragen dieser Art lenken den Blick auf das Verhalten des Coachees, während im vorherigen Schritt der Fokus auf seinem Fühlen war.

Das Verhalten des Coachees löst wiederum Emotionen in der anderen Person aus, die nun Gegenstand der Betrachtung sind:

Schritt 4: Das innere Erleben des anderen (emotionale Ebene)

Dieser Schritt ist eine besondere Herausforderung. Es gilt, das innere Erleben der anderen Person abzubilden, ohne dass diese anwesend ist und selbst Auskunft geben kann. In problematischen Situationen wird das innere Erleben meist nicht offengelegt, sondern durch Schutzstrategien verdeckt. Hier kommt nun die Bedeutung der achtsamen Haltung im Coaching zur Geltung. Im sicheren Kontext des Coaching-Prozesses unternimmt man den Versuch einer empathischen Deutung des Geschehens. Die Aufmerksamkeit wendet sich weg von der Geschichte mit Daten und Fakten und hin zum Menschen und seiner inneren emotionalen Erfahrungswelt. Wie diese aussehen könnte, versucht man nun zu erkunden:

- Was erlebt die andere Person vermutlich in ihrem Inneren?
- Wie fühlt sich die andere Person wohl?
- Welche wunden Stellen wurden bei ihr vermutlich berührt?

Falls der Coachee dabei in eine „Problem-Trance" verfällt, unterstützt ihn der Coach dabei, wieder in eine neugierig-zugewandte Haltung zurückzufinden, die interessiert am Erleben des anderen ist.

Schritt 5: Optionen der Veränderung

Die Visualisierung der beschriebenen Schritte im nachfolgend abgebildeten Schema illustriert den Ablauf der Wechselwirkung: Das Verhalten des einen führt zu Gefühlen beim anderen. Diese Gefühle aktivieren automatisierte Schutzstrategien. Und dieses Schutzverhalten führt zu Gefühlen beim anderen. Dessen inneres Erleben aktiviert wiederum Schutzstrategien bei ihm. Der Kreislauf ist im Gang und verstärkt sich. In der Darstellung sieht die Abfolge aus wie eine liegende Acht, also wie das mathematische Zeichen der Unendlichkeit. Also immer wieder der Ablauf von 1-2-3-4-1-2-3-4-1-2-3-4, ... Man könnte genauso gut bei 3 anfangen. Bei dieser Schleife gibt es keinen Anfang und kein Ende.

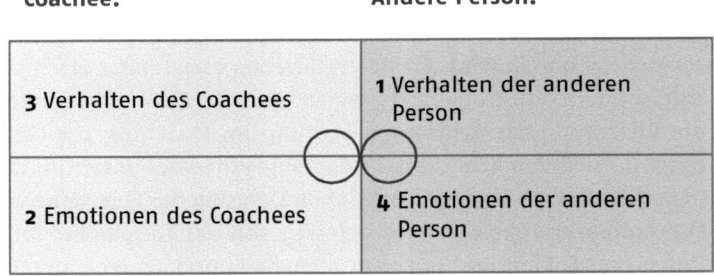

Schaubild 11: Wechselwirkungsschleife

Die problematische Situation aus dieser Sicht zu sehen, bedeutet einen Wechsel der Perspektive. Es wird deutlich, wie das eine zum anderen führt. Es zeigt sich, dass beide Beteiligten aktiv zur Wechselwirkung beitragen. Anstelle der Täter-Opfer-Problematik entsteht eine Täter-Täter-Konstellation. Die Schuldfrage tritt zurück und der Blick richtet sich nach vorne auf mögliche Lösungen.

Durch den Einbezug des inneren Erlebens der Beteiligten wird etwas sichtbar, das eigentlich im Verborgenen stattfindet. Betrachtet man die Wechselwirkung nur auf der Ebene des Verhaltens – Quadrant 1 und 3 –, wird der „Treibstoff" für den Konflikt nicht deutlich. Erst wenn man hinter die „Kulisse" blickt und das innere Erleben – Quadrant 2 und 4 – mit einbezieht, wird das Geschehen verständlich.

Wie lässt sich nun die unendliche Schleife der Wechselwirkung beenden? Die Antwort ist naheliegend: Der Coachee kann sein Verhalten ändern. Wenn er sein Verhalten ändert, wird dies aus systemischer Sicht Auswirkungen auf die andere Person haben und die Beziehung kann sich verändern. Die andere Person kann er nicht ändern. Sein eigenes Verhalten schon!

Die negative Wechselwirkung wird aufrechterhalten durch automatisierte Verhaltensweisen, die von Persönlichkeitsanteilen gesteuert werden, die vorrangig für den eigenen Schutz ausgebildet wurden. Das sind Spezialisten für den Kampf oder die Flucht und keine Experten für gute Zusammenarbeit und positive Beziehungen. Die Wechselwirkung verändert sich, wenn es gelingt, die Ebene der Beziehung anzusprechen. Die Selbstoffenbarung ist eine Option dazu. Selbstoffenbarung bedeutet, dass man den Versuch unternimmt, die eigene innere Welt sichtbar werden zu lassen. Bildlich gesprochen lässt man die Hosen herunter. In diesem Bild wird schnell deutlich: Man geht dabei das Risiko ein, sich sichtbar und damit auch verletzlich zu machen. So ist das in Beziehungen: Will man sich wirklich annähern, muss man irgendwann den Panzer, den man um sich herum aufgebaut hat, abgelegen. Aufgabe des Coachs ist es, den Coachee beim Ablegen seines Panzers zu unterstützen.

Voraussetzungen/ Kenntnisse

Die Anwendung der Wechselwirkungsschleife setzt voraus, dass der Coach darin geübt ist, Beobachtungen von Interpretationen und Bewertungen zu unterscheiden. Außerdem sollte er in der Lage sein, starke Gefühle anderer Menschen auszuhalten und in einer stringent urteilsfreien und empathischen Haltung zu bleiben. Eigene Erfahrungen mit dem Tool halten wir für unverzichtbar.

Kommentar/ Erfahrungen Der Coach tut gut daran, *nicht* über die Aussagen des Coachees nachzudenken, sie einzusortieren und zu bewerten. Stattdessen sollte er dem Coachee wohlwollend, präsent und einfühlsam begegnen – und ihm damit einen Raum öffnen, in dem dieser sich so sicher, akzeptiert und verstanden fühlt, dass er es wagt, sein gewohntes „Terrain" zu verlassen.

Technische Hinweise Eine Visualisierung der Wechselwirkungsacht auf einem Flipchart oder einem Blatt Papier trägt sehr zum Verständnis bei.

Auf den Punkt gebracht:

Wenn Menschen miteinander zu tun haben, entstehen gegenseitige Wechselwirkungen. Das Verhalten des einen löst Emotionen im anderen aus – und lässt diesen auf eine bestimmte Weise reagieren. Diese Reaktion wiederum führt zu Emotionen beim Ersten – und lässt ihn entsprechend reagieren. Es kommt vor, dass die beiden sich immer mehr ineinander „verhakeln", sodass Lösungen auf der Sachebene irgendwann kaum noch möglich sind.

Die Wechselwirkungsschleife hat zum Ziel, das Verhalten und die Emotionen von zwei miteinander „verstrickten" Personen getrennt voneinander zu betrachten und dadurch deutlich zu machen, wie das eine zum anderen führt. Dadurch erkennt der Klient, dass auch er zur unguten Wechselwirkung beigetragen hat. In der Folge öffnet er sich peu à peu dafür, sein eigenes Verhalten zu verändern, statt weiter über die andere Person zu klagen oder zu schimpfen.

Werteklärung

....

Werte sind Qualitäten, die wir für erstrebenswert erachten.

....

Werte bestimmen, was Bedeutung für uns hat. Sie sind innere Antreiber, die unser Handeln und unsere Entscheidungen beeinflussen – ohne dass es uns immer bewusst ist. Jeder Mensch hat sein individuelles Wertesystem, das sich aber im Laufe des Lebens durch die Umstände, geänderte Überzeugungen und stärker in den Vordergrund gerückte Bedürfnisse ändern kann. Wer sich seiner Werte bewusst ist und weitgehend im Einklang mit ihnen lebt, ist authentisch und klar. Lebt jemand hingegen längerfristig entgegen seinen Werten, führt dies zu innerer Zerrissenheit und Erschöpfung. **Kurzbeschreibung**

Ein Mensch, für den Autonomie, Selbstverantwortung und Unabhängigkeit hohe Werte sind, wird sehr wahrscheinlich unglücklich werden, wenn er einen stark reglementierten Job hat, bei dem er sich streng an Vorgaben halten muss. **Beispiel**

Die Werteklärung ist ein Werkzeug, das Klienten dabei unterstützt, sich ihrer Werte und Wertehierarchien bewusst zu werden und daraus Konsequenzen für ihr Coaching-Anliegen zu ziehen.

Werte spielen in nahezu jedem Coaching eine Rolle. Eine ausführliche Werteklärung bietet sich insbesondere bei Themen mit großer Tragweite an, etwa einer beruflichen Umorientierung oder Schwierigkeiten bei der Vereinbarkeit von Familie und Beruf. **Anwendungsbereiche**

Der Klient erkennt, was ihn antreibt, was ihm wirklich wichtig ist und seinem Leben Sinn gibt. In Entscheidungssituationen kann er sich daran orientieren und leichter einen Entschluss herbeiführen. **Zielsetzung**

Ausführliche Beschreibung	Der Coach gibt dem Klienten zehn unbeschriebene Karten und fordert ihn auf, auf jede Karte eine Sache zu notieren, die ihm im Leben ganz besonders wichtig ist. Wenn es für den Coachee leichter ist, kann er ihm auch eine Liste mit möglichen Werten als Inspirationsquelle vorlegen, beispielsweise folgende:

Werteliste

Leistung	Fortschritt	Abenteuer
Liebe	Wettbewerb	Kooperation
Kreativität	Sicherheit	Ruhm
Familie	Freiheit	Freundschaft
Gesundheit	Hilfsbereitschaft	Innere Harmonie
Integrität	Zugehörigkeit	Loyalität
Ordnung	Wachstum	Vergnügen
Macht	Anerkennung	Verantwortung
Selbstrespekt	Spiritualität	Reichtum
Weisheit	Abwechslung	Extravaganz
Selbstbestimmung	Einfluss	Status
Erfolg	Karriere	Emanzipation
Prestige	Ehre	Gerechtigkeit
Qualität	Treue	Verlässlichkeit
Vertrauen	Frieden	Tradition
Geborgenheit	Balance	Natur
Toleranz	Fantasie	Humor
Genuss	Disziplin	…

Wenn Klienten Begriffe wie „Geld" oder „Zeit" nennen, ist es hilfreich, wenn der Coach diese hinterfragt und anregt, sich zu überlegen, welcher Wert dahintersteckt. Im Falle von „Geld" könnte dies Freiheit oder Sicherheit sein, im Falle von „Zeit" zum Beispiel Balance.

Wenn der Klient auf alle zehn Kärtchen je einen Wert notiert hat, wird er vom Coach gebeten, für jeden Wert zu beschreiben, was er damit verbindet, und dies in Stichworten auf der Rückseite des Kärtchens festzuhalten. Hilfreiche Fragen hierfür sind:

- Was verbinden Sie mit diesem Wert?
- Welche Bilder und Assoziationen tauchen dazu in Ihnen auf?
- Was beinhaltet dieser Wert für Sie konkret im Alltag?

Sind alle zehn Werte auf diese Weise reflektiert, wird der Coachee aufgefordert, die Werte in eine Rangfolge zu bringen. Der Coach unterstützt ihn dabei zum Beispiel mit folgenden Fragen:

- Wenn Sie nur einen der Werte leben dürften, welcher wäre das?
- Und welcher Wert wäre der zweit-/drittwichtigste?
- Welcher dieser Werte ist für Sie absolut unverzichtbar?
- Für welche dieser Werte sind Sie schon öffentlich eingetreten?
- Bei welchem Wert würden Sie notfalls Kompromisse machen?

Nachdem alle zehn Werte in eine Rangfolge gebracht wurden, regt der Coach den Klienten an, sich Beispiele dafür zu überlegen, wie er die einzelnen Werte in seinem Alltag lebt und was er konkret tun will, um mehr im Einklang mit seinen Werten zu leben. Der Coach schließt die Werteklärung ab, indem er den Klienten fragt, welche Schlussfolgerungen und Handlungen er hieraus für sein Coaching-Thema ziehen will.

Voraussetzungen/ Kenntnisse	Vielen Menschen sind ihre Werte nicht wirklich bewusst; sie haben nur eine diffuse Vorstellung davon, was ihnen wichtig ist. Die Klärung der eigenen Werte kann von Klienten daher als etwas sehr Tiefgreifendes erlebt werden, das nachhaltige Suchprozesse in ihnen auslöst und sie unter Umständen auch in Verbindung mit inneren Konflikten bringt. Als Coach sollte man sich dessen bewusst sein und mit inneren Konflikten umgehen können, falls bei einem Klienten welche auftauchen. Außerdem ist es wichtig, dass der Coach nicht versucht, dem Coachee bestimmte Werte, die er selbst für wichtig erachtet, zu oktroyieren. Dies setzt voraus, dass er sich seine eigenen Werte bewusst gemacht hat.
Kommentar/ Erfahrungen	Wenn es dem Klienten schwerfällt, einzelne Werte klar voneinander zu trennen und/oder sie in eine Rangfolge zu bringen, kann es hilfreich sein, ihm die Hausaufgabe zu geben, einige Tage damit „schwanger" zu gehen und die Werte auf sich wirken zu lassen – und die Werteklärung erst danach fortzusetzen.
Technische Hinweise	Die Werte können statt auf Kärtchen auch auf ein normales Blatt Papier geschrieben werden. Für die Priorisierung der Werte kann ein Gitter zur Prioritäten-Findung zum Einsatz kommen (Schaubild 12). Die Werteklärung dauert im Schnitt zwischen einer und zwei Stunden.

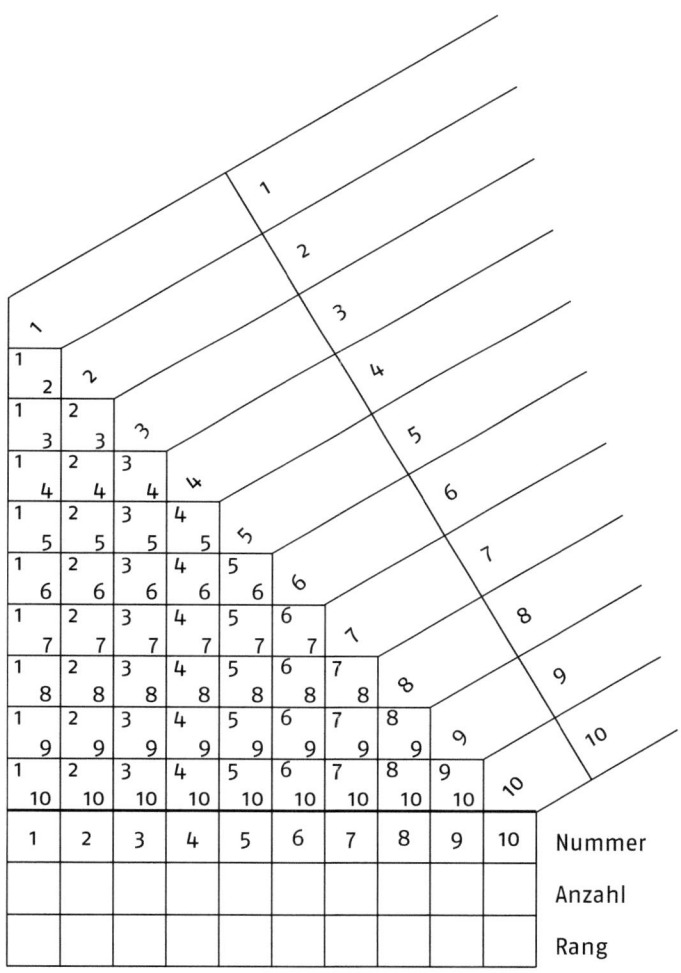

Schaubild 12: Gitter zur Prioritäten-Findung

Werte sind Qualitäten, die wir für erstrebenswert erachten. Sie treiben uns an und beeinflussen unsere Entscheidungen und Verhaltensweisen – auch wenn sie uns nicht bewusst sind. Werte können sich im Laufe des Lebens ändern, zum Beispiel durch geänderte Einstellungen oder Umstände. Lebt jemand gegen seine Werte, führt dies allmählich zu Unausgeglichenheit und Erschöpfung.

Da unser Handeln maßgeblich von unseren Werten beeinflusst wird, sind sie in nahezu jedem Coaching ein Thema. Eine ausführlichere Werteklärung empfiehlt sich insbesondere bei Themen mit großer Tragweite. Durch eine Werteklärung erkennt der Klient, was ihm wirklich wichtig ist. Daran kann er sich in Entscheidungssituationen orientieren.

Ärger-Transformation

Kurzbeschreibung Die Ärger-Transformation ist ein Werkzeug, das Menschen sehr dabei unterstützen kann, die Energie von Ärger produktiv zu nutzen und sich anderen gegenüber kooperativ zu behaupten, statt den Ärger in sich hineinzufressen oder ihn in ungezügelten Aggressionen auszuleben. Der Klient bekommt Raum, um den angestauten Ärger zu entladen, und wird dann angeregt, den Ärger tiefer gehend unter die Lupe zu nehmen und zu erforschen, welchen Nutzen er daraus zieht und auf welche Bedürfnisse ihn der Ärger hinweisen will.

Anwendungsbereiche Wie der Name andeutet, ist die Ärger-Transformation für Situationen konzipiert worden, in denen sich Klienten über andere und/oder über sich selbst ärgern und von ihrem Ärger nicht loskommen.

Der Klient bekommt Empathie für seinen Ärger und kommt dadurch in Verbindung mit den Bedürfnissen, auf die ihn der Ärger hinweisen will. Im Bewusstsein seiner Bedürfnisse ist er dann in der Lage, zu entscheiden, wie er mit der Situation umgehen will. Er findet seinen inneren Frieden wieder und kann sich anderen klar mitteilen, statt den Ärger weiter zu schlucken oder ihn aggressiv auszuleben.

Zielsetzung

Ärger ist die Emotion, die entsteht, wenn wir unbefriedigende Soll-Ist-Differenzen erleben, von denen wir glauben, dass wir sie aus eigener Kraft schließen können. Nach der Anger-Expression-Scale von Prof. Charles D. Spielberger gibt es drei grundverschiedene Haltungen im Umgang mit Ärger:
- Anger out: den Ärger ungezügelt in Aggressionen ausleben
- Anger in: den Ärger in sich hineinfressen
- Anger Control: den Ärger kognitiv verarbeiten

In der „Anger out"-Haltung lässt man seinen Emotionen freien Lauf – getrieben von der (unbewussten) Intention, sich durchzusetzen. In der „Anger in"-Haltung unterdrückt man seine Emotionen – im (unbewussten) Bemühen, einen Konflikt zu vermeiden. In der „Anger Control"-Haltung hingegen werden die eigenen Emotionen bewusst wahrgenommen, gesteuert und verbalisiert; man handelt bewusst und reflektiert mit der Intention, eine Verständigung zu erreichen.

Ausführliche Beschreibung

„Anger out" und „Anger in" sind unreflektierte Muster, also Reaktionen, die gewohnheitsmäßig ablaufen. „Anger Control" ist eine reflektierte und bewusste Haltung. „Anger out" führt in der Regel zu Verletzungen, Kränkungen, Reibungsverlusten, „Anger in" zu Pseudo-Harmonie, Krankheit und Verlust von Vitalität, Kreativität und Wachstum. „Anger Control" hingegen zieht meist Verständigung, Kooperation, Kreativität, Effektivität, Respekt und Vertrauen nach sich.

Ärger ist nicht per se schlecht, sondern ein Signal dafür, dass Bedürfnisse nicht erfüllt sind und die Weichen anders gestellt werden sollten. Ärger gibt Hinweise darauf, wo Entwicklungspotenzial liegt und Leistung gesteigert werden kann. Er kann auch Kreativität erzeugen, wenn die damit verbundene Energie genutzt wird, um etwas zu verbessern. Ärger zu bekämpfen oder zu vermeiden ist daher wenig sinnvoll. Allerdings ist Ärger nur bis zu einem gewissen Maß funktional. Ab einem bestimmten Punkt fällt die Nutzenkurve steil ab: Unkontrolliert ausagierter Ärger (Anger out) belastet das Herz-Kreislauf-System, weil man sich aufregt, statt etwas zu verändern. Heruntergeschluckter Ärger (Anger in) führt zu einer Vermeidungshaltung; die Betreffenden schauen weg, wenn sie etwas stört, und werden blind für Missstände. Engagement geht verloren, Bluthochdruck und geringes Selbstwertgefühl sind häufige Folgen.

Statt dem Ärger freien Lauf zu lassen oder ihn zu unterdrücken, ist es hilfreich, seine Energie zu nutzen und einen gesunden Umgang mit Ärger zu erlernen. Dieser zeichnet sich dadurch aus, dass man die eigenen Emotionen bewusst wahrnimmt, steuert und verbalisiert, statt sie ungezügelt auszuleben oder krampfhaft zu unterdrücken. Gesund ist also „Anger Control" anstelle von „Anger out" oder „Anger in". Gesund ist Ärger, wenn man ein intensives Gefühl erlebt, ohne die Kontrolle über sich zu verlieren. Ein gesunder Umgang mit Ärger ist daran zu erkennen, dass man sich selbst behauptet und den eigenen Standpunkt deutlich macht – ohne aber darauf zu bestehen, dass der andere zustimmt oder nachgibt (Willson und Branch 2007, S. 201–203).

Ein gesunder Umgang mit Ärger setzt voraus, dass man erkennt, dass Ärger immer in unserem Kopf durch unsere eigenen Assoziationen, Interpretationen und Bewertungen entsteht und andere Menschen zwar Auslöser, aber nicht Ursache unseres Ärger sind.

Basis eines gesunden Umgangs mit Ärger ist zudem das Bewusstsein, dass man selbst auch zu einer ärgerlichen Situation beigetragen hat – und sei es dadurch, dass man beispielsweise nichts gesagt hat. Für einen gesunden Umgang mit Ärger ist es außerdem hilfreich, wenn man sich klar macht, dass die andere Person versucht, sich mit ihrem Verhalten bestimmte Bedürfnisse zu erfüllen – und wir diese Bedürfnisse auch haben, aber vielleicht andere Strategien zu ihrer Erfüllung bevorzugen.

Ein Mitarbeiter hat eine Aufgabe nicht erledigt, die man ihm übertragen **Beispiel**
hatte, und sein Vorgesetzter ärgert sich darüber. Ein gesunder Umgang mit Ärger ist nun unter anderem daran zu bemerken, dass der Vorgesetzte erkennt, dass der Mitarbeiter mit seinem Verhalten (unbewusst) versucht hat, sich Bedürfnisse zu erfüllen, zum Beispiel Bedürfnisse nach Balance, Entlastung und Leichtigkeit. Es geht dabei nicht darum, das Verhalten der anderen Person schönzureden, sondern darum, sich bewusst zu machen, dass es das Resultat eines Bedürfnisbefriedigungsversuchs ist.

Dies alles ist dem Klienten zunächst einmal anhand von Beispielen zu veranschaulichen, bevor man ihm anbietet, ihn dabei zu unterstützen, seinen Ärger in produktive Handlungen zu verwandeln.

Ist der Klient bereit dazu, gibt ihm der Coach zunächst einmal Raum, seinen Ärger zu entladen, indem er zum Beispiel folgende Fragen stellt und ihm dann empathisch zuhört und das, was er erspürt, gelegentlich paraphrasiert (siehe Kapitel II.3., Abschnitt „Gewaltfrei kommunizieren"):

- Was denken Sie über die andere Person?
- Wie beurteilen Sie das Verhalten der anderen Person?
- Was würden Sie am liebsten mit der anderen Person machen?

Wenn der größte Ärger raus ist, lenkt der Coach den Blick des Klienten peu à peu auf das, was bisher durch den Ärger „vernebelt" war, und stellt etwa folgende Fragen:

- Was waren eigentlich die beobachtbaren Fakten in dieser Situation? Was hätte eine Videokamera aufgezeichnet?
- Wie haben Sie diese Fakten interpretiert und bewertet?
- Was macht das mit Ihnen gefühlsmäßig, wenn Sie so denken?
- Auf welche Bedürfnisse will Ihr Gefühl Sie hinweisen? Worum geht es Ihnen eigentlich im Kern – was brauchen Sie?
- Wie beurteilen Sie eigentlich Ihr eigenes Verhalten in dieser Situation, in der Sie sich so geärgert haben?
- Welche Bedürfnisse haben Sie eigentlich mit Ihrem Verhalten zu erfüllen versucht?
- Wenn Sie sich mal für einen Moment in die andere Person hineinversetzen: Welche Bedürfnisse hat sie vermutlich mit ihrem Verhalten zu erfüllen versucht?
- Was sind eigentlich die positiven Aspekte dieser Erfahrung? Welchen Nutzen ziehen Sie daraus?
- Wie geht es Ihnen mit diesen neuen Erkenntnissen?

Der Coach hört während der ganzen Zeit sehr präsent und empathisch zu, notiert Teile des Gesagten und paraphrasiert gelegentlich, was bei ihm ankam. Abschließend lenkt er den Blick des Klienten auf das, was er nun konkret machen will, um zur Erfüllung seiner Bedürfnisse beizutragen:

„Wenn Sie sich nun noch einmal klarmachen, dass Bedürfnisse unabhängig von einzelnen Personen sind und auf vielen Wegen erfüllt werden können, was möchten Sie dann jetzt tun oder sich jetzt vornehmen, um dazu beizutragen, dass die Bedürfnisse, die Sie gerade aufgespürt haben, erfüllt werden?"

Dabei ist es wichtig, darauf zu achten, dass der Klient konkrete Handlungen benennt („Um mein Bedürfnis nach ... zu erfüllen, werde ich mit ... über ... sprechen und ihm dabei ... sagen" oder „Um mein Bedürfnis nach ... zu erfüllen, werde ich nächste Woche ... machen") und es nicht bei „frommen Wünschen" bleibt („Ich muss halt einfach lernen, mich in solchen Situationen besser zu zügeln ...").

Die Anwendung dieses Tools setzt voraus, dass der Coach vertraut ist mit den drei verschiedenen Haltungen im Umgang mit Ärger und ihren Folgen und er die reflektierte „Anger Control"-Haltung selbst weitgehend verinnerlicht hat. Der Coach muss zudem geübt darin sein, Beobachtungen von Interpretationen und Bewertungen zu unterscheiden. Und er sollte in der Lage sein, starke Gefühle anderer Menschen auszuhalten und ihnen in einer urteilsfreien und empathischen Haltung zu begegnen und dabei zu helfen, die Bedürfnisse hinter den Gefühlen zu erkennen. Coachs mit einer Basis in gewaltfreier Kommunikation dürften eine exzellente Grundlage dafür haben. Eigene Erfahrungen mit dem Tool sind unverzichtbar.

Wie bei etlichen der vorgestellten Tools tut der Coach gut daran, nicht über die Aussagen des Coachees nachzudenken, sie einzusortieren und zu bewerten, sondern sich darauf zu konzentrieren, empathisch zuzuhören und die Bedürfnisse hinter den Worten zu erspüren und Teile des Gesagten mitzuschreiben. Ärgert sich der Klient (auch) stark über sich selbst, spielt die Frage, welche Bedürfnisse er eigentlich mit seinem eigenen Verhalten zu erfüllen versucht hat, eine besonders wichtige Rolle. Dadurch wird dem Klienten bewusst, dass er nicht aus „Blödheit" gehandelt hat, sondern weil er (unbewusst) versucht hat, Bedürfnisse zu erfüllen. Es fällt ihm dann leichter, in Frieden mit sich zu kommen.

Die Arbeit mit dem Tool dauert durchschnittlich eine halbe Stunde bis eineinhalb Stunden. Hilfreich sind Papier und Stift zum Mitschreiben von Teilen des Gesagten. Im Rahmen von Face-to-Face-Coachings kann die Ärger-Transformation auch mithilfe von Bodenankern erfolgen. Hierfür bietet sich der von Gina Lawrie und Bridget Belgrave entwickelte „Ärger-Tanz" aus dem GFK-Tanz-Parkett an: www.nvcdancefloors.com beziehungsweise www.life-resources-shop.com.

Mit der Ärger-Transformation kann ein Coach Klienten unterstützen, die in Ärger „feststecken". Ärger ist eine Emotion, die entsteht, wenn wir Soll-Ist-Differenzen erleben, von denen wir glauben, dass wir sie aus eigener Kraft schließen können. Ärger ist nicht grundsätzlich negativ, sondern ein Signal dafür, dass Potenziale brachliegen. Ihn zu vermeiden oder zu bekämpfen ist daher nicht sinnvoll. Allerdings ist Ärger nur dann produktiv, wenn man ihn bewusst und kontrolliert verarbeitet („Anger Control"), statt ihn ungezügelt auszuleben („Anger out") oder herunterzuschlucken („Anger in").

Bei der Ärger-Transformation bekommt der Klient Raum, den angestauten Ärger zunächst einmal zu entladen und ihn dann tiefer gehend zu erforschen und aufzuspüren, auf welche Bedürfnisse ihn sein Ärger hinweisen will und welchen Nutzen er daraus zieht.

Autosuggestion

Kurzbeschreibung
Das beschriebene Tool unterstützt Menschen dabei, Denkmuster zu ändern, mit denen sie sich selbst einschränken. Der Klient wird angeregt, ungünstige gewohnheitsmäßige Denkmuster durch vorteilhaftere zu ersetzen, indem er sich selbst Botschaften schickt (vorsagt, einsuggeriert), die ihm guttun.

Anwendungs-bereiche
Autosuggestion eignet sich besonders dann, wenn Menschen Muster an sich wahrnehmen (zum Beispiel grübeln, sich Sorgen machen, Unsicherheit bei Präsentationen), die sie gerne ändern würden. Autosuggestionen erleichtern generell das Erreichen von Zielen.

Der Coachee beeinflusst sich bewusst selbst, indem er sich gezielt Botschaften suggeriert, die ihm guttun und ihm dabei helfen, Denk- und Verhaltensmuster zu ändern, die er als hinderlich empfindet. Dies trägt dazu bei, dass er seine Ziele leichter erreicht.

Zielsetzung

Geprägt von unserer direkten Umgebung entwickeln wir von frühester Kindheit an Überzeugungen über die Welt, andere Menschen und uns selbst, die für uns so selbstverständlich werden, dass sie uns nicht mehr bewusst sind, zum Beispiel „Als Angestellter kann man nicht reich werden" oder „Wenn man die 50 überschritten hat, stellt einen niemand mehr ein". Daher betreibt im Grunde jeder Autosuggestion, denn Autosuggestion heißt Selbstbeeinflussung. Wir beeinflussen uns andauernd selbst durch unsere Gedanken – die uns oft nicht bewusst sind und von denen manche verhängnisvolle Konsequenzen haben, da sie uns nicht guttun.

Ausführliche Beschreibung

Kinder lernen durch Beobachtung und Nachahmung und übernehmen die Einstellungen und Erfahrungen der Menschen, die an ihrer Erziehung beteiligt sind. Da ihr Gehirn im Delta-, Theta- oder Alpha-Gehirnwellenbereich arbeitet und das Bewusstsein noch nicht sehr entwickelt ist, können sie unglaubliche Mengen an Informationen abspeichern – ohne den Wahrheitsgehalt und die Konsequenzen beurteilen zu können (Marx 2009, S. 32–36). So füllt sich ihr Unterbewusstsein nach und nach mit Informationen, die von Fähigkeiten wie sprechen, laufen und Rad fahren bis hin zu Überzeugungen wie „ich bin unsportlich" reichen. Wenn wir als Erwachsene etwas verändern möchten, tun wir also gut daran, zunächst einmal zu überprüfen, welche derartigen „Hintergrundprogramme" wir in uns tragen.

Unsere Gedanken wirken auf unser Gehirngewebe ein und beeinflussen die Verschaltungen unserer Nervenzellen. Diese Veränderungen werden über Botenstoffe in alle Zellen unseres Körpers übermittelt. Jeder Gedanke, ob bewusst oder unbewusst, hat daher mess- und fühlbare Auswirkungen auf unseren Organismus. Die Gehirnchemie, die wir durch unsere Gedanken produzieren, bestimmt, wie wir uns fühlen. Viele dieser biochemischen Stoffe lösen zudem genetische Veränderungen in unseren Zellen aus (Bauer 2008, S. 7–23). Wenn wir neue Informationen aufnehmen, stellt unser Gehirn neue Verbindungen zwischen Nervenzellen her. Je öfter wir an etwas denken, desto fester verknüpfen sich die entsprechenden Nervenzellen miteinander. Das, was wir wiederholt denken und worauf wir unsere Aufmerksamkeit richten, bestimmt neurologisch, wozu wir werden (Marx 2009, S. 26–30).

Mahatma Gandhi drückte es so aus: „*Man is but the product of his thoughts. What he thinks, he becomes.*"

Dank der Fähigkeit unseres Gehirns, bis ins hohe Alter neue Nervenzellen zu bilden und Nervenzellen neu zu verschalten (Neuroplastizität genannt), sind wir in der Lage, unsere Überzeugungen und Gefühle zu beeinflussen. Allerdings erfordern solche Veränderungen des Gehirns Konzentration, Übung und Durchhaltevermögen.

Wenn wir bewusst und gezielt mit Autosuggestion arbeiten, ersetzen wir einschränkende gewohnheitsmäßige Denkmuster durch vorteilhaftere, indem wir uns selbst Botschaften schicken, die uns guttun. Wir konzentrieren uns so lange bewusst immer wieder auf die erwünschten neuen Überzeugungen, die wir verinnerlichen wollen, bis sie schließlich implizit geworden sind und automatisch ablaufen.

Das Unterbewusstsein kann im Vergleich mit dem Bewusstsein viel mehr Informationen pro Sekunde verarbeiten. Wenn unsere Wünsche und Ziele den Programmen unseres Unterbewusstseins widersprechen, setzt sich daher immer das Unterbewusstsein durch. Bevor man eine Autosuggestion anwendet, ist es mithin hilfreich, zuerst einmal die Denkmuster zu identifizieren, die den Ist-Zustand hervorgerufen haben (Details im nächsten Abschnitt dieses Kapitels, „Glaubenssatzarbeit"). Tut man dies nicht, läuft man Gefahr, dass man mit der Autosuggestion die bestehenden Programme nur „überzuckert" und eventuell sogar innere Konflikte auslöst.

Autosuggestionen – auch Affirmationen genannt – haben eine direkte Wirkung auf unseren Organismus, denn jedes Mal, wenn wir sie denken/sprechen, werden entsprechende biochemische Botenstoffe in den Körper ausgesendet. Das ist wie ein Kurzurlaub für den Körper mit einer sofort spürbaren Wirkung. Langfristig bewirken Affirmationen, dass neue neuronale Netze (Verknüpfungen von Nervenzellen) gebildet werden, die durch das häufige Aktivieren immer stärker und stabiler verschaltet werden – so lange, bis sie schließlich unbewusst ablaufen.

Dies ist dem Klienten zunächst einmal zu erläutern, bevor man ihm anbietet, ihn dabei zu unterstützen, eine Affirmation zu formulieren, die ihm hilft, die als hinderlich empfundenen Programme durch förderliche zu ersetzen und sein Ziel dadurch leichter zu erreichen. Ist er dafür aufgeschlossen, empfiehlt sich folgendes Vorgehen:

Schritt 1: Thema/Lebensbereich auswählen
Zunächst wird geklärt, in welchem Lebensbereich sich der Klient verändern will. Die Bandbreite der Möglichkeiten kann von der neuen beruflichen Aufgabe und der Beziehung zum Chef über das Selbstwertgefühl und die Gesundheit bis zum Thema Geld reichen.

Ein Klient, der den Bereich der Finanzen als problematisch erlebt, berichtet: „Ich verdiene einfach zu wenig. Ich versuche, sparsam zu sein, aber am Ende vom Geld ist immer noch Monat übrig ..." **Beispiel**

Schritt 2: Wunsch-Zustand beschreiben
Der Klient wird nun gefragt, was er mithilfe der Affirmation erreichen will. Der Wunsch-Zustand sollte entgegen den Kri-

terien für SMARTe Ziele (Kapitel III.2.) eher unkonkret und „schwammig", aber in jedem Fall positiv formuliert werden. Ob der Wunsch-Zustand momentan erreichbar scheint, spielt keine Rolle, denn zu viel Zwang, Kontrolle und „Wollen" erweist sich bei Affirmationen eher als kontraproduktiv (Rauch 2006, S. 61–63 und S. 134). Ein Beispiel:

Beispiel *Der Klient mit den finanziellen Problemen formuliert als Wunsch-Zustand: „Ich verdiene immer mehr, als ich monatlich verbrauche."*

Schritt 3: Affirmation formulieren

Nun wird der Klient angeregt, in einfachen, kraftvollen Worten auf den Punkt zu bringen, was er sich selbst sagen könnte, um sich auf sein Wunsch-Ergebnis auszurichten und dazu beizutragen, dass es Realität wird. Der Coach achtet darauf, dass die Affirmation kurz, prägnant und positiv (also ohne Verneinungen) formuliert ist und für den Coachee eine stark positive „emotionale Ladung" hat. Dazu achtet er auf Mimik, Gestik, Körperhaltung und Tonfall des Coachees, wenn dieser seine Affirmation ausspricht oder anhört. Und er fragt gegebenenfalls nach, was sie in ihm auslöst.

Eine Affirmation ist dann gut, wenn sie beim Coachee eine rundum positive Reaktion (Gefühle, Assoziationen, Bilder, Körperempfindungen, ...) auslöst.

Ist dies noch nicht der Fall, hilft der Coach dem Coachee, die Satzteile umzuformulieren, die noch nicht stimmig sind. Dazu liest er dem Coachee die Affirmation vor und stellt ihm Fragen wie: „Was müsste anders formuliert sein, damit Sie anfangen zu strahlen, wenn Sie den Satz hören?" Die Antwort des Klienten hält er fest und gibt die geänderte Version dann wieder an diesen zurück – mit wachem Blick auf dessen Reaktion. Dies wird so lange wiederholt, bis der Coachee den Satz als rundum positiv empfindet.

Assoziative Affirmationen, die sich auf kleine Schritte beziehen („Mit jedem Tag geht es mir besser und besser"), sind häufig stimmiger als solche, die „den großen Sprung" enthalten („Ich bin reich, schön und glücklich"). Dies hat damit zu tun, dass bei kleinen Schritten auf bereits Erlebtem aufgebaut wird, wodurch die Affirmation realistisch erscheint und keine inneren Widerstände produziert. Coachs sollten daher darauf hinwirken, dass Klienten ihre Affirmationen tendenziell assoziativ und prozesshaft formulieren, zum Beispiel mithilfe folgender Satzteile:

- Es ist gut für mich ...
- Von Tag zu Tag mehr und mehr ...
- Ich öffne mich für die Möglichkeit ...
- Schritt für Schritt ...
- Ich freue mich, immer mehr ...

Der Klient mit den Finanzproblemen formuliert als Affirmation: „Mit **Beispiel** *‚Biss' und spielerischer Leichtigkeit erziele ich immer höhere Einnahmen und schaffe mir von Tag zu Tag mehr Lebensqualität."*

Möchte ein Klient „den großen Sprung" als Affirmation formulieren, sollte der Coach besonders darauf achten, dass die Formulierung auch wirklich eine uneingeschränkt positive Reaktion auslöst. Affirmationen mit „Wumms" („Ich lebe in Hülle und Fülle") können sehr begeisternd sein, aber den Nachteil haben, dass gegenlautende Erfahrungen und damit verbundene Überzeugungen ihnen widersprechen. Die Wirkung der Affirmation wird dann eingeschränkt oder durch den inneren Konflikt sogar ins Gegenteil verkehrt (Marx 2009, S. 75–77). Um dies zu vermeiden, sollte der Coach den Coachee gut beobachten und gegebenenfalls nachfragen:

- Was löst das in Ihnen aus, wenn Sie das sagen/hören?
- Was denken Sie gerade?
- Wie fühlen Sie sich mit diesem Satz?

Schritt 4: (Eventuell) Die Affirmation testen

Um festzustellen, ob der Klient voll und ganz „Ja" zu seiner Affirmation sagt, kann der Coach ihm (bei einem Face-to-Face-Coaching) anbieten, dies mithilfe des kinesiologischen Muskeltests zu überprüfen. Dabei macht man sich die Tatsache zunutze, dass die Muskeln kurzzeitig sperren, wenn wir unter Stress geraten. Der Körper wird also als Anzeigeinstrument genutzt, das uns den Grad der inneren Übereinstimmung mit dem Ziel anzeigt. Ist die Affirmation stimmig, das heißt in Übereinstimmung mit unseren Programmen, bleibt der Muskel beweglich und der Arm oben.

Schritt 5: Die Affirmation anwenden

Im letzten Schritt wird der Klient nun angeregt, sich zu entspannen, die Augen zu schließen und die Affirmation bewusst zu denken oder zu sagen und sich dabei vor seinem geistigen Auge in allen Details auszumalen, wie er seinen Wunsch-Zustand erreicht hat, und danach mit seiner Aufmerksamkeit wieder ins Jetzt zurückzukommen.

Dann bekommt er die Hausaufgabe, die Affirmation über mehrere Wochen hinweg täglich mehrere Minuten lang anzuwenden: sie mit Bewusstheit zu denken, sich vorzusagen oder zu singen (was immer ihm entspricht) und die Worte auf sich wirken zu lassen und die Freude zu spüren, die sie auslösen. Es ist hilfreich, dies immer zu einer bestimmten Zeit oder Gelegenheit zu tun und dadurch eine neue Routine zu bilden. Wichtig ist, dass man sich auf die Affirmation konzentrieren kann, denn je bewusster man sie anwendet, umso besser wirkt sie. Es ist sinnvoll, die Affirmation zusätzlich zum täglichen Ritual auch zwischendurch so oft wie möglich zu nutzen. Parallel dazu ist es wichtig, dass der Klient das alte Muster („Ich denke ja schon wieder, dass ich nicht genug verdiene"), wenn es ihm bewusst wird, unterbricht, ihm keine weitere Energie mehr gibt und stattdessen die Affirmation anwendet (Marx 2009, S. 135–139).

Mit jedem Denken/Sagen/Singen einer Affirmation aktiviert und stärkt man die neuen Verschaltungen im Gehirn, die dadurch immer stabiler und selbstverständlicher werden.

Die Anwendung der Autosuggestion setzt eigene Erfahrungen des Coachs mit Affirmationen zwingend voraus, denn sonst ist es schwer vorstellbar, dass er glaubwürdig von deren Wirkung berichten kann. Außerdem muss er in der Lage sein, Menschen Raum zu geben, damit sie mit sich in Verbindung kommen und spüren, welche Gedanken, Gefühle, Bilder und Körperregungen bestimmte Formulierungen in ihnen auslösen. Dabei ist es hilfreich, wenn er im bewertungsfreien Beobachten geübt ist, sodass er kleinste Änderungen von Mimik, Gestik, Körperhaltung und Tonfall wahrnimmt.

Voraussetzungen/ Kenntnisse

Auch bei diesem Tool ist es wichtig, dass der Coach eher langsam und in einer urteilsfreien Haltung agiert und dem Klienten die Zeit lässt, die dieser benötigt, um mit sich in Verbindung zu kommen und zu spüren, was für ihn stimmig ist. Es hilft, das Gesagte möglichst wortwörtlich zu notieren, um es dem Klienten rückmelden zu können und ihm dadurch die Möglichkeit zu geben, mit seinen Gedanken/Worten noch einmal in Resonanz zu gehen. Dabei sollte sich der Coach bewusst machen, dass er nicht der Gradmesser für die „Güte" der Affirmation ist, sondern der Klient. Der gefundene Satz muss für den Klienten stimmig sein und positive Gefühle in ihm auslösen und nicht im Coach. Dem Klienten wiederum ist bewusst zu machen, dass Affirmationen erst dann ihre volle positive Wirkung entfalten, wenn sie über einen längeren Zeitraum regelmäßig bewusst gedacht/gesagt/gesungen und gefühlt werden. Häufig ist es zudem erforderlich, Klienten zunächst einmal die biologischen Hintergründe und die Wirkweise von Autosuggestionen zu erläutern, damit sie entscheiden können, ob sie sich darauf einlassen wollen.

Kommentar/ Erfahrungen

Eine stimmige Affirmation zu finden, dauert in der Regel etwas. Eine halbe Stunde dafür zu veranschlagen ist angemessen. Manchmal braucht es auch mehr Zeit. Hilfreich sind Papier und Stift zum Mitschreiben des Gesagten. Falls der Klient keine Energie mehr hat und/oder die Zeit knapp wird, kann er auch instruiert werden und dann die Hausaufgabe bekommen, den bis dahin gefundenen Satz auf sich wirken zu lassen und in sich hineinzuhören/-schauen/-spüren, welche Reaktionen er in ihm auslöst. Seine Erkenntnisse werden in der Folgesitzung aufgegriffen und es wird so lange weiter an der Affirmation „gefeilt", bis sie uneingeschränkt Positives auslöst.

Auf den Punkt gebracht:

Autosuggestion heißt Selbstbeeinflussung, und wir beeinflussen uns alle tagtäglich unzählige Male selbst durch unsere Gedanken. Viele dieser Gedanken sind uns nicht bewusst und manche tun uns auch nicht gut. Unsere Gedanken bestimmen, wie wir uns fühlen, und haben Auswirkungen auf unsere Gesundheit. Wenn man gezielt mit Autosuggestion arbeitet, ersetzt man ungünstige Gedanken durch vorteilhaftere, indem man sich selbst Sätze (und damit verbundene Bilder, Klänge, Gerüche, ...) als Botschaften schickt, die einem gut tun. Mit jedem Denken/Sagen/ Singen dieser Botschaft – auch Affirmation genannt – aktiviert man die neuen Nervenzellen-Verschaltungen im Gehirn, die dadurch immer stabiler werden und irgendwann automatisch ablaufen.

Autosuggestionen erleichtern generell das Erreichen von Zielen und sind darüber hinaus dann besonders empfehlenswert, wenn Menschen Denk- und Verhaltensmuster an sich wahrnehmen, die sie als einschränkend empfinden und gerne ändern würden.

Glaubenssatzarbeit

Die hier vorgestellte Art der Glaubenssatzarbeit kombiniert Kurzbeschreibung Elemente aus der kognitiven Verhaltenstherapie, Byron Katies „The Work", dem NLP, dem systemischen Coaching und der gewaltfreien Kommunikation nach Dr. Marshall Rosenberg. Der Klient erkennt, durch welche unbewussten Überzeugungen (Glaubenssätze) sein Verhalten und seine Gefühle in bestimmten Situationen „genährt" werden. Nachdem er diese Überzeugungen aus mehreren Perspektiven beleuchtet hat, entscheidet er bewusst, ob er sie behalten oder verändern möchte – und etabliert eventuell eine neue Überzeugung.

Glaubenssatzarbeit eignet sich besonders dann, wenn Klienten Anwendungs- bereiche ungute Gefühle erleben, die sie lieber nicht hätten (zum Beispiel Anspannung in Gegenwart des Chefs, Nervosität vor Präsentationen), oder wenn sie sich an einer eigenen Verhaltensweise stören, die sie aber bisher nicht ändern konnten (beispielsweise hat man den Entschluss gefasst, aktiv Kunden zu akquirieren, setzt sein Vorhaben aber nicht um, obwohl es keine äußeren Hinderungsgründe dafür gibt).

Der Klient erkennt, durch welche unbewussten Überzeugungen Zielsetzung sein Verhalten und seine Gefühle in bestimmten Situationen, die er als unbefriedigend erlebt, gesteuert werden. Durch das Beleuchten der „ausgebuddelten" Überzeugungen aus verschiedenen Perspektiven wird ihm bewusst, welche positiven und negativen Konsequenzen damit einhergehen. Auf dieser Basis kann er dann selbstbewusst entscheiden, ob er diese Konsequenzen auch in Zukunft tragen möchte. Falls nein, kann er seine Überzeugungen so verändern, dass sie ihm uneingeschränkt guttun.

Das Vorgehen wird anhand eines Beispielfalls geschildert: Ausführliche Beschreibung Beispiel

Der Klient berichtet, er fühle sich wie ein Getriebener. Im Urlaub mit Freunden sei ihm aufgefallen, dass die anderen viel lockerer seien als er.

Das störe ihn sehr an sich selbst. Er würde auch gerne ab und zu mal „fünfe gerade sein lassen können". Aber es gelinge ihm einfach nicht. Während die anderen ausgelassen feierten, habe er sich darüber aufgeregt, dass etwas, was man zuvor vereinbart hatte, nicht eingehalten worden war. Und so wie in dieser Situation gehe es ihm oft. Er könne auch nicht einfach mal eine Stunde auf dem Sofa liegen, ohne etwas zu tun. Das gehe irgendwie nicht.

Der Klient berichtet von einem Verhalten, das ihn an sich selbst stört, das er aber bisher „irgendwie einfach nicht ändern konnte". Er wird vom Coach darauf aufmerksam gemacht, dass dies mit unbewussten Überzeugungen zu tun haben könnte, die sein Verhalten beeinflussen, ohne dass er es nicht merkt. Falls der Klient diese Annahme teilt (und nur dann!), beginnt das Prozedere wie folgt:

Schritt 1: Störendes Verhalten/Gefühl auf den Punkt bringen
Der Klient wird gebeten, die störende Verhaltensweise (oder das störende Gefühl) in einem Satz auf den Punkt zu bringen. Im Beispiel beantwortet der Klient diese Frage wie folgt:

„Mich stört an mir selbst, dass ich nicht locker und entspannt bleiben kann, wenn etwas, was vereinbart wurde, nicht eingehalten wird."

Schritt 2: Unbewusste Überzeugungen „ausgraben"
Der Coach fragt den Klienten: „Was muss ein Mensch denken oder glauben, der sich so verhält (fühlt)?" Die Formulierung „ein Mensch" ist dabei bewusst gewählt, denn durch das Dissoziieren fällt es dem Klienten in der Regel leichter, mit sich in Verbindung zu kommen. Der Klient im Beispiel antwortet auf diese Frage:

„Der Mensch muss denken, dass man immer zuverlässig sein muss."

In Anlehnung an die aus der kognitiven Verhaltenstherapie stammende Methode des vertiefenden Fragens (Downward Arrow Technique, Willson und Branch 2007, S. 213–214) fragt der Coach dann liebevoll-neugierig weiter „weil ...?" oder „und dann ...?" oder „sonst passiert was ...?". Um den Klienten bei seiner Selbsterforschung nicht zu stören, tut der Coach gut daran, sein Beurteilungssystem im Kopf auszuschalten, seine Hypothesen loszulassen und einfach „nur" neugierig, offen, wohlwollend und präsent zu sein und keine bestimmten Antworten vom Klienten zu erwarten. Im Beispielfall antwortet der Klient auf die genannten Nachfragen des Coachs unter anderem mit:

„Weil er sonst die Zeit anderer Leute verschwendet. ... Weil er auch erwartet, dass man so mit ihm umgeht ... Weil er denkt, dass es etwas Besonderes ist, wenn man so vertrauenswürdig ist ... Sonst verliert er sein vertrauenswürdiges Image."

Der Coach notiert das Gesagte wörtlich und liest es dem Klienten dann langsam Satz für Satz vor – verbunden mit der Vorgabe an ihn, in sich hineinzuspüren/-schauen/-hören, welche Überzeugungen in den Sätzen mitschwingen. Zur Orientierung kann der Coach vorab erläutern, dass Überzeugungen häufig mit „man muss", „man soll", „man darf nicht", „wenn X, dann Y" oder „ich bin" beginnen oder in Redewendungen versteckt sind. Der Klient im Beispielfall gräbt unter anderem die folgenden Überzeugungen aus:

- *„Wenn ich mich zurücklehne, wird's unkontrolliert."*
- *„Es ist bei vielen Menschen nicht sicher, ob man sich auf sie verlassen kann."*
- *„Man muss immer verlässlich sein und die Erwartungen erfüllen, die in einen gesetzt werden."*

Schritt 3: Überzeugungen auf den Prüfstand stellen
Im nächsten Schritt wird der Klient angeregt, die „ausgegrabenen" Überzeugungen dahingehend zu beleuchten, welche Gefühle und körperlichen Reaktionen sie in ihm auslösen, welche positiven und negativen Auswirkungen sie mit sich bringen, welche Bedürfnisse sie erfüllen / nicht erfüllen und was er mit ihnen machen möchte: behalten oder verändern.

Bei einer großen Zahl „ausgebuddelter" Überzeugungen hat es sich als hilfreich erwiesen, den Klienten zunächst anzuregen, die einzelnen Überzeugungen zu bewerten (zum Beispiel mithilfe einer Skala), und ihn dann dabei zu unterstützen, zuerst diejenige Überzeugung, die am meisten in negative Resonanz mit ihm geht, tiefer gehend zu beleuchten.

Beim „Beleuchten" der aufgespürten Glaubenssätze können die folgenden Fragen hilfreich sein (die „ausgegrabene" Überzeugung, hier Glaubenssatz genannt, ist bei jeder Frage zu wiederholen):

- ... (Glaubenssatz): Können Sie mit hundertprozentiger Sicherheit wissen, dass das wahr ist?
- ... (Glaubenssatz): Woher kommt diese Idee in Ihrem Kopf?
- ... (Glaubenssatz): Wie reagieren Sie körperlich und gefühlsmäßig, wenn Sie das denken?
- Welche positiven Auswirkungen hat ... (Glaubenssatz) auf Ihr(e) Berufsleben, Familienleben, Finanzen, Gesundheit, ...?
- Welche negativen Auswirkungen hat ... (Glaubenssatz) auf Ihr(e) Berufsleben, Familienleben, Finanzen, Gesundheit, ...?
- Stellen Sie sich vor, Sie lassen Ihre Überzeugung ... (Glaubenssatz) los. Wie fühlt sich das an? Welche Auswirkungen hat das auf ... (zum Beispiel auf Ihr/-e/-n Gesundheit, beruflichen Erfolg, Verhältnis zu X)? Was wird dadurch alles möglich? Was ist dadurch nicht mehr möglich?
- Welche Bedürfnisse wurden durch Ihre Überzeugung ... (Glaubenssatz) bisher nicht erfüllt?
- Welche Bedürfnisse versuchen Sie durch Ihre Überzeugung ... (Glaubenssatz) eigentlich zu erfüllen?
- Was möchten Sie nun mit Ihrer Überzeugung ... (Glaubenssatz) machen – behalten oder verändern?

Um den inneren Dialog des Klienten zu erleichtern, ist es auch hier wieder besonders wichtig, als Coach in der lethologischen Haltung zu agieren und dem Klienten einfach „nur" einen Raum zu geben, in den er hineinsprechen kann, und aufzunehmen (und am besten schriftlich zu notieren), was immer von ihm gesagt wird, ohne es zu bewerten. Der Coach muss das Gesagte weder verstehen noch gut finden. Es ist hilfreich, wenn er in der Lage ist, den Klienten dabei zu unterstützen, die tieferen Bedürfnisse hinter seiner Überzeugung zu erkennen. Die Erkenntnis darüber kann Klienten tief berühren. Abgeschlossen wird diese Phase mit der Frage: „Und jetzt? Was möchten Sie mit Ihrer Überzeugung ... (Glaubenssatz) machen? Wollen Sie sie/ihn behalten oder verändern?" Wie immer der Klient sich entscheidet, es ist seine Entscheidung. Der Coach muss sie nicht gut finden. Der Klient ist der Experte für sein Leben.

Für den Klienten im Beispielfall war die Überzeugung „Man muss immer verlässlich sein und die Erwartungen erfüllen, die in einen gesetzt werden" seinem Gefühl nach am schlimmsten für ihn zu ertragen. Beim tiefer gehenden Beleuchten dieser Überzeugung erkannte er unter anderem, dass er die Überzeugung von seinem Vater – einem aus seiner Sicht tugendhaften Lehrer – übernommen hatte. Er realisierte, dass ihm die Ausstrahlung des „Unkaputtbaren" zwar ein gewisses Standing bei anderen verschafft und ihm hilft, Anerkennung und Respekt zu bekommen, aber gesundheitlich ihren Preis hat, weil das Bedürfnis nach Ruhe, Entspannung und Erholung zu wenig erfüllt wird. Weitere negative Aspekte sah er darin, dass man mit dieser Überzeugung dazu neigt, von anderen zu viel zu verlangen und Stress zu produzieren, statt den Mitmenschen Raum zur Entfaltung zu geben. Nach eingehender Überprüfung entschied er sich dafür, die Überzeugung zu verändern, weil sie es ihm erschwerte, sich zu entspannen und locker und gelassen zu sein.

Schritt 4: Bisherige Überzeugung würdigen oder schwächen und gegebenenfalls neue Überzeugung etablieren
Wenn der Klient sich dafür entscheidet, die bisherige Überzeugung zu behalten, wird er vom Coach dabei unterstützt, die Bedürfnisse zu würdigen, die er sich dadurch erfüllt. Entscheidet er sich dafür, die bisherige Überzeugung aufzugeben oder zu verändern, wird er angeregt, damit zu beginnen, diese zu schwächen. Dafür haben sich zum Beispiel die folgenden Fragen als hilfreich herausgestellt:

- Was macht das mit Ihnen, wenn Sie ... (Glaubenssatz) denken?
- ... (Glaubenssatz): Welche Gegenargumente gibt es gegen diese Sichtweise?
- Wer wären Sie eigentlich, wenn Sie ... (Glaubenssatz) nicht denken würden?

Der Coachee wird angehalten, sich diese Fragen gegebenenfalls über einen Zeitraum von mehreren Wochen hinweg immer wieder zu stellen (und seine jeweiligen Antworten am besten schriftlich festzuhalten) und die bisherige Überzeugung dadurch immer mehr zu schwächen – so lange, bis sie ihre Wirkung verloren hat.

Parallel dazu kann man dem Klienten vorschlagen, zum Beispiel mithilfe einer Affirmation (siehe vorheriger Abschnitt), eine neue, förderliche Überzeugung zu etablieren. Folgende Fragen unterstützen beim Finden einer stimmigen Affirmation:

- Was müssten Sie anstelle von ... (bisheriger Glaubenssatz) denken, um Ihr Leben rundum positiv zu beeinflussen?
- Welchen Satz (Affirmation) könnten Sie sich gezielt immer wieder vorsagen (und dabei welches Bild vor Augen führen), um sich diese rundum positive Überzeugung zu eigen zu machen?
- Was würde Ihnen dabei helfen, diese Affirmation mehr und mehr zu verinnerlichen?

Schritt 5: Neue Verhaltensweisen etablieren
Durch das Schwächen einer unerwünschten Überzeugung und das Etablieren einer neuen mittels Autosuggestion entstehen nicht automatisch neue Verhaltensweisen. Der Weg ist nun zwar frei (in dem Sinne, dass das Unterbewusste die gewünschte Veränderung nicht mehr blockiert), aber das angestrebte neue Verhalten muss unter Umständen erst noch erlernt und/oder eingeübt werden.

Hilfreiche Fragen in diesem Zusammenhang sind:

- Welche Verhaltensweisen dürfen Sie sich jetzt, wo Sie nicht mehr von ... (bisheriger Glaubenssatz) überzeugt sind, sondern stattdessen ... (Affirmation) denken, erlauben?
- Was müssen Sie eventuell lernen, um Ihr Verhaltensrepertoire entsprechend zu erweitern?
- Welche konkreten Schritte wollen Sie gehen, um diese neuen Verhaltensweisen zu erlernen / zu verinnerlichen?

Voraussetzungen/ Kenntnisse

Geeignet ist die Glaubenssatzarbeit für Coachs, die geübt darin sind, Dinge wohlwollend, achtsam und präsent wahr-/aufzunehmen, ohne sie zu bewerten. Basis ist die systemische Haltung, dass der Klient seine Antworten in sich findet, wenn man ihn nur lässt und ihn nicht stört. Diese Haltung sollte der Coach verinnerlicht haben – und darüber hinaus genügend eigene Erfahrungen mit dem Werkzeug gesammelt.

Kommentar/ Erfahrungen

Bei der Anwendung dieses Tools ist es besonders wichtig, als Coach das eigene Beurteilungssystem im Kopf auszuschalten und in der lethologischen Haltung zu agieren und dem Klienten einen Raum zu geben, in den er hineindenken/-sprechen kann, ohne dass das Gesagte bewertet und analysierend hinterfragt wird. Dabei ist es hilfreich, langsam zu arbeiten, damit der Klient angeregt wird, tiefer gehend in sich hineinzuhören/ -schauen/-spüren, und Teile des Gesagten wortwörtlich zu notieren, damit man es ihm mit seinen eigenen Worten rückmelden kann, sodass er es auf sich wirken lassen und nachspüren kann. Es geht *nicht* darum, Fragen schematisch nach dem „Funkkolleg-Prinzip" abzuarbeiten, sondern den Klienten dabei zu unterstützen, sich neugierig und wohlwollend selbst zu befragen und den „Schatz" in seinem Inneren zu bergen. Alternativ zum Einstieg über Situationen, in denen der Klient Gefühle oder Verhaltensweisen an sich wahrnimmt, die ihn stören, kann die Glaubenssatzarbeit auch mit inneren Stimmen zum Ziel des Coachees oder mit Glaubenssätzen, die der Klient während des Coachings beim Erzählen „fallen lässt", beginnen.

Technische Hinweise Die Arbeit mit dem Tool dauert im Schnitt zwischen einer Stunde und zwei Stunden. Im Rahmen von Laser-Coaching-Sessions können die einzelnen Schritte auch in kleineren „Häppchen" durchlaufen werden. Hilfreich sind Papier und Stift oder ein Laptop zum Mitschreiben.

> **Auf den Punkt gebracht:**
>
> Wenn Menschen Gefühle erleben, die sie lieber nicht hätten, oder Verhaltensweisen an den Tag legen, die sie selbst als störend empfinden, jedoch bisher nicht ändern konnten, stecken oft Glaubenssätze dahinter. Glaubenssätze sind Überzeugungen, die wir über uns selbst, andere Menschen und die Welt im Allgemeinen haben. Etliche dieser Glaubenssätze sind uns nicht bewusst; sie laufen quasi als „Hintergrundprogramm" ab. Manche Programme haben rundum positive Konsequenzen für uns, andere schränken uns mehr ein, als sie uns nützen.
>
> Bei der Glaubenssatzarbeit erkennt der Klient (bezogen auf sein Thema), durch welche unbewussten Überzeugungen sein Verhalten und seine Gefühle gesteuert werden und welche Konsequenzen diese Überzeugungen mit sich bringen. Auf dieser Grundlage kann er selbstbewusst entscheiden, ob er die Hintergrundprogramme behalten oder verändern möchte.

Evaluation

Kurzbeschreibung Eine tragfähige Beziehung zwischen Coach und Klient ist der bisherigen Coaching-Forschung zufolge der zentrale Erfolgsfaktor im Coaching. Der Coach ist dabei für den Prozess und der Klient für den Inhalt verantwortlich. Geht es um die Bewertung des Coachings, sind daher immer beide Parteien einzubeziehen. Darüber hinaus hat bei einem unternehmensbezahlten Coaching auch der Sponsor Einfluss auf das Ergebnis des Coachings, weshalb auch er in die Bewertung einbezogen werden sollte. Für die Evaluation werden daher drei Tools vorgeschlagen:

1. ein Reflexionsbogen für den Coach selbst,
2. ein Bogen für das Feedback des Coachees,
3. ein Bogen für das Feedback des Sponsors.

Die Coach-Reflexion wird vom Coach nicht nur am Ende eines Coaching-Prozesses durchlaufen, sondern möglichst nach jeder Sitzung; dies trägt sehr zur Qualitätssicherung bei. Schriftliche Feedbackbögen für den Coachee und den Sponsor kommen in der Regel am Ende des Coaching-Prozesses zum Einsatz.

Zielsetzung

Der Klient wird eingeladen, innezuhalten und zu würdigen, was er erreicht hat. Der Sponsor wird angeregt, sich bewusst zu machen, welche Veränderungen er beim gecoachten Mitarbeiter wahrnimmt, und zu überlegen, ob zur Transfersicherung weitere Maßnahmen erforderlich sind – und wenn ja, welche. Der Coach wiederum erhält eine Orientierung darüber, was wie „ankam", und Hinweise für Optimierungsmöglichkeiten. Durch seine Selbstreflexion gewinnt er außerdem (weitere) Klarheit über seine eigenen Denk- und Verhaltensmuster und Sicherheit für weitere Coaching-Sitzungen.

Coach-Reflexion

Ausführliche Beschreibung

Wie bereits in Kapitel III.1. im Abschnitt „Sitzungen vor-/nachbereiten" beschrieben, ist es sehr zu empfehlen, Coaching-Sitzungen direkt im Anschluss nachzubereiten, wenn die Erinnerungen noch ganz frisch sind. Dabei sollte der Coach nicht nur seine Beobachtungen in Bezug auf den Klienten, die Ergebnisse des Coachings und Ideen für das mögliche weitere Vorgehen festhalten, sondern auch seine Beobachtungen und Eindrücke von sich selbst. Um kontinuierlich dazuzulernen, ist es wichtig, dass er sich am Ende eines Coaching-Prozesses Zeit für eine

Selbst-Reflexion nimmt – und sich zum Beispiel folgende Fragen stellt:

- Was war Thema des Coachings?
- Welches Ziel hat der Klient formuliert?
- Welche Ergebnisse wurden erreicht?
- Welche Ressourcen wurden identifiziert?
- Wie ist/sind die Sitzung(en) verlaufen und wie war die Stimmung?
- Welche Interventionen habe ich weshalb zum Einsatz gebracht und mit welchem Resultat?
- Welche „handwerklichen Fehler" fallen mir im Hinblick auf die angewendeten Methoden im Nachgang auf?
- Inwieweit ist es mir gelungen, stringent präsent zu sein?
- Inwieweit war meine Haltung von Neugier, Wohlwollen, Respekt und Wertschätzung geprägt?
- Inwieweit ist es mir gelungen, meine Hypothesen loszulassen und mich auf die Weltsicht des Coachees einzulassen und ihm als Experten für sein Leben zu vertrauen und zu folgen?
- Gab es Momente, in denen ich nicht (mehr) darauf vertraut habe, dass der Coachee in der Lage ist, seine Herausforderungen selbst zu meistern?
- Gab es Momente, in denen ich nicht (mehr) ergebnisoffen war, sondern unbewusst versucht habe, den Coachee in eine bestimmte von mir favorisierte Richtung zu lenken?
- Inwieweit ist es mir gelungen, neue Ideen und Vorstellungen im Coachee zu „säen" und eine angemessene Emotionalisierung in ihm zu erzeugen?
- (Für eine Reflexion zwischendurch): Welche Interventionen scheinen mir für die nächste(n) Sitzung(en) hilfreich?
- Was habe ich in der/den Coaching-Sitzung(en) über mich gelernt?
- Was will ich in künftigen Coaching-Sitzungen ändern?
- Gibt es Themen/Fragen, die ich im Rahmen einer Supervision beleuchten möchte?
- Wofür möchte ich mir selbst Anerkennung aussprechen?

Coachee-Feedback

Bei firmenbezahltem Coaching werden in manchen Unternehmen nach einem beendeten Coaching Abschlussgespräche zwischen Coachee, Coach, Sponsor und gegebenenfalls Personalabteilung durchgeführt. Dabei muss der Coach unbedingt die Vertraulichkeit wahren und darauf achten, dass die Inhalte des Coachings bei ihm und dem Coachee bleiben – es sei denn, dieser hat ihn (in Teilen) von seiner Verpflichtung zur Vertraulichkeit entbunden.

Unabhängig von eventuellen Abschlussgesprächen ist es in jedem Fall hilfreich, wenn der Coach den Coachee nach Abschluss des Coachings um ein schriftliches Feedback bittet, damit er Hinweise für Verbesserungspotenziale bekommt. Die Erfolgsmessung sollte sich (wie in Kapitel I.8. beschrieben) auf drei Qualitäten konzentrieren: die Struktur-, die Prozess- und die Ergebnis-Qualität. Ein Evaluationsbogen kann zum Beispiel wie folgt aussehen:

- Mit welchem Thema/Anliegen sind Sie zum Coaching gekommen?
- Welches Ziel wollten Sie mithilfe des Coachings erreichen?
- Auf einer Skala von 1 bis 10, wenn 1 bedeutet „erster Schritt getan" und 10 bedeutet „Ziel erreicht", wo stehen Sie im Moment?
- Was hat dazu beigetragen, dass Sie auf ... (Skalenwert) stehen?
- Welche meiner Kompetenzen als Coach haben Sie beim Erreichen Ihres Ziels unterstützt?
- Und welche Kompetenzen hätten Sie sich darüber hinaus von mir gewünscht?
- Was hätte Ihnen dabei geholfen, auf der Skala noch weiter zu kommen?
- Was haben Sie aus dem Coaching-Prozess für sich mitgenommen? Welche Erkenntnisse haben Sie gewonnen?
- Inwiefern wird die Erfahrung dieses Coachings Sie auch in Zukunft unterstützen?

- Inwieweit haben Sie sich während des Coachings sicher, akzeptiert und wohl gefühlt?
- Welche Erfahrungen haben Sie in diesem Coaching gemacht, die Sie dazu bewegen, es weiterzuempfehlen oder auch nicht?
- Was sollte von der Art und Weise des Coachings unbedingt beibehalten und was unbedingt verändert werden?
- In einem Satz: Was hat Ihnen dieses Coaching gebracht?
- Welche sonstigen Anregungen oder Verbesserungsvorschläge haben Sie für mich?

Bei dieser Art von Feedback gewinnt nicht nur der Coach durch Hinweise auf Verbesserungspotenziale, sondern auch der Coachee, indem er angeregt wird, seinen Blick auch nach innen zu richten und den eigenen Prozess nochmals zu beleuchten und zu würdigen. So werden weitere Selbsterkenntnisprozesse angeregt, statt – wie häufig üblich – den Blick des Coachees nur nach außen zu lenken. Das Ausfüllen des Feedbackbogens wird dadurch zu einem Teil der Transfersicherung. Der Coach wiederum bekommt nicht nur – wie sonst meist üblich – Hinweise darauf, *dass* etwas verbessert werden sollte, sondern auch darauf, *was* konkret verändert werden könnte.

Sponsor-Feedback

Bei einem unternehmensbezahlten Coaching kann der Coach den Sponsor um ein Abschlussgespräch bitten oder mit einigen schriftlich zu beantwortenden Fragen an ihn herantreten, beispielsweise:

- Was war Ihr Ziel für das Coaching von Herrn/Frau X?
- Inwieweit wurde dieses Ziel mithilfe des Coachings erreicht?
- Welche Erfahrungen haben Sie mit diesem Coaching gemacht, die Sie dazu bewegen, es weiterzuempfehlen oder auch nicht?
- Welche sonstigen Anregungen haben Sie für mich?

Ein Coaching kann auch dann erfolgreich sein, wenn das Ziel des Sponsors nicht erreicht wurde!

Beispiel

Wenn ein Mitarbeiter, der für eine Führungsaufgabe vorgesehen ist, ein Coaching bewilligt bekommt, ist es denkbar, dass der Mitarbeiter im Rahmen dieses Coachings für sich zu dem Ergebnis kommt, dass eine Führungsaufgabe nicht das Richtige für ihn ist und er die angebotene Beförderung ablehnt. Dies wird dem Vorgesetzten, der ihn für die Führungsaufgabe ins Auge gefasst hatte, vielleicht nicht „schmecken", bedeutet aber nicht, dass das Coaching nicht erfolgreich war.

Coaching ist zwar zielorientiert (in dem Sinne, dass der Coachee angeregt wird, ein Ziel zu formulieren, das dann in den Sitzungen immer wieder thematisiert wird), aber ergebnisoffen. Die Entwicklung im Prozess ist nicht vorhersehbar. Dies sollte bei der Evaluation berücksichtigt werden. Versucht der Coach Entwicklungen, die sich im Rahmen der Coaching-Vereinbarung bewegen und vom Coachee angestrebt werden, zu unterbinden, weil diese dem Sponsor vielleicht nicht gefallen könnten, lässt er sich instrumentalisieren und arbeitet nicht mehr im besten Interesse seines Klienten.

Voraussetzungen/ Kenntnisse

Für die Anwendung der beschriebenen Evaluations-Tools muss ein ausgebildeter Coach, der darin geübt ist, sich selbst und anderen Fragen zu stellen, die zum Nachdenken anregen, keine darüber hinausgehenden besonderen Voraussetzungen erfüllen.

Kommentar/ Erfahrungen

Um Hinweise auf die Nachhaltigkeit des Coachings zu bekommen, ist es sinnvoll, wenn der Coach den Klienten und gegebenenfalls auch den Sponsor nach einiger Zeit, zum Beispiel nach einem halben Jahr, nochmals um ein mündliches oder schriftliches Feedback bittet. Für die eigene Qualitätssicherung sollte er darüber hinaus regelmäßig Supervision und Mentor-Coaching in Anspruch nehmen und sich zu coachingrelevanten Themen fortbilden.

Technische Hinweise Vorgefertigte Masken für die Coach-Reflexion, das Coachee-Feedback und das Sponsor-Feedback, die man nur auszufüllen beziehungsweise weiterzuleiten braucht, erleichtern das Handling.

Auf den Punkt gebracht:

In die Evaluation sind alle am Coaching Beteiligten einzubeziehen: der Coach, der Coachee und gegebenenfalls der Sponsor. Im Interesse der Qualitätssicherung sollte sich ein Coach nach jeder Sitzung Zeit für eine Reflexion nehmen und am Ende des Coaching-Prozesses dann nochmals. Um als Coach Hinweise zu bekommen, was für den jeweiligen Coachee wichtig ist, ist es hilfreich, sich anzugewöhnen, gegen Ende einer Sitzung ein kurzes Feedback zu erbitten. Darüber hinaus sollten der Coachee und der Sponsor nach Abschluss des Coaching-Prozesses um ein ausführliches Feedback gebeten werden. Wenn dieses so gestaltet wird, dass der Coachee eingeladen wird, seinen Blick nicht nur wie üblich nach außen (auf den Coach), sondern auch nach innen zu richten und den eigenen Prozess nochmals zu betrachten, trägt die Evaluation gleichzeitig zur Transfersicherung bei. Der Sponsor wird durch die Evaluation angeregt, sich bewusst zu machen, was sich alles verändert hat, und der Coach erhält Hinweise für Optimierungspotenziale.

Unternehmerische Qualifikation

IV

Zum Abschluss unseres Buchs möchten wir nun diejenigen unter Ihnen, die selbst als Coach tätig werden wollen, dabei unterstützen, sich am Markt zu etablieren. Die Positionierung spielt dabei eine ganz entscheidende Rolle, denn der Coaching-Markt boomt und mit ihm die Unübersichtlichkeit der Angebote. Da Coach keine geschützte Bezeichnung ist, grassiert ein Wildwuchs an Offerten. Immer wieder stößt man auf fragwürdige Angebote selbst ernannter Coachs, die weder über eine spezielle Ausbildung noch entsprechende Erfahrungen verfügen und unter dem Begriff Coaching alles Mögliche anbieten – vom Verdoppeln des Gehalts bis zum Steigern der Flirtkompetenz. Kunden können aus unzähligen Angeboten wählen und wollen nicht nur wissen, mit welchen Methoden und Tools ein Coach arbeitet, sondern auch, mit welcher Persönlichkeit sie es zu tun haben. Die Frage, was die eigene Unverwechselbarkeit ausmacht, ist für einen Coach daher von zentraler Bedeutung. Ihr wollen wir im folgenden Kapitel nachgehen.

1. Positionierung

Spezialisierungsstrategien

Sich zu spezialisieren kann mit etlichen Nachteilen verbunden sein: Eine Spezialisierung ist möglicherweise riskant und führt bisweilen durch die Beschränkung zu Langeweile, Isolation und Fachidiotie. Mit Spezialisierung assoziiert manch einer auch Begriffe wie „Nische", „klein", „unscheinbar" – also eher etwas, was nicht geeignet erscheint, einem zu Ruhm und Ehre zu verhelfen (Friedrich 2003, S. 41). Angesichts dieser Nachteile darf es nicht verwundern, wenn Menschen vor einer Spezialisierung zurückschrecken.

Spezialisierungs-vorteile Dem steht jedoch auch Vorteile gegenüber: Eine Spezialisierung ermöglicht herausragende Leistungen, sinkende Kosten und eine höhere Produktivität; sie steigert die Anziehungskraft und erleichtert Werbung und Vertrieb und die Beschaffung von Informationen. Und last, but not least verschafft sie einem eine gewisse Marktmacht. Für uns überwiegen die Vorteile eindeutig und wir möchten Ihnen daher ans Herz legen, sich zu spezialisieren, statt alles für alle anzubieten.

Spezialisierungs-formen Kerstin Friedrich (Friedrich 2003, S. 56–95) unterscheidet die folgenden drei Spezialisierungsformen:

1. *Primärspezialisierungen:* besonders enge Spezialisierung auf ein(e) Produkt/Know-how/Technik, zum Beispiel ein auf Schiffsbeteiligungen spezialisierter Vermögensberater;
2. *Problemspezialisierungen:* Spezialisierung auf ein Problem oder ein Bedürfnis, zu dessen Lösung unterschiedliche Produkte/Dienstleistungen angeboten werden, beispielsweise die Spezialisierung eines Beraters auf das Problem „Konflikte" (beziehungsweise das Bedürfnis „Frieden"), zu dessen Lösung er Seminare, Coaching, Mediation, Fachbücher, ... anbietet;

3. *Zielgruppenspezialisierungen:* Primär-/Problemspezialisierungen, die sich auf genau definierte Zielgruppen beziehen. Das Unternehmen Kieser Training hat sich beispielsweise auf Menschen mit Rückenschmerzen bis hin zu therapieresistenten Schmerzpatienten spezialisiert (Rupp 1999).

Jeder Primärspezialist ist zugleich ein Problemspezialist, denn er löst mit seinem Produkt / seiner Dienstleistung ja ein Problem. Was den Problemspezialisten vom Primärspezialisten unterscheidet, ist seine breitere Leistungs- und Produktpalette. Während der Primärspezialist nur ein Produkt/eine Dienstleistung anbietet, hat der Problemspezialist verschiedene Angebote auf Lager. Die größte Herausforderung eines Problemspezialisten dürfte daher die Gratwanderung zwischen Spezialisierung und Diversifikation sein. Es kann ihm leicht passieren, dass er sich dazu verleiten lässt, viele Probleme von vielen unterschiedlichen Menschen lösen zu wollen und sich darüber mehr und mehr zu verzetteln.

Auf den Punkt gebracht:

Eine Spezialisierung kann Vor- und Nachteile mit sich bringen. Sie kann einerseits riskant sein und zu Eintönigkeit und Abkapselung führen und andererseits Qualitätsverbesserungen, Kostensenkungen und Produktivitätssteigerungen zur Folge haben. Für uns sind die Vorteile wesentlich gewichtiger als die Nachteile und wir legen Ihnen daher eine Spezialisierung nahe und zeigen Ihnen in den folgenden Kapiteln, wie Sie zu einer solchen kommen.

Wenn Sie unserem Vorschlag folgen, können Sie zwischen den folgenden drei Spezialisierungs-Grundformen wählen:
- Primärspezialisierung auf eine einzige Dienstleistung,
- Problemspezialisierung auf ein Problem oder Bedürfnis,
- Zielgruppenspezialisierung auf eine bestimmte Gruppe.

Die Engpass-konzentrierte Strategie (EKS)

Eine der wohl bekanntesten Zielgruppenspezialisierungen ist die Engpass-konzentrierte Strategie (EKS) von Wolfgang Mewes. Er untersuchte in den 1970er-Jahren die Ursachen von Unternehmens- und Karriereerfolgen und fasste seine Erkenntnisse in einer Methodik zusammen, die er EKS nannte.

Die vier Grundprinzipien der EKS

Die EKS wird von den folgenden vier Grundprinzipien getragen:

1. Konzentration statt Verzettelung auf Basis der eigenen Stärken – oder in anderen Worten: „spitz statt breit"
2. Konzentration der Kräfte auf den wirkungsvollsten Punkt, das heißt Fokussierung der Ressourcen auf eine eng umrissene Zielgruppe
3. Orientierung am Engpass der Zielgruppe
4. Nutzenmaximierung statt Gewinnmaximierung
(Friedrich und Seiwert 1995, S. 14–22)

Das 7-Phasen-Modell der EKS

Zur Umsetzung in die Praxis schlägt die EKS eine Vorgehensweise vor, bei der sieben Phasen durchlaufen werden:

Phase 1: Analyse der Ist-Situation und der speziellen Stärken
Jeder Mensch und jedes Unternehmen hat spezielle Stärken und Schwächen, in denen er/es sich von anderen unterscheidet. Die EKS geht davon aus, dass es nichts bringt, Schwächen zu bekämpfen, da man dadurch lediglich durchschnittlich und zudem demotiviert wird. Stattdessen empfiehlt sie, die eigenen Stärken klar herauszuarbeiten und auszubauen. Dadurch gewinnt man ein unverwechselbares Profil, durch das man sich gegenüber anderen deutlich abhebt.

Phase 2: Definition des erfolgversprechendsten Geschäftsfelds
Ausgangspunkt für Phase 2 ist das Stärken-Profil. Es ist wie ein Schlüssel, für den es nun das passende Schloss – das passende Geschäftsfeld – zu finden gilt. Es geht also darum, ein Geschäftsfeld zu finden, auf dem man die eigenen Stärken optimal

zur Geltung bringen kann. Denn was man gut und gerne tut, hat gute Chancen, zur Spitzenleistung zu werden. Auf einem kleinen Geschäftsfeld Erster zu sein ist besser als auf einem großen Durchschnitt.

Phase 3: Suche nach der erfolgversprechendsten Zielgruppe

Märkte bestehen aus Menschen. Deshalb gilt es nun in der dritten Phase, nach der erfolgversprechendsten Zielgruppe zu suchen, die hinter dem gewählten Geschäftsfeld steht. Eine Zielgruppe im Sinne der EKS sind Menschen mit gleichen Wünschen, Bedürfnissen oder Problemen. Je genauer man die eigene Zielgruppe definiert, umso eindeutiger kann man die Leistungen auf ihre speziellen Bedürfnisse ausrichten. Die eigene Leistung soll sich den Wünschen der Zielgruppe anpassen – nicht umgekehrt. Durch die Fokussierung auf die Zielgruppe erkennt man die Veränderung von deren Bedürfnissen schneller als andere und sichert sich dadurch einen Vorsprung. Ziel ist es, führender Nutzenanbieter für die Zielgruppe zu werden.

Phase 4: Identifikation und Analyse des von der Zielgruppe als am brennendsten empfundenen Problems

Hinter jedem Problem steht der Bedarf nach einer Problemlösung. Jede Problemlösung wiederum ist zugleich eine Marktchance. Je größer ein Problem, desto größer ist die Nachfrage, wenn eine Leistung genau dieses Problem löst. Dies setzt einen permanenten Dialog mit der Zielgruppe voraus, um das als am brennendsten empfundene Problem auch wirklich zu erfassen. Viele Menschen neigen dazu, Problemen aus dem Weg zu gehen. Die EKS hingegen sieht in Problemen Chancen.

Phase 5: Innovationsstrategie

Da ein Mensch beziehungsweise ein Unternehmen, der/das sich nach EKS spezialisiert, in erster Linie bester Problemlöser und Nutzenstifter seiner Kunden sein will, muss er/es seine Leistungen permanent an die veränderlichen Wünsche der Kunden anpassen. Innovation im Sinne der EKS bedeutet kontinuierliche Leistungsverbesserung. Die Verbesserungsmöglichkeiten können ein breites Spektrum aufweisen, vom freundlicheren Auftreten bis zur technischen Neuerung. Dies allerdings nicht wahllos, sondern immer am dringendsten Problem der Zielgruppe orientiert.

Phase 6: Kooperationsstrategie

Ein Mensch oder Unternehmen, der/das sich nach EKS spezialisiert, ist darauf angewiesen, mit anderen zusammenzuarbeiten, da er/es ja nur das tut, was er/es am besten kann. Die Ausprägungsformen dieser Kooperationen reichen vom gelegentlichen lockeren Zusammenarbeiten bis zur engen Partnerschaft. Zusammen erreicht man mehr als alleine – vorausgesetzt, man kooperiert mit Partnern, die komplementäre Fähigkeiten mitbringen.

Phase 7: Identifikation und Ausrichtung auf ein konstantes Grundbedürfnis

Eine Spezialisierung auf variable Bedürfnisse wie bestimmte Produkte ist aus Sicht der EKS riskant, weil diese austauschbar sind. Konstant hingegen sind Grundbedürfnisse wie Ernährung, Mobilität, Kommunikation. Variabel wiederum ist vieles, was zur Befriedigung dieser Bedürfnisse dient; beispielsweise sind Telefon, Fax, Brief, E-Mail, Internet, Videokonferenz Variablen, die das konstante Bedürfnis nach Kommunikation befriedigen. Variablen werden ständig durch neue Lösungen ersetzt. Deshalb müssen auch die angebotenen Leistungen permanent den Wünschen der Zielgruppe angepasst werden. Die EKS-Strategie ist deshalb ein lebenslanger Lernprozess: Der Mensch/ das Unternehmen, der/das sich nach EKS spezialisiert, identifiziert das konstante Grundbedürfnis hinter dem dringendsten Problem der Zielgruppe und sucht basierend darauf den Informationsaustausch mit den Kunden, indem er/es diesen Vorschläge unterbreitet und Feedback einholt. Auf diese Weise wird man nach und nach „Zielgruppenbesitzer". Immaterielles Vermögen wie Kundentreue nutzt sich im Unterschied zu materiellem Vermögen wie Produktionsmitteln nicht ab; Zielgruppenbesitz ist daher wichtiger als Produktionsmittelbesitz. Wenn man sich der konstanten Grundbedürfnisse der Zielgruppe bewusst ist, kann man zielgerichtet innovieren und dadurch seine Chancen verbessern, an der Spitze zu bleiben. Außerdem vermindert man dadurch Risiken und läuft weniger Gefahr, sich zu langweilen oder als Fachidiot zu enden (Friedrich und Seiwert 1995, S. 23–58).

Mit seiner „sozialen" Spezialisierung auf Probleme und konstante Grundbedürfnisse klar definierter Zielgruppen anstelle der sonst üblichen „technischen" Spezialisierung auf einzelne Produkte oder Verfahren hat Wolfgang Mewes mit der von ihm entwickelten EKS einen Weg gefunden, die Risiken einer Spezialisierung weitgehend auszuschließen.

Wir sind überzeugte Anwender der EKS und möchten sie Ihnen daher für Ihre eigene Positionierung ans Herz legen, allerdings in einer modifizierten Form. Wir stimmen zwar weitgehend, aber nicht hundertprozentig mit den Leitsätzen der EKS überein und haben daher auf ihren Grundprinzipien unser eigenes Positionierungsmodell entwickelt: den IPK (Identitäts- und Positionierungs-Kreis). Sie werden ihn im nächsten Abschnitt im Detail kennenlernen.

Weiterentwicklung der EKS

Auf den Punkt gebracht:

Eine der bekanntesten Zielgruppenspezialisierungen ist die in den 1970er-Jahren von Wolfgang Mewes entwickelte EKS (Engpass-konzentrierte Strategie). Sie basiert auf dem Grundprinzip, dass es besser ist, sich zu konzentrieren, als sich zu verzetteln. Und dass es sinnvoller ist, seine Kräfte auf das brennendste Problem einer eng umrissenen Zielgruppe auszurichten, statt alles für alle machen zu wollen. Außerdem zielt die EKS nicht darauf ab, den eigenen Gewinn zu maximieren, sondern den Nutzen für die Kunden.

Zur Umsetzung dieser Grundprinzipien in die Praxis schlägt die EKS ein Vorgehen in sieben Phasen vor:

1. Stärken herausarbeiten,
2. Geschäftsfeld bestimmen,
3. Zielgruppe festlegen,
4. Problem der Zielgruppe ausmachen,
5. Innovationsstrategie fahren,
6. Kooperationspartner finden,
7. Grundbedürfnis der Zielgruppe entdecken und bedienen.

Der Identitäts- und Positionierungs-Kreis (IPK)

Wie bereits erwähnt, sind wir überzeugte EKS-Anwender, stimmen ihren Leitsätzen aber nicht vollumfänglich zu. Und zwar in folgendem Punkt: Wir sind *nicht* überzeugt davon, dass es langfristig erfolgversprechend ist, sich ausschließlich auf seine Stärken zu konzentrieren. Wichtiger als die Orientierung an den eigenen Stärken finden wir die Ausrichtung an den eigenen Motiven. Der weltbekannte Arzt und Friedensnobelpreisträger Albert Schweitzer zum Beispiel war Organist, Vikar und Dozent für Theologie, bevor er mit 30 Jahren ein Medizinstudium begann und Arzt wurde. Die als „Schwarze Gazelle" in die Sport-Geschichte eingegangene Sprinterin und Olympiasiegerin Wilma Rudolph litt als Kind an Kinderlähmung und konnte erst nach jahrelanger Physiotherapie ohne Hilfsmittel gehen. Der bekannte Chocolatier Louis Barnett konnte als Kind partout nicht lesen und schreiben lernen, sosehr er sich auch anstrengte. Als er mit elf Jahren nicht mehr zur Schule gehen wollte, fand ein Professor heraus, was mit ihm nicht stimmte: Er litt unter Legasthenie, Dyspraxie und außerdem noch an einer Störung des Kurzzeitgedächtnisses. Barnett ließ sich jedoch nicht davon beeindrucken, dass man ihm ein hartes Leben prophezeite, sondern sagte sich, dass man auch dann erfolgreich sein kann, wenn man nur langsam lesen und keinen Ball fangen kann. Mit zwölf Jahren gründete er ein eigenes Unternehmen: eine Schokoladenmanufaktur. Und wurde im Laufe der Jahre zum Jamie Olivier der Chocolatiers. All diese Menschen wurden erfolgreich in Bereichen, in denen sie zuvor keine Stärken hatten, zum Teil sogar Schwächen.

Zahlreiche Studien deuten darauf hin, dass Menschen in den Bereichen richtig gut werden, in denen sie 10.000 Stunden und mehr üben. Das ursprüngliche Talent spielt dabei nur eine geringe Rolle. **Übung bringt mehr als Talent**

Wir gehen davon aus, dass der Schlüssel zum Erfolg nicht eine Fokussierung auf vorhandene Stärken ist, sondern die Ausrichtung auf ein grundlegendes Motiv – auf ein „Warum".

Welches Motiv ist so stark, dass es uns dazu bringt, uns mehr als 10.000 Stunden mit einer Sache zu beschäftigen? Dass es uns trotz aller Durststrecken und Frusterlebnisse durchhalten lässt? Ist unser Motiv stark genug, entwickeln wir die benötigten Stärken. Oder um es mit Nietzsche zu sagen: *„Wer ein Warum zum Leben hat, erträgt fast jedes Wie."*

Eine Spezialisierung rein auf der Basis von vorhandenen Stärken ohne ein „Warum" kann zwar zu materiellem Erfolg führen, aber unter Umständen gleichzeitig zu großer persönlicher Leere und Unzufriedenheit, weil unser „Herz" nicht dabei ist. Schließlich erfüllt uns nicht alles, was wir gut können, mit tief gehender Freude und Begeisterung.

Berufung bringt Erfolg

Etliche Untersuchungen haben gezeigt, dass Hingabe essenziell für Glück, Zufriedenheit und Erfolg ist. Entscheidend ist, dass die Tätigkeit Teil der eigenen Identität wird. Wer einer Berufung nachgeht, ist nicht nur glücklicher und zufriedener, sondern auch erfolgreicher. Wahre Verve kann nur entwickeln, wer nicht primär für Geld oder eine herausgehobene Position arbeitet, sondern weil ihn die Arbeit im besten Sinne des Wortes erfüllt (Rettig 2011). Aus diesem Grund haben wir das EKS-Modell modifiziert.

Als Ausgangspunkt für die Spezialisierung empfehlen wir nicht nur das persönliche Stärken-Profil, sondern eine umfassende Klärung der eigenen Identität, die auch das „Warum" beinhaltet: die persönliche Vision und Mission sowie die eigenen Neigungen und Leidenschaften (die höchste der logischen Ebenen nach Robert Dilts – siehe Kapitel III.2.).

Unsere Modifikation des EKS-Modells – der in Schaubild 13 dargestellte Identitäts- und Positionierungs-Kreis (IPK) – soll Sie dabei unterstützen, Ihre Identität und künftige berufliche Ausrichtung zu klären. Die Klärung der Identität umfasst das Herauskristallisieren der eigenen Stärken und Leidenschaften, der persönlichen Vision und Mission und des am besten dazu passenden Geschäftsfelds. Ist klar geworden, warum man was machen möchte, wendet man sich gedanklich dem Kunden zu und überlegt, wem man den größten Nutzen bieten würde, welche Probleme diese Zielgruppe „drücken" und was das konstante Grundbedürfnis dahinter ist. Auf dieser Basis überlegt man dann, wie man die vermuteten Probleme der Zielgruppe besser lösen kann, als es bisher der Fall ist, und welche Kompetenzen und Kooperationspartner man dafür benötigt. Ist auch das geklärt, beschäftigt man sich mit Fragen der Vermarktung, etwa damit, welches Logo und welcher Claim am besten zum Ausdruck bringt, wer man ist und was andere von einem haben. Dies alles aber nicht einmalig, sondern immer wieder, beispielsweise jährlich. Der erste Durchlauf dient der grundlegenden strategischen Ausrichtung. Ist diese klar, marschiert man los und bekommt ein „Echo" von der Zielgruppe. Dann folgen weitere Durchläufe, in denen das „Echo" reflektiert und die Weichen gegebenenfalls korrigiert werden. Der IPK ist also ein lebenslanger kontinuierlicher Reflexionsprozess, der immer wieder Änderungen nach sich zieht. Unsere Empfehlung: Auf Basis des erstmaligen Durchlaufs des IPKs starten und dann die Rückmeldungen Ihrer Zielgruppe immer wieder reflektieren und Ihre Ausrichtung gegebenenfalls korrigieren!

Hier ist er nun also, unser Identitäts- und Positionierungs-Kreis (IPK):

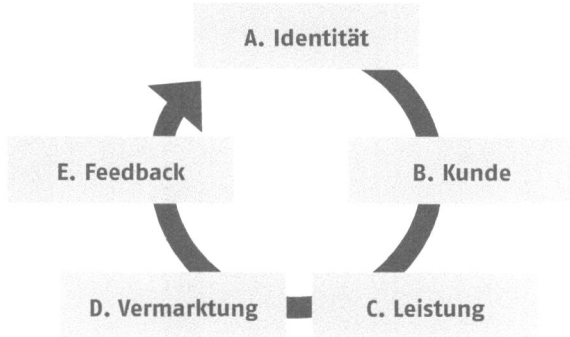

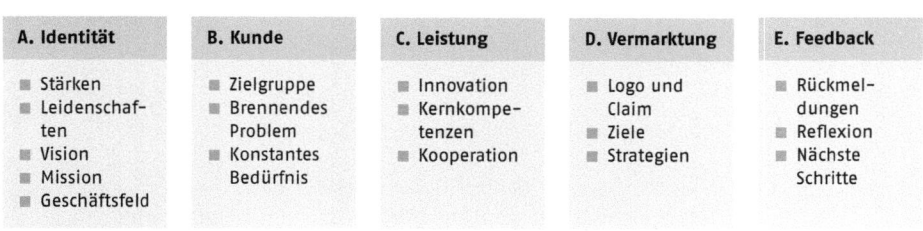

Schaubild 13: Identitäts- und Positionierungs-Kreis

Die nachfolgend aufgeführten Fragen zu den einzelnen Rubriken des IPKs sind als Inspiration gedacht; sie sind nicht sklavisch abzuarbeiten und können auch gut durch andere Methoden (wie zum Beispiel rechtshirnige assoziative Methoden, die mit Bildern oder Objekten arbeiten) ersetzt oder ergänzt werden. Um wirklich Klarheit über Ihre Identität und künftige berufliche Ausrichtung zu erlangen, sollten Sie Ihre Erkenntnisse zu den einzelnen Rubriken allerdings unbedingt in einigen wenigen(!) Sätzen auf den Punkt bringen – unabhängig davon, wie Sie sie erlangt haben.

Und hier die erwähnten Fragen zu den einzelnen Rubriken:

. . . .

A. Identität

1. Stärken (Fähigkeiten, Kenntnisse, Eigenschaften, ...)

- Welche Kenntnisse und Erfahrungen bringe ich mit?
- Auf welche Leistungen bin ich stolz und weshalb?
- Was schätzen andere an mir?
- Was trauen mir andere vor allem zu?
- Welche Eigenschaften sprechen mir andere zu?
- Was kann ich außergewöhnlich gut?
- Über welche nützlichen Beziehungen verfüge ich?
- Was macht mich für andere spannend?
- Was haben andere davon, dass es mich gibt?

Auf den Punkt gebracht: Meine größte Stärke

2. Leidenschaften (Interessen, Neigungen)

- Welche Interessen und Neigungen habe ich?
- Welche Herausforderungen gehe ich mit Freude an?
- Womit kann ich mich stundenlang beschäftigen, ohne auf die Uhr zu schauen, weil es mich so „kickt", dass ich Zeit und Raum vergesse?

Auf den Punkt gebracht: Meine größte Leidenschaft

3. Vision (Traum)

▨ Was ist mir wichtig, was bewegt mich?
▨ Was liegt mir leidenschaftlich am Herzen?
▨ Welche Träume und Visionen habe ich, die ich verwirklichen
will oder zu deren Verwirklichung ich beitragen will?

Auf den Punkt gebracht: Meine Vision

4. Mission (spezifische Rolle)

▨ Welche Werte und Grundüberzeugungen treiben mich an?
▨ Was motiviert mich, aktiv zu werden?
▨ Was möchte ich auf dieser Welt beitragen? Worin sehe ich den
Sinn und Zweck meiner Existenz?

Auf den Punkt gebracht: Meine Mission

5. Geschäftsfeld

▨ Welches Geschäftsfeld ergibt sich unmittelbar aus meinen
speziellen Stärken und Leidenschaften?
▨ Welche Probleme kann und will ich lösen helfen?
▨ Welchen Nutzen möchte ich anderen gerne bieten?
▨ Auf welchem Geschäftsfeld ist die Nachfrage am größten?
▨ Mit welchem Geschäftsfeld kann ich mich am meisten identi-
fizieren?
▨ Was würde ich tun, wenn ich keine Angst hätte, Zeit und Geld
keine Rolle spielten und ich mit Sicherheit wüsste, dass ich
damit erfolgreich wäre?

Auf den Punkt gebracht: Mein künftiges Geschäftsfeld

B. Kunde

1. Zielgruppe

- Wie sieht mein Lieblingskunde aus? Mit welchem Typ Mensch arbeite ich am liebsten zusammen?
- Zu welcher Gruppe von Menschen habe ich den besten Kontakt?
- Wer hat vermutlich den größten Bedarf an einem Angebot in meinem künftigen Geschäftsfeld?
- Wer profitiert am meisten von meinen Stärken? Wem kann ich den größten Nutzen bieten und warum?

Auf den Punkt gebracht: Meine künftige Zielgruppe

2. Brennendstes Problem

- Welche Wünsche, Sorgen, Schwierigkeiten, Bedürfnisse und Probleme meiner Zielgruppe sind mir bekannt?
- Was ist das Spezifische an der Situation meiner Zielgruppe und welches Problem beziehungsweise welcher besondere Bedarf resultiert daraus?
- Welches wäre mein größtes Problem, wenn ich mich in der Situation meiner Zielgruppe befinden würde?

Auf den Punkt gebracht: Das brennendste Problem meiner Zielgruppe

3. Konstantes Grundbedürfnis

- Welches konstante Grundbedürfnis steht hinter dem wichtigsten Problem meiner Zielgruppe?
- Auf welchen Wegen / mit welchen Angeboten kann dieses konstante Grundbedürfnis befriedigt werden?
- Wie kann ich die Verbindung zu meiner Zielgruppe nachhaltig etablieren und mehr und mehr vertiefen?

Auf den Punkt gebracht: Das konstante Grundbedürfnis meiner Zielgruppe

C. Leistung

1. Innovation

- Wie wird das dringendste Problem meiner Zielgruppe bisher gelöst?
- Wie würde eine ideale Problemlösung aussehen?
- Wie könnte man die Probleme, die ich lösen helfe, noch wirksamer lösen? Was könnte man einfacher, besser, preiswerter machen?
- Weshalb soll meine Zielgruppe bei mir kaufen und nicht woanders? Welchen zwingenden Nutzen möchte ich bieten?

Auf den Punkt gebracht: Meine Innovation

2. Kernkompetenzen

- Welches Know-how, welche Informationen, Fertigkeiten, Qualifikationen benötige ich, um diese Innovation auch tatsächlich realisieren zu können?
- Wie kann ich mir die erforderlichen Kompetenzen aneignen?
- Was werde ich konkret tun, um diese Kompetenzen zu erwerben?

Auf den Punkt gebracht: Erforderliche Kernkompetenzen

3. Kooperation

- Was sind genau die Engpässe, zu deren Überwindung ich Kooperationspartner benötige?
- Was konkret soll(en) der/die Partner leisten?
- Welche Kompetenzen soll(en) der/die Kooperationspartner mitbringen?
- Was kann ich Kooperationspartnern bieten?

- Wie eng will ich mit Kooperationspartnern zusammenarbeiten?
- Über welche Wege erreiche ich potenzielle Kooperationspartner?

Auf den Punkt gebracht: Benötigte Kooperationspartner

D. Vermarktung

1. Logo und Claim

- Welcher Firmenname bringt am besten zum Ausdruck, wer ich bin und was andere davon haben, dass es mich gibt?
- Welcher Slogan drückt am besten aus, was ich für meine Zielgruppe tue und was der Nutzen davon ist?
- Welches Bild/Symbol repräsentiert am besten, was ich für meine Zielgruppe tue und was der Nutzen davon ist?
- Was kann ich in etwa 30 Sekunden über mich sagen, was andere so neugierig macht, dass sie mehr von mir hören wollen?

Auf den Punkt gebracht: Mein Logo und Claim

2. Ziele

- Was will ich bis wann erreicht haben? Bis ... habe/kann/weiß/bin ich ...
- Warum möchte ich diese(s) Ziel(e) erreichen?
- In welche sinnvollen Teilziele kann ich diese(s) Ziel(e) aufgliedern?

Auf den Punkt gebracht: Meine Ziele

3. Strategien

- Wie kann ich meine Ziele erreichen? Welche Möglichkeiten sind grundsätzlich denkbar?
- Für welche konkreten Strategien zur Zielerreichung entscheide ich mich?
- Welche „Dos and Don'ts" ergeben sich für mich daraus?

E. Feedback

1. Rückmeldungen

- Welche Rückmeldungen habe ich bekommen?
- Welche Stärken sind mir zugesprochen worden?
- Was ist kritisiert/bemängelt worden?
- Über welche Probleme haben meine (potenziellen) Kunden gesprochen?
- Welche Reaktionen hat es auf meine Angebote gegeben?
- Wonach ist gefragt worden, was ich nicht bieten konnte?

Auf den Punkt gebracht: Rückmeldungen

2. Reflexion

- Wie ist es mir mit meinem Geschäftsfeld gefühlsmäßig ergangen?
- Wie habe ich mich im Kontakt mit meiner Zielgruppe gefühlt?
- Wenn ich mir alle Rückmeldungen vor Augen führe, was fällt mir dann auf?
- Was ist mein Fazit aus dieser Reflexion?

Auf den Punkt gebracht: Reflexion

3. Nächste Schritte

- Wo setze ich jetzt an? Was wären die nächsten logischen Schritte?
- Welche Schritte werde ich konkret bis wann gehen?
- Wie stelle ich sicher, dass ich diese Schritte auch tatsächlich tue?

Auf den Punkt gebracht: Nächste Schritte

Ein Arbeitsbuch zum IPK ist bei den Autoren erhältlich.

Auf den Punkt gebracht:

Da wir nicht überzeugt davon sind, dass es im ganzheitlichen Sinne erfolgversprechend ist, sich bei einer Spezialisierung ausschließlich auf seine Stärken zu konzentrieren, haben wir das EKS-Modell modifiziert. Unserer Ansicht nach liegt der Schlüssel zum Erfolg nicht in einer Fokussierung auf vorhandene Stärken, sondern in einer Ausrichtung auf ein zentrales Lebensmotiv – ein „Warum". Untersuchungen zeigen: Wer einer Berufung nachgeht – und nicht nur einer Tätigkeit, die er gut beherrscht und die ihm Geld und/oder eine herausgehobene Stellung verschafft –, ist glücklicher, zufriedener und erfolgreicher. Ausgangspunkt für eine Spezialisierung ist für uns daher eine umfassende Klärung der eigenen Identität, die auch das Herauskristallisieren des „Warum" beinhaltet: die persönliche Vision und Mission sowie die eigenen Neigungen und Leidenschaften.

2. Inszenierung

Nachdem Ihnen dank des IPKs klar ist, was Sie ausmacht und was Ihnen am Herzen liegt, stehen Sie nun vermutlich vor der Herausforderung, bei potenziellen Kunden Interesse zu wecken. Das schaffen Sie mit einer guten Inszenierung. Schon Martin Luther empfahl, sein Licht nicht unter den Scheffel zu stellen, sondern es leuchten zu lassen vor den Leuten, damit diese die guten Werke sehen. Diesem Rat wollen wir folgen und uns nun damit befassen, was es für eine gute Inszenierung alles braucht.

Website

Ob man eine Website braucht oder nicht, hängt von der Zielgruppe ab. Generell ist eine eigene Website heutzutage aber
Standard. Ihre Website ist sozusagen die Filiale Ihres Unternehmens im Internet – ganz im Sinne des englischen Wortes „Site",
das auf Deutsch „Standort" bedeutet. Sie ist meist das Erste, was
wir uns anschauen, wenn wir eine neue Geschäftsbeziehung
eingehen wollen. Und die wichtigste Frage, die wir dabei im
Kopf haben, ist: Was kann mir diese Firma, dieser Mensch bieten? Bevor man sich ans Entwerfen der eigenen Website macht,
sollte man sich also fragen:

- Wen will ich als Kunden?
- Welche Probleme, Wünsche, Bedürfnisse haben meine Kun-
  den?
- Welchen Nutzen biete ich meinen Kunden?

Mithilfe des IPKs haben Sie diese Fragen bereits für sich geklärt.

Mit einem Bild von Ihrem Kunden und seinen Problemen, Wünschen und Bedürfnissen im Kopf designen Sie nun die Startseite
Ihrer Website. Sie holen ihn ab, wie es so schön heißt. Wie man
das mit dem Abholen genau macht, schauen wir uns im Abschnitt über Kundengewinnung an. Was Sie keinesfalls auf der
Startseite Ihrer Website machen sollten: die Welt erklären oder
das eigene Leben ausbreiten oder sonst wie langweilen. Stattdessen sollten Sie die Probleme, Bedürfnisse und Wünsche Ihrer Kunden thematisieren.

Sie sind ...
- *in einer Führungsfunktion tätig und*
  jemand, für den Werte wie Fairness, Respekt und Zuverlässigkeit
  keine Lippenbekenntnisse sind.

Sie wollen ...
- *in Ärger- und Stress-Situationen souverän agieren.*

**Ansprache-
Beispiel**

- sich von hinderlichen Denk- und Verhaltensmustern befreien.
- Unsicherheiten auflösen und klare Entscheidungen treffen.

Auf den Folgeseiten Ihrer Website sollten Sie dann erklären, was genau Sie tun und wie Sie es tun. Also Ihr Verständnis von Coaching darlegen und wie und wo Sie mit Klienten arbeiten. Welches Ihr Spezialgebiet ist und welchen Nutzen Sie bieten. Und was Ihre Basis (Ausbildung, Erfahrungen, ...) dafür ist. Damit potenzielle Kunden wissen, mit wem sie es zu tun haben, sollten Sie eine Business-Biografie und ein Foto von sich veröffentlichen. Transparenz schafft Vertrauen und das ist Voraussetzung für eine erfolgreiche Coaching-Beziehung.

Wenn Sie aktiv Social-Media-Marketing betreiben wollen, integrieren Sie noch einen Blog auf Ihrer Website. Wir empfehlen es Ihnen sehr. Mehr darüber finden Sie im übernächsten Abschnitt. Und schließlich brauchen Sie noch eine Kontaktseite. Dort sind alle Wege aufgeführt, über die man Sie erreichen kann. Pflicht ist außerdem ein Impressum – die Kontaktseite ist ein guter Platz dafür.

Die Elemente Ihrer Website Hier noch einmal im Überblick, was die Website eines professionellen Business-Coachs beinhaltet:

- Startseite (Home)
- Coaching-Verständnis, Spezialgebiet, Arbeitsweise und daraus resultierender Kundennutzen
- Zur Person / Business-Biografie
- (Evtl.) Blog
- Kontakt inklusive Impressum

Noch ein paar Tipps:

- Fassen Sie sich generell kurz. Kurze Sätze sind leichter lesbar und besser zu verstehen als komplizierte lange.
- Wenn Sie zweifeln, ob etwas wirklich nützt, streichen Sie es. Was gestrichen ist, kann nichtdurchfallen.

- Fragen Sie sich beim Schreiben der Website-Texte immer wieder: Hilft das dem (potenziellen) Kunden weiter?

Auf den Punkt gebracht:

Ihre Website ist Ihre Visitenkarte im Internet. Bereits die Startseite sollte potenziellen Kunden vermitteln, was Sie wem bieten, warum Sie dies tun und welchen Nutzen Ihre Kunden davon haben. Auf den Folgeseiten erläutern Sie dann die Details: Ihr Coaching-Verständnis, Ihr Spezialgebiet, Ihre Arbeitsweise. Außerdem bringen Sie Infos zu Ihrer Person, eine Kontaktseite mit Impressum und eventuell noch einen Blog. Und das alles kurz und knapp „auf den Punkt gebracht".

Geschäftsausstattung

Eine eigene Website sollten Sie haben, Visitenkarten müssen Sie haben. Und Sie sollten immer genügend davon einstecken, wenn Sie zu Geschäftsterminen fahren, denn Visitenkarten zu tauschen ist im Business-Kontext fast so ritualisiert, wie sich die Hände zu schütteln. Und Sie würden einem möglichen Kunden ja vermutlich nicht den Handschlag verweigern, nicht wahr?

Visitenkarten sind außerdem ein nützliches Werkzeug beim Netzwerken. Dazu kommen wir noch in einem eigenen Kapitel.

Das Wichtigste auf einer Visitenkarte und am größten geschrieben sind Ihr Name und Ihre Funktion, zum Beispiel „Greta Garbo – Verkaufscoach". Und in etwas kleinerer Schrift dann Ihre Kontaktdaten. Damit ein Wiedererkennungseffekt erzielt wird, sollte das Design dem Ihrer Website entsprechen. Zu einem einheitlichen Erscheinungsbild (auch Corporate Design genannt) gehören die Farben, die Schrift, das Logo und die Anordnung der Designelemente. Ein Briefpapier im Corporate Design zu haben gehört zu einem professionellen Auftritt zwingend dazu.

Ob Sie Flyer und Broschüren brauchen, hängt davon ab, ob Sie Verwendung dafür haben. Bevor Sie solche Marketingwerkzeuge entwickeln (lassen), sollten Sie ganz genau sagen können, wo Sie sie einsetzen wollen und was sie bewirken sollen. Wenn Sie Flyer auf einer Veranstaltung verteilen oder Broschüren an passenden Stellen auslegen können, sollten Sie welche machen. Das „Futter" für den Inhalt haben Sie schnell: Genau wie eine Website haben auch Flyer und Broschüren die Funktion, potenzielle Kunden dazu anzuregen, mit Ihnen Kontakt aufzunehmen. Die Texte Ihrer Website werden daher auch in Flyern und Broschüren Wirkung entfalten.

Auf den Punkt gebracht:

Visitenkarten und Briefpapier in einem einheitlichen Design sind ein „Muss" für einen professionellen Business-Coach. Broschüren und Flyer hingegen braucht nur, wer auch Verwendung dafür hat. Sie sollten nur dann welche erstellen, wenn Sie ganz genau sagen können, wo Sie sie einsetzen werden und was sie bewirken sollen.

Social Media

Wer Kunden gewinnen, Geschäfte und Kooperationen anbahnen will, sollte das dort tun, wo die wertvollen Kontakte sind. Das persönliche Gespräch ist nach wie vor unverzichtbar. Früher wurde dieses primär auf Messen oder bei Veranstaltungen angebahnt. Heute läuft das ganz selbstverständlich online über Social Media.

Social Media sind digitale Medien wie zum Beispiel XING und LinkedIn, die es Nutzern ermöglichen, sich untereinander auszutauschen und Inhalte zusammen zu erstellen.

Was Social Media ausmacht, ist die Interaktion, der Austausch von Informationen und Gedanken, das „Gespräch". Im geschäftlichen Bereich könnte man dabei auch an einen Markt oder Basar denken (Levine, Locke, Searls und Weinberger 1999).

Wenn man Social Media geschäftlich nutzen will, besteht die große Gefahr, dass man sich dabei verzettelt. Man taucht bei LinkedIn, XING, Twitter und Co. ein und kommt vom Hundertsten ins Tausendste – und hat hinterher das unzufriedene Gefühl, nicht wirklich etwas geschafft zu haben. Aus eigener schmerzhafter Erfahrung schlagen wir Ihnen daher vor, sich eine Social-Media-Strategie zurechtzulegen. Dazu beantworten Sie sich am besten zuerst folgende Frage: Welche Absicht verfolge ich mit meinen Social-Media-Aktivitäten?

■ *Ich will mehr Business-Kontakte gewinnen.* **Beispiele**
■ *Ich will als Experte für Thema X bekannt werden.*
■ *Ich will mehr Traffic auf meine Website bekommen.*

Wenn Ihnen klar ist, was Sie mit Social Media erreichen wollen, brauchen Sie als Nächstes einen zentralen Knotenpunkt, der sowohl Ausgangspunkt für Ihre Aktivitäten ist als auch Auffangstation für die Reaktionen, die Sie darauf bekommen. Ideal dafür ist ein Blog. Ein Blog ist ein gutes Archiv für Ihre Gedanken, Artikel und Kommentare. Dort sammeln Sie auch Fundstücke im Web, zum Beispiel YouTube-Videos und Links zu Artikeln anderer. Mit einem Blog treten Sie ein bisschen hinter Ihrer offiziellen „Firmenfassade" hervor und zeigen sich als Mensch. Ein regelmäßig zu einem bestimmten Thema gefütterter Blog ist „Google-Saft". Das heißt, Google belohnt Blogger mit vorderen Plätzen in der organischen Suche.

Ein nächster Schritt wäre dann beispielsweise ein Twitter-Account. Twitter ist eine Gesprächsangebot-Plattform, deren Botschaften auf 140 Zeichen begrenzt sind. Selbst wenn Sie nicht twittern möchten, können Sie darüber Ihre Blog-Postings verbreiten und dadurch neue Interessenten finden und ins Gespräch kommen. Mit einfachen Werkzeugen (Apps) können Sie Ihre Blog-Postings (genauer gesagt die Überschriften und den Link dazu) automatisiert twittern. Und via Link bekommen Sie auch Traffic auf Ihren Blog aus Twitter.

Ein weiterer Social-Media-Schritt wäre ein Account bei einer Netzwerkplattform wie XING oder LinkedIn. Dort nehmen Sie an Gesprächen zu Ihrem Spezialgebiet teil und lernen neue Leute kennen: andere Spezialisten, aber auch potenzielle Kunden. Und wenn es passt, können Sie dort natürlich auch auf Ihre in Ihrem Blog gesammelten Gedanken, Tipps, Artikel und so weiter verlinken. Sobald Sie mehr Erfahrungen gesammelt haben und sich eine Moderation zutrauen (und die Zeit dafür aufzuwenden bereit sind), können Sie eine eigene Gruppe zu Ihrem Spezialgebiet eröffnen. Wer Privatkunden als Zielgruppe hat, sollte neben LinkedIn und XING auch Facebook ins Visier nehmen.

Die Grenzen beim „Social-Media-Machen" werden von Ihrer Energie und Zeit gesetzt. Sie können eventuell nicht überall mitmachen, wo Sie es spannend fänden. Um sich nicht zu verzetteln, ist es daher gut, sich von Zeit zu Zeit zu fragen: Welches Ziel verfolge ich damit?

Auf den Punkt gebracht:

Neue Geschäftskontakte und Kunden gewinnen Sie heutzutage am schnellsten, wenn Sie online mitspielen. Die Tools dazu nennen sich „Social Media". Ein Blog ist dabei ein guter zentraler Anlaufknoten.

3. Profilierung

Mit einer klaren Positionierung heben Sie sich positiv vom Wettbewerb ab. Mit einer passenden Inszenierung werden Sie für Kunden spannend. Das bringt Ihnen aber wenig, wenn es niemand bemerkt. Um bekannt zu werden, müssen Sie auf sich aufmerksam machen. Und dazu müssen Sie an Profil gewinnen, als einzigartig und wertvoll geschätzt werden. Kurz: Sie brauchen eine Profilierung.

Auftreten

Auch wenn „aufkreuzen" laut Woody Allen schon 80 Prozent des Erfolgs ist – es kommt entscheidend auch auf die letzten 20 Prozent an. Egal zu was für einer Veranstaltung Sie geschäftlich gehen, kreuzen Sie dort nicht einfach nur auf, sondern gehen Sie gut vorbereitet hin.

Das fängt bei der Auswahl der Kleidung an. Stellen Sie sich vor, **Dresscode** Sie gehen auf eine Veranstaltung, bei der die Herren Business-Anzüge und die Damen Kostüme in gedeckten Farben tragen – und Sie kommen in Jeans und Freizeithemd. Oder andersrum: Alle tragen zwanglose Kleidung und Sie kommen im Anzug oder Kostüm. Sie fallen auf, weil aus dem Rahmen, klar. Aber nutzt es Ihnen? Und: Fühlen Sie sich wohl dabei? Sie werden als Business-Coach meist besser fahren, wenn Sie sich wie ein Fisch unter Fischen bewegen. Also machen Sie sich vorher schlau, ob es einen – eventuell auch unausgesprochenen – Dresscode gibt. Am einfachsten geht das, indem man beim Veranstalter anruft und höflich fragt. Oder indem man auf einer Website zur Veranstaltung Bilder von vorangegangenen Events findet.

Gute Zuhörer sind zwar ungemein gefragt, dennoch sollten Sie **Gesprächs-** wissen, wie Sie ein Gespräch in Gang bringen können. Und **führung** auch wie Sie es beenden, wenn es fruchtlos wird (Boothman 2002). Die einfachste Art, ein Gespräch mit einem Fremden zu starten, ist die Journalisten-Technik: Sie machen zuerst ein positives oder neutrales Statement und schließen daran eine offene Frage an.

Beispiele
- *Karlsruhe ist ja eine schöne Stadt. Was sollte ich als Fremder, der einen Tag Zeit hat, morgen unbedingt anschauen?*
- *Das war ein interessanter Vortrag eben, nicht wahr? Wissen Sie schon, zu welchem Workshop Sie als Nächstes gehen?*

Ein fruchtloses Gespräch beenden Sie in einer Gesprächspause mit: „Vielen Dank, das war sehr interessant. Ich muss jetzt weiter zu ..." Da kann Ihnen niemand böse sein. Ein fruchtbares Gespräch beenden Sie mit einem nächsten Schritt, etwa Zusenden von Informationen, Herstellen eines Kontakts, Vereinbaren eines Treffens. Auch in diesem Fall bedanken Sie sich natürlich für das wertvolle Gespräch.

Ein guter Auftritt ist kein Zufall. Sie müssen kein Naturtalent sein, sondern können das, worauf es ankommt, lernen und üben. Und zum Üben können Sie jede Veranstaltung nutzen. Denken Sie einfach an Woody Allen: „*80 percent of success is showing up.*"

Auf den Punkt gebracht:

Um bekannt zu werden, ist es hilfreich, wenn Sie Veranstaltungen besuchen, bei denen Sie auf potenzielle Kunden treffen können. Dort sollten Sie aber nicht nur auftauchen, sondern durch Ihre Kleidung und Ihr Gesprächsverhalten so auftreten, dass Sie positiv auffallen. Dies können Sie lernen und üben.

Vorträge

Für einen Vortrag gibt es die unterschiedlichsten Anlässe. Mit dem Anlass ändert sich auch das Ziel – also das, was man mit dem Vortrag erreichen will. Unabhängig vom Anlass sollen aber immer Menschen motiviert werden. Und um jemanden zu motivieren, muss man seine Aufmerksamkeit gewinnen und halten – oder besser noch: ihn zum Beteiligten machen. Das ist gar nicht so schwer.

Eine Präsentation, die motiviert, lässt den Zuhörer entscheiden, ob er kaufen will oder nicht. Dazu braucht er Einsicht in das Problem: „Warum sollte/muss ich etwas tun?" Wenn er für sich erkannt hat, dass er ein Problem hat und etwas tun sollte/ muss, braucht er als Nächstes ein Ziel: „Was werde ich erreichen, wenn ich etwas tue?" Und wenn ihm klar ist, was er erreichen wird, muss er den Weg zum Ziel erkennen können: „Wie kann ich vorgehen und was brauche ich dafür an Ressourcen (Geld, Manpower, ...)?"

Das Grundgerüst für den Aufbau eines Vortrags:
1. Warum?
2. Was?
3. Wie?

Wenn man nach dem Warum fragt, kommt fast immer als Antwort: „Ich will weg von einem Problem." Und weiter kommt häufig die Klage über nicht steuerbare Fakten: „Weil der Wettbewerb gnadenlos ist. Weil die Kunden kein Geld ausgeben. Weil ..." Menschen kommen meist zu einem Vortrag, weil sie hoffen, dass sie danach ein Problem lösen und etwas besser machen können als vorher. Natürlich kommen Menschen auch deshalb zu Vorträgen, weil sie vom Chef geschickt wurden, es so tolle Häppchen gibt, sie sehen wollen, was die Konkurrenz so alles macht, und so weiter.

Das Warum

Kümmern Sie sich um diejenigen, die wirklich etwas von Ihnen erhoffen. Und geben Sie ihnen die Möglichkeit, zu überprüfen, ob sie zu Recht gekommen sind. Zeigen Sie Ihnen als Erstes, dass Sie ihre Probleme kennen, dass Sie sie verstehen.

Das „Warum" ist meist gefühlsbetont. Gefühle brauchen keine detaillierten, logischen Erklärungen. Es geht eher darum, Bilder zu malen. Nutzen Sie also eher Verben, die die Sinne ansprechen (sehen, hören, spüren), als solche für die Ratio (denken, überlegen).

Das „Warum" wird passend durch Symbole adressiert. Symbole können Metaphern sein – man erzählt zum Beispiel eine spannende (traurige, humorvolle) Geschichte, deren Kernbedeutung die Zuhörer auf das eigene Problem übertragen können. Folien, die in der Warum-Phase eingesetzt werden, leiten Gedanken ein, sind einfach und haben emotionalen Charakter (Humor, Provokation, ...).

Wenn wir den Finger in die richtige „Wunde" gelegt haben, sind am Ende der Warum-Phase genügend Zuhörer gespannt darauf, was wir jetzt als Lösung anbieten werden. Die Lösung gliedert sich in zwei Teile: Was haben wir anzubieten und wie kann es erreicht werden?

Das Was Aufgrund unserer Warum-Präsentation können wir davon ausgehen, dass eine genügend große Zahl unserer Zuhörer beteiligt und motiviert ist. Sie sind motiviert, sich mit unserem weiteren Vortrag ernsthaft auseinanderzusetzen. Wer sich mit einer Sache ernsthaft auseinandersetzt, erwartet nun Fakten.

Beim „Was" ist also in sehr hohem Maße der Verstand beteiligt. Nicht dass Emotionen an dieser Stelle gar keine Rolle spielten; aber sie treten fürs Erste deutlich hinter die Ratio zurück. Die Zuhörer vergleichen unsere Aussagen mit ihren bisherigen Informationen.

Den Verstand bedienen Sie mit Präzision. Waren Sie beim „Warum" in der Unschärfe des Gefühls, sind Sie beim „Was" klar und logisch. Sie zeigen Resultate, die erzielt werden können. Eine ganz wichtige Botschaft ist: Wer Ihrem Vorschlag folgt, löst sein Problem und gewinnt die Handlungskontrolle zurück.

Das „Was" präsentieren Sie am besten in einfachen Sätzen mit klaren, eindeutigen Formulierungen und entsprechenden Verben (denken, planen, prüfen, ...). Nach jeder wichtigen Aussage machen Sie eine Pause, damit die Zuhörer alles verarbeiten können. Auf Ihren Folien sind Business-Grafiken angebracht, Verlaufskurven, Vorher-nachher-Gegenüberstellungen, Balken-/ Kuchen-Diagramme. Die Folien setzen Sie als bildhafte Verstärker ein, das heißt, Sie stellen einen Sachverhalt verbal vor und dann folgt eine dazu passende Folie, mit der „der Groschen auf jeden Fall fällt".

Wenn Sie es einrichten können, sollten Sie nach dem „Was" eine Fragerunde einbauen, denn einige der Zuhörer haben jetzt Fragen. Und wer zu den Zielen Fragen hat, die nicht beantwortet werden, der wälzt sie die ganze Zeit während des weiteren Vortrags, bekommt nicht mehr alles mit und ist unzufrieden. Fordern Sie Ihre Zuhörer also ruhig auf, Fragen zu stellen. Klären Sie so viel wie möglich zum „Was". Vertagen Sie Fragen zum „Wie" auf elegante Weise: „Darauf komme ich gleich in meinem nächsten Punkt." Wenn keine Fragen kommen, präsentieren Sie wahrscheinlich das falsche Thema vor den falschen Leuten. Tun Sie sich das nicht länger an und machen Sie so schnell wie möglich Schluss.

Mit dem „Wie" holen Sie keinen zurück, der zwischenzeitlich abgesprungen ist. Allerdings können Sie Menschen verprellen, die bis hierher dabei waren. Behalten Sie im Gedächtnis: Sie präsentieren jetzt für diejenigen, die grundsätzlich kaufen wollen. Und diese Leute brauchen jetzt drei Dinge: Sicherheit, Sicherheit und Sicherheit!

Das Wie

Die Fragen, die Sie Ihren Zuhörern beantworten müssen: „Wie viel müssen wir investieren? Werden wir das hinkriegen? Was sagen meine Kollegen, wenn ich damit komme?" Der Zuhörer fährt also zweigleisig; er nutzt Verstand und Gefühl gleichermaßen. Und Sie machen das in dieser Phase auch.

Zwei häufige Kardinalfehler in dieser Phase:

1. Man greift beim „Wie" ganz tief in die Kiste und breitet die kompliziertesten Fälle bis ins Detail aus. Das, wofür man den ganzen Erfahrungsschatz eines halben Berufslebens gebraucht hat. Die Vertreter der Wettbewerber im Publikum werden blass vor Neid. Alle anderen verstehen nur Bahnhof. Der Kaufinteressent denkt sich: „Das kann ich meinen Kollegen nicht zumuten. Das ist viel zu kompliziert."
2. Die Interessenten werden in Watte gepackt. Es kommt nur noch heiße Luft oder es wird geschwindelt: „Machen Sie sich keine Sorgen wegen ... Das haben wir immer hingekriegt." Der Kaufinteressent denkt instinktiv: „Wer weiß, was da noch alles auf uns zukommt. Besser, ich lasse die Finger davon ..."

Über- oder unterfordern Sie Ihre potenziellen Kunden also nicht, sondern nehmen Sie sie ernst. Sagen Sie klar, was auf sie zukommt. Und dann rufen Sie das Ziel (das „Was") ins Gedächtnis und lassen Sie Ihre Zuhörer Input und Output gegenüberstellen. Wenn Ihr Produkt passt, ist der Ertrag größer als der Aufwand.

Beim Präsentieren des „Wie" bringen Sie am besten Beispiele und Testimonials wie: „Personalchef Max Maier von der ABC-GmbH sagt dazu: ,Wir sind sehr begeistert von unserem Coaching-Programm für Nachwuchs-Führungskräfte. Unsere jungen Ingenieure sagen uns, dass ...'" Unterstützen Sie Ihre Aussagen mit Grafiken und Bildern.

Wenn Sie einen Vortrag halten, konzentrieren Sie sich auf die tatsächlichen Interessenten. Akzeptieren Sie, dass Sie vermutlich nicht alle Zuhörer gewinnen können. Ihre drei Filter heißen:

1. Warum: Welches Problem uns heute hier zusammen-geführt hat.
2. Was: Welches Ziel Sie erreichen, wenn Sie etwas unter-nehmen.
3. Wie: Wie die Schritte zum Ziel / zur Lösung aussehen.

Zuhörer, die alle drei Filter durchlaufen, sind kaufbereit.

Eine Präsentation, die auf potenzielle Kunden eingeht, können Sie nicht mit PowerPoint zusammenklicken. Für die Vorbereitung brauchen Sie Zeit. Sie müssen die richtigen Fragen stellen und die Antworten, die Sie finden, kritisch überprüfen. Das Ergebnis – einige kaufbereite Kunden – sollte es Ihnen wert sein.

Netzwerken

Für Networking gibt es die unterschiedlichsten Definitionen, und nicht selten klingen diese abwertend. Dies empfinden wir als schade, denn Netzwerken ist nichts, wofür man sich schämen müsste, wenn man es gut macht. Im Gegenteil: Networking ist gut fürs Geschäft und kann sogar Spaß machen, wenn man es richtig angeht. Wer gekonnt netzwerkt, knüpft rasch Kontakte zu interessanten Leuten, die hin und wieder zu wertvollen Geschäftsverbindungen werden. Dabei gibt es zwei verschiedene Arten von Networking-Gelegenheiten:

Da ist zum einen die Fachveranstaltung, etwa ein Kongress oder eine Messe, und zum anderen das sogenannte „Social Event", also eine Veranstaltung, die in erster Linie der Unterhaltung dient und dann erst dem Geschäft. Zu den Social Events gehören beispielsweise Einladungen von IHKs oder Bürgermeistern zum Neujahrsempfang. Beide Arten von Veranstaltungen sind gute Networking-Gelegenheiten, müssen aber verschieden gehandhabt werden:

Auf Fachveranstaltungen

Auf einer Fachveranstaltung wie zum Beispiel einer Messe ...

- sind alle Leute aus einer Branche,
- sind die Leute, um Geschäfte zu machen,
- haben alle Visitenkarten dabei,
- wollen alle gute Geschäftskontakte knüpfen,
- hat jeder sein Angebot und seinen Bedarf im Kopf.

Beim Networking geht es hier vor allem darum, mit dem einzelnen Gesprächspartner „abzuklopfen", ob man ins Geschäft kommen kann. Wenn Sie einen Elevator-Pitch haben, hilft er Ihnen hier vielleicht. Auf jeden Fall wird es schnell konkret und geschäftlich.

Bei Social Events

Ganz anders bei einem Social Event wie etwa einem Empfang zum hundertjährigen Firmenjubiläum eines großen Mittelständlers der Region. Hier kommen Leute mit unterschiedlichstem Hintergrund zusammen. Nicht jeder hat Visitenkarten dabei, viele interessiert „Geschäfte machen" so gut wie gar nicht und die meisten haben als Bedarf „einen netten Abend erleben" im Kopf. Auf den ersten Blick sieht das nicht nach einer guten Gelegenheit zum Netzwerken aus. Und in der Tat, wer nur „an wen kann ich hier was verkaufen" abspulen will, ist auf verlorenem Posten. Wer allerdings weiß, wie Networking funktioniert, ist auf einer solchen Veranstaltung im Networking-Eldorado.

Auf einer Fachveranstaltung sind die interessanten Leute die, die Bedarf an Ihrer Dienstleistung haben oder jemanden kennen, der Bedarf hat. Das herauszufinden, kann ganz schön anstrengend sein. Bei einem Social Event brauchen Sie andere Kriterien. Sie können auf so einer Veranstaltung nur mit einer Handvoll Leuten wirklich ins Gespräch kommen. Deshalb sollten Sie diese gut auswählen. Suchen Sie Kontakt zu den Menschen, die Sie eventuell an andere weiterempfehlen oder mit interessanten Leuten bekannt machen. Kurz: Sie sollten mit einflussreichen Top-Kommunikatoren ins Gespräch kommen. Das Gute daran ist: Sie sind leicht zu erkennen – sonst wären sie nicht einflussreich. Und: Sie kommen leicht mit ihnen ins Gespräch – sonst wären sie keine Top-Kommunikatoren.

Damit Networking funktioniert, müssen Sie eines verstehen: Wichtig sind nicht nur die Leute, die einen direkten Bedarf an Ihrer Dienstleistung haben, sondern auch diejenigen, die Sie weiterempfehlen und mit anderen in Kontakt bringen.

Deshalb sollten Sie bei Social Events nach einflussreichen Top-Kommunikatoren Ausschau halten. Sie entdecken Sie leicht: Suchen Sie sich einen etwas erhöhten Punkt und beobachten Sie den Raum. Sie werden bald in der Menge „Magneten" erkennen. Das sind Leute, die immer ein paar andere Leute um sich herum haben. Mal geht einer, dann kommt wieder einer; die Diskussionen scheinen angeregt und der „Magnet" hat meist das Wort. Vorsicht jedoch, wenn die Gruppe um den „Magneten" leicht devot und sehr stabil wirkt (es geht und kommt niemand). Dann haben Sie es nicht mit einem „Magneten", sondern mit einem „Fürsten" zu tun. Die zweite Sorte einflussreicher Kommunikatoren „bearbeitet" den Raum wie eine Biene eine Apfelplantage. Dieser Kommunikator geht von Gruppe zu Gruppe. Man lässt ihn nicht nur sofort und freudig herein, sondern übergibt ihm oft auch umgehend das Wort. Und es gibt noch einen drit-

Top-Kommunikatoren erkennen

ten einflussreichen Kommunikator: den Gastgeber des Events. Mit diesen Leuten sollten Sie ins Gespräch kommen. Ein gutes Auftreten hilft Ihnen dabei.

Auf den Punkt gebracht:

Networking ist das Knüpfen von Kontakten zu interessanten Leuten, die unter Umständen zu wertvollen Geschäftsverbindungen werden. Es gibt grundsätzlich zwei Arten von Networking-Gelegenheiten: Fachveranstaltungen wie Messen und gesellschaftliche Veranstaltungen wie der Neujahrsempfang des Bürgermeisters. Bei Fachveranstaltungen geht es schnell ums Geschäft und man sollte das eigene Angebot gut vorformuliert im Kopf haben. Bei Social Events geht es nicht primär ums Geschäft, sondern darum, zusammen eine schöne Zeit zu erleben. Da Menschen, die zwar selbst keinen Bedarf an Ihrer Dienstleistung haben, Sie aber weiterempfehlen, mindestens genauso interessant sind wie solche, die selbst Bedarf an Ihrer Dienstleistung haben, sind Social Events genauso sinnvoll wie Fachveranstaltungen. Sie sollten darauf achten, dass Sie bei Social Events mit den Leuten ins Gespräch kommen, die Einfluss haben. Sie sind leicht daran zu erkennen, dass sie ständig von Menschen umringt sind oder leicht in Gesprächsgruppen integriert werden. Auch die Gastgeber sind meist solche einflussreichen Personen.

---

4. Kundengewinnung

Kein Geschäft ohne Kunden. Und kein Wachstum ohne neues Geschäft. Wenn Sie kurz über die beiden Sätze nachdenken, stellen Sie fest: eigentlich Binsenweisheiten. Manch einem, der sich selbstständig macht, scheint das allerdings nicht so richtig bewusst zu sein. Wer ein Geschäft betreibt, muss wissen, wie man akquiriert. Dies gilt auch für einen selbstständig tätigen Business-Coach.

Was man beim Akquirieren oft sieht, ist hektisches Treiben. Da wird einmal eine Anzeige geschaltet und dann ein Werbebrief verschickt. Da werden Google-Adwords gebucht und Newsletter-Werbung geschaltet: Kurz: Es wird dies gemacht und jenes probiert – alles recht planlos. Wer so aus der Hüfte schießt, muss damit rechnen, dass seine Akquise-Aktivitäten ohne große Wirkung verpuffen.

Akquisestrategien

Ohne eine durchdachte Strategie bleibt die Akquise – also das Anbahnen von neuem Geschäft – stark vom Zufall abhängig. Die klassische Definition des Begriffs „Strategie" stammt vom preußischen General Carl von Clausewitz. Der ist vor allem durch sein Statement *„Krieg ist die Fortsetzung der Politik mit anderen Mitteln"* bekannt. Und für den Spruch (von Clausewitz 1999, S. 83): *„Politik ist der Gebrauch des Gefechts zum Zwecke des Krieges."* Die zentralen Begriffe dabei sind „Politik", „Gefecht" und „Zweck des Krieges".

„Politik" übersetzen wir in Business-Sprache mit Idee, Claim oder Mission. Ihre Mission ist die Antwort auf die Frage: „Warum agieren Sie am Markt? Was wollen Sie in die Welt bringen?" Der IPK hat Ihnen dabei geholfen, sich Ihrer Mission bewusst zu werden.

Die eigene Mission verdeutlichen

Meine Mission ist es, Menschen dabei zu helfen, Stress-Situationen kooperativ zu lösen und ihren inneren Frieden wiederzufinden.

Beispiel

„Gefecht" steht für die Mittel, die Sie dabei einsetzen. Von Clausewitz konnte Kanonen, Soldaten, Reiter ins Gefecht werfen. Bei Ihnen sind es Flyer, Websites, Anzeigen, Werbebriefe und so weiter. „Gebrauch des Gefechts" heißt also „Bewusstheit der Mittel" – was steht Ihnen zur Verfügung und wie wirkt es?

„Zweck des Krieges" können wir mit „Kampagne" übersetzen. Um Ihre Mission zu erfüllen, starten Sie Kampagnen. Eine Akquise-Kampagne könnte zum Beispiel so aussehen: Sie wollen bis Ostern zehn neue Kunden im PLZ-Bereich XXXXX gewinnen.

Jetzt haben Sie die Voraussetzungen beisammen, um eine Strategie zu entwickeln: Dank Ihrer Mission wissen Sie, was Ihnen am Herzen liegt. Sie wissen, welche Werbemittel Sie einsetzen können, wie diese wirken und was Sie sich leisten können. Und Sie haben ein konkretes messbares Kampagnenziel.

Eine Akquisestrategie entwickeln heißt: Auf der Basis Ihrer Mission planen Sie den Einsatz von Werbemitteln, um Ihr Kampagnenziel zu erreichen.

Auf den Punkt gebracht:

Ohne eine durchdachte Strategie überlassen Sie die Ergebnisse Ihrer Akquiseaktivitäten dem Zufall. Wenn Sie dies nicht möchten, sollten Sie strategisch vorgehen:

Basierend auf Ihrer Mission definieren Sie ein Kampagnen-Ziel für Ihre Akquise. Dann planen Sie den konkreten Einsatz von Werbemitteln – unter Berücksichtigung von deren Wirkweise und der Ihnen zur Verfügung stehenden finanziellen Mittel.

Direktmarketing

Das „Direkt" im Direktmarketing bedeutet, dass der Empfänger der Werbung direkt reagieren soll – am besten sofort, zum Beispiel:

- Der Empfänger eines Werbebriefs (auch Akquise-Schreiben oder Mailing genannt) soll das sogenannte Response-Element – oft ist das eine Postkarte oder ein Faxformular – ausfüllen und an Sie einsenden. Oder er soll bei Ihnen anrufen.
- Er soll die einer Magazin-Anzeige beigelegte Postkarte ablösen, ausfüllen und an Sie einschicken.
- Er soll auf Ihrer Website etwas downloaden und dabei seine Kontaktdaten hinterlassen.

Direktmarketing zielt genau (auf ganz bestimmte Kunden) und ist kostengünstiges Marketing. Es ist – zusammen mit gekonntem Netzwerken – *das* Werkzeug für kleine Unternehmen, um Geschäftskontakte zu generieren.

Wenn Sie im Direktmarketing erfolgreich sein wollen, ist es wichtig, dass Sie sich mit der Wirkung von Texten befassen: Texte für Websites, Mailings, PR-Artikel und so weiter. Sie sollten lernen, wie Sie gute „Hingreif-Angebote" machen. Wer es nicht selbst machen will, sucht sich einen guten Texter beziehungsweise Direktmarketer. Und wenn Sie einen solchen haben, bezahlen Sie ihn gut – es lohnt sich.

Wenn Sie Ihre Texte selbst schreiben, ist es wichtig, dass Sie einen kleinen Leitfaden haben, mit dem Sie Struktur in Ihren Text bringen. Eine wirksame Struktur für Werbetexte stammt aus der Mitte des vorigen Jahrhunderts. Es ist die Dramaturgie 4 P von Henry Hoke:

Picture (Bild):
Malen Sie (mit Worten) dem Leser aus, wie Ihr Produkt wirkt. Sagen Sie ihm, welchen Nutzen er davon hat – und *nicht*, was Ihr Produkt alles kann. Alternativ können Sie dem Leser auch ausmalen, wie groß sein Problem tatsächlich ist.

Die Dramaturgie 4 P

Promise (Versprechen):
Jetzt kommen die Botschaften Ihres Produkts – das, was es einzigartig macht und weshalb die Kunden es kaufen.

Proof (Beweis):
Das kann zum Beispiel ein Auszug aus einer Marktstudie sein, die zeigt, dass eine große Nachfrage nach Ihrem Produkt besteht. Oder es kann ein Testimonial (ein begeisterter Kunde) sein.

Push (Aufforderung):
Fordern Sie Ihren Leser nun direkt, eindeutig und konkret auf, etwas zu unternehmen. Und nennen Sie ihm unbedingt einen Ansprechpartner mit Namen und Funktion.

Auf den Punkt gebracht:

Direktmarketing nennt man Werbemaßnahmen, die eine direkte Ansprache potenzieller Kunden mit der Aufforderung zur Antwort beinhalten. Eine hilfreiche Struktur für Werbetexte sind die 4 P:

- *Picture:* Malen Sie dem Leser ein (sprachliches) Bild zu seinem Problem oder zum Nutzen Ihrer Dienstleistung.
- *Promise:* Sagen Sie ihm, was besonders an Ihrem Angebot ist.
- *Proof:* Geben Sie ihm Beweise für die Wirksamkeit Ihrer Leistung.
- *Push:* Fordern Sie ihn zum Handeln auf.

Aktiv verkaufen

In diesem letzten Abschnitt geht es ums Verkaufen, also ums Geschäftemachen und Verträgeschließen. Das grenzen wir ab zur Akquise; dabei geht es darum, Geschäftskontakte zu generieren. Die Akquise ist gelaufen, wenn das Verkaufen beginnt.

Viele Selbstständige haben kein System beim Verkaufen, sondern arbeiten „frei fliegend". Das führt regelmäßig dazu, dass sie in kritischen Situationen unsicher sind und den Abschluss nicht schaffen. Die Konsequenz: Das Verkaufen wird zunehmend als belastend empfunden und Verkaufssituationen werden mehr und mehr vermieden. Mit einem passenden Verkaufssystem kann einem solchen Ende vorgebeugt werden.

Es gibt diverse Verkaufssysteme am Markt. Man kann sie in zwei Gruppen einteilen: Die einen sind „amerikanisch", das heißt, sie führen den Kunden sehr straff – für unsere Verhältnisse oft aggressiv – und zielen darauf ab, sein Verhalten zu beeinflussen, was in unserem Kulturkreis gern als oberflächlich wahrgenommen wird. Die andere Gruppe wurde für den Verkauf hochkomplexer Investitionsgüter entwickelt. Dazu ist eine komplette Verkaufsmannschaft aus verschiedenen Spezialisten notwendig. Diese Systeme bewähren sich in Großunternehmen. **Verkaufssysteme**

Ein Verkaufssystem für Einzelkämpfer wie beispielsweise Business-Coachs setzt dort an, wo ein potenzieller Kunde signalisiert hat, dass er ein Problem hat – und der Verkäufer geklärt hat, dass sein Verhandlungspartner auch die Kaufentscheidung treffen kann. Den Kern eines solchen „Einzelkämpfer-Verkaufssystems" bildet eine präzise definierte Fragenabfolge (Rackham 1988). Es sind drei Fragentypen, mit denen der Verkäufer den Kunden logisch führt – vom Erkunden des Bedarfs bis zur Lösung des Problems. Diese Problemlösung ist – wenn es passt – das Produkt oder die Dienstleistung des Verkäufers.

Hier die drei Fragetypen: **Drei Fragetypen**

Die Situationsfrage:
Ein guter Verkäufer startet ein Verkaufsgespräch, indem er das Terrain sondiert. Beispiel: *„Vor welchen Herausforderungen stehen Sie aktuell im Hinblick auf Ihre Mitarbeiter?"* Er verschafft sich ein klares Bild von der aktuellen Situation des Kunden. Gleichzeitig gibt er so dem Kunden Gelegenheit, seine Probleme darzulegen.

Die Problemfrage:

Aus der Antwort auf seine Situationsfrage(n) destilliert der Verkäufer ein Problem des Kunden heraus. Mit Problemfragen prüft er dann die Wichtigkeit und Dringlichkeit des Problems. Beispiel: *„Wenn ich Sie richtig verstanden habe, fehlen Ihnen aktuell Programme, um Ihren Young Potentials attraktive Perspektiven zu bieten? ... (Antwort abwarten) ... Was wird geschehen, wenn Sie diesbezüglich nichts unternehmen?"* (Wertvolle High Potentials werden zu anderen Arbeitgebern abwandern.) Diese Art von Fragen lässt das Problem des Kunden sehr deutlich werden – vor allem für den Kunden selbst.

Die Commitmentfrage:

Commitment heißt hier: Engagement zeigen, aktiv das Geschäft voranbringen wollen. Die Commitmentfrage ist ein Test, ob der potenzielle Kunde das Geschäft weiter vorantreiben will oder nicht. Beispiel: *„Um High Potentials überzeugende Perspektiven bieten zu können, würden Sie vermutlich gerne auf einen Zauberkasten zugreifen?"* Sagt der Kunde *„Ja"*, dann geht es weiter: *„Sollen wir uns einen solchen Zauberkasten einmal genauer anschauen?"* Verweigert der Gesprächspartner mehrmals das Commitment, ist das ein Signal für den Verkäufer, den Wert des potenziellen Kunden zu überdenken: *„Investiere ich weiter Zeit und Energie in ihn oder gehe ich lieber zum nächsten?"* Die finale Commitmentfrage ist der Close – der Abschluss, der das Geschäft besiegelt. Beispiel: *„So wie es aussieht, spricht alles dafür, dass Sie mit meiner Dienstleistung Ihr Problem lösen können. Sollen wir jetzt gemeinsam die Details durchgehen (den Vertrag aufsetzen)?"*

Wenn Sie potenzielle Kunden systematisch und souverän durch das Verkaufsgespräch führen, gewinnen Sie diejenigen als Kunden, die auch wirklich zu Ihnen und Ihrem Angebot passen – und sortieren die „Unfruchtbaren" frühzeitig aus.

Wenn Sie ohne System verkaufen, laufen Sie Gefahr, in kritischen Situationen unsicher zu sein und den Abschluss zu verpassen – und in der Folge eine „Verkaufs-Phobie" zu entwickeln. Gehen Sie beim Verkaufen daher systematisch vor und orientieren Sie sich an einer präzise definierten Fragenabfolge:

1. Situationsfrage: Damit verschaffen Sie sich ein Bild von der aktuellen Situation des potenziellen Kunden.
2. Problemfrage: Damit prüfen Sie, wie wichtig und dringlich ihm die Lösung seines Problems ist.
3. Commitmentfrage: Hier testen Sie, ob er wirklich bereit ist, etwas zur Lösung seines Problems zu unternehmen.

Wenn Sie mit System verkaufen, sparen Sie viel Zeit und Energie durch das schnelle Aussortieren potenzieller Kunden, die nicht bereit sind, ihr Problem wirklich anzugehen. Und die Wahrscheinlichkeit einer für beide Seiten gewinnbringenden Geschäftsbeziehung steigt.

Damit sind wir am Schluss unseres Buchs angelangt. Wir danken Ihnen für Ihr Interesse und hoffen, dass wir Ihnen einen Eindruck davon vermitteln konnten, was professionelles Coaching ausmacht. Wenn wir Sie darüber hinaus dazu inspirieren konnten, selbst aktiv zu werden und sich Coaching-Kompetenzen anzueignen, würde uns das ganz besonders freuen. Denn: *„Der Mangel an Selbsterkenntnis ist die Essenz der Ignoranz, und das führt zu diesem unermesslichen Leiden, das überall in der Welt ist."* (Krishnamurti)

Literaturverzeichnis

Anderssen-Reuster, Ulrike (Hrsg.): *Achtsamkeit in Psychotherapie und Psychosomatik.* Stuttgart: Schattauer, 2007

Anderseen-Reuster, Ulrike: *Achtsamkeit in Psychosomatik und Psychotherapie.* In: Zimmermann, Michael; Spitz, Christof; Schmidt, Stefan (Hrsg.): *Achtsamkeit.* S. 103–113. Bern: Verlag Hans Huber, 2012

Bäurle, Roland: *Körpertypen.* Berlin: Simon und Leutner, 1988

Bauer, Joachim: *Das Gedächtnis des Körpers.* München: Piper Verlag, 2008

Binnewies, Carmen und Dormann, Christian 2010: *Emotionen und Coaching.* Coaching Magazin, 2/2010, S. 46–50

Boothman, Nicholas: *How to Connect in Business in 90 Seconds or less.* New York: Workman Publishing, 2002

Buhl, Claire, Roth, Wolfgang L., Büx, Beate: *Selbstmanagement-Entwicklung durch Coaching?* In: *Organisationsberatung, Supervision, Coaching.* September 2007, Volume 14, Ausgabe 3, S. 243–255

Connor, Jane und Killian, Dian: *Connecting across Differences.* New York: Hungry Duck Press, 2005

Csíkszentmihályi, Mihaly: *Flow.* Stuttgart: Klett-Cotta, 1992

Damasio, Antonio R.: *Ich fühle, also bin ich.* München: List, 2002

Damasio, Antonio R.: *Descartes' Irrtum.* München: List, 2004

Davidson, Richard und Begley, Sharon: *Warum wir fühlen, wie wir fühlen.* München: Arkana, 2012

Dembkowski, Sabine: *Weg von einer Vergütung auf Stunden-basis!* wirtschaft + weiterbildung, 11/12 2011, S. 42–45

„Die Ethischen Standards der ICF", angeschaut 27. Januar 2014, http://www.coachfederation.de/icf-d/werte-und-ethik.html

Dietz, Ingeborg und Dietz, Thomas: *Selbst in Führung*. Paderborn: Junfermann Verlag, 2007

Dilts, Robert: *Professionelles Coaching mit NLP*. Paderborn: Junfermann Verlag, 2005

Ende, Michael: *Momo*. Stuttgart: Thienemann, 1973

Fisher, Rob: *Experiential Psychotherapy with Couples*. Phoenix, AZ: Zeig, Tucker und Theisen, 2002

Ford, Debbie: *Die dunkle Seite der Lichtjäger*. München: Wilhelm Goldmann Verlag, 1999

Friedrich, Kerstin: *Erfolgreich durch Spezialisierung*. München: Verlag moderne industrie, 2003

Friedrich, Kerstin und Seiwert, Lothar: *Das 1 x 1 der Erfolgsstrategie*. Offenbach: GABAL Verlag, 1995

Fritsch, Gerlinde: *Praktische Selbst-Empathie*. Paderborn: Junfermann Verlag, 2009

Golemann, Daniel: *EQ. Emotionale Intelligenz*. München: dtv, 1997

Hanh, Thich Nhat: *Das Wunder der Achtsamkeit*. Berlin: Theseus Verlag, 2009

Harrer, Michael E.: *Achtsam leben: Integrale Achtsamkeitspraxis*. Im Internet unter http://achtsamleben.at (abgerufen am 1. Februar 2013)

Kabat-Zinn, Jon: *Gesund durch Meditation*. München: Scherz Verlag, 1994

„Kernkompetenzen der ICF", angeschaut 27. Januar 2014, http://www.coachfederation.de/icf-d/icf-kernkompetenzen. html

Kurtz, Ron: *Hakomi. Eine körperorientierte Psychotherapie*. München: Kösel, 1994

Kurtz, Ron und Prestera, Hector: *Botschaften des Körpers*. München: Kösel, 2001

Lazar, Sara: *Die neurowissenschaftliche Erforschung der Meditation*. In: Zimmermann, Michael; Spitz, Christof; Schmidt, Stefan (Hrsg.): *Achtsamkeit*. S. 71–81. Bern: Verlag Hans Huber, 2012

Levine, Rich und Locke, Christopher und Searls, Doc und Weinberger, David: *Cluetrain Manifesto*. http://www.cluetrain.com/auf-deutsch.html, 1999

Marlock, Gustl und Weiss, Halko (Hrsg.): *Handbuch der Körperpsychotherapie*. Stuttgart: Schattauer, 2006

Marx, Susanne: *Das große Buch der Affirmationen*. Kirchzarten: VAK Verlags GmbH, 2009

Middendorf, Jörg und Fritsch, Michael 2013: *Coaching-Honorare stiegen 2012 um 5,3 Prozent*. wirtschaft + weiterbildung 03_2013, S. 32–34

Migge, Björn: *Handbuch Coaching und Beratung*. Weinheim und Basel: Beltz Verlag, 2005

Monbourquette, Jean: *Umarme deinen Schatten*. Freiburg im Breisgau: Herder Verlag, 2001

Neff, Kristin: *Self-Compassion*. New York: Harper Collins, 2011

Posé, Ulf: *Ethisches Missverständnis: Aufrichtig ist, wer ehrlich ist*. managerSeminare, April 2010, S. 145

Rackham, Neil: *Spin Selling*. New York: McGraw-Hill Professional, 1988

Radatz, Sonja: *Einführung in das systemische Coaching*. Heidelberg: Carl-Auer Verlag, 2006

Rauch, Erich: *Autosuggestion und Heilung*. Mannheim: PAL Verlagsgesellschaft, 2006

Rautenberg, Werner und Rogoll, Rüdiger: *Werde, der du werden kannst*. Freiburg im Breisgau: Herder Verlag, 1980

Redlich, Alexander: *Vom Nutzen des Inneren Teams in der Konfliktvermittlung*. In: Schulz von Thun, Friedemann; Stegemann, Wibke (Hrsg.): *Das innere Team in Aktion*. 3. Aufl., S. 61–80. Reinbek: Rowohlt Taschenbuch Verlag, 2008

Rettig, Daniel: *Beruf und Berufung*. Düsseldorf: Wirtschaftswoche Nr. 45, 07.11.2011, S. 134–137

Rosenberg, Marshall: *Nonviolent Communication – A Language of Compassion*. Encinitas, CA: PuddleDancer Press, 2000

Rupp, Thomas: *Der Mensch wächst am Widerstand*. STRATEGIE JOURNAL, 6/1999, S. 4–8

Satir, Virginia: *Selbstwert und Kommunikation*. München: Pfeiffer Verlag, 1972

Scharmer, Otto: *Adressing the blind Spot of our Time*. Executive Summary of "Theory U: Leading from the Future as it emerges". Cambridge, MA: Precencing Institute, 2007. Angeschaut am 23.04.12: http://www.presencing.com/sites/default/files/page-files/Theory_U_Exec_Summary.pdf

Schmidt-Tanger, Martina: *Gekonnt coachen – Präzision und Provokation im Coaching*. Paderborn: Junfermann Verlag, 2004

Schulz von Thun, Friedemann: *Miteinander Reden 3*. Reinbek: Rowohlt Taschenbuch Verlag, 1999

Schwartz, Richard C.: *Systemische Therapie mit der inneren Familie*. München: J. Pfeiffer Verlag, 1997

Schwartz, Richard C.: *Das System der inneren Familie*. Norderstedt: Books on Demand GmbH, 2008

Siegel, Daniel J.: *Das achtsame Gehirn*. Freiamt: Arbor, 2007

Sollmann, Ulrich.: *Management by Körper*. Reinbek: Rowohlt Taschenbuch Verlag, 1999

Tan, Chade-Meng: *Search Inside Yourself*. München: Arkana Verlag, 2012

Von Clausewitz, Carl: *Vom Kriege*. Reinbek: Rowohlt Verlag 1999

Von Schumann, Karin 2008: *Praxisrelevante Erkenntnisse aus der Forschung*. CoachGuide, 2008, S. 18–23

Waldrop, M. Mitchell: *Inseln im Chaos*. Reinbek: Rowohlt Verlag, 1993

Walter, John und Peller, Jane: *Lösungs-orientierte Kurztherapie*. Dortmund: Verlag Modernes Lernen Borgmann KG, 2004

Wehrle, Martin a: *Der Tribünenplatz*. Training aktuell, Oktober 2011, S. 20–21

Wehrle, Martin b: *Die Leiter der Abstraktion*. Training aktuell, November 2011, S. 20–22

Weiss, Halko, Harrer, Michael und Dietz, Thomas: *Das Achtsamkeitsbuch*. Stuttgart: Klett-Cotta, 2010

Weiss, Halko, Harrer, Michael und Dietz, Thomas: *Das Achtsamkeitsübungsbuch*. Stuttgart: Klett-Cotta, 2012

Weiss, Halko: *Die Analyse von Wechselwirkungen in kritischen dyadischen Beziehungssituationen*. In: Familiendynamik. 32 Jahrgang, Heft 4, Oktober 2007. Stuttgart: Klett-Cotta

Wilber, Ken: *Eros, Kosmos, Logos*. Frankfurt a. M.: Krüger Verlag, 1996

Willson, Rob und Branch, Rhena: *Kognitive Verhaltenstherapie für Dummies*. Weinheim: WILEY-VCH Verlag, 2007

Wolinsky, Steve: *Die alltägliche Trance*. Freiburg: Lüchow Verlag, 1999

Zimmermann, Michael, Spitz, Christof und Schmidt, Stefan (Hrsg.): *Achtsamkeit*. Bern: Verlag Hans Huber, 2012

„2012 ICF Global Coaching Study", angeschaut 27. Februar 2014, http://www.coachfederation.org/coachingstudy2012/

Stichwortverzeichnis

Über die Autoren

Silvia Richter-Kaupp (Karlsruhe) ist Professional Certified Coach (ICF), Ausbilderin für Business-Coachs, zertifizierte Trainerin für gewaltfreie Kommunikation, Diplom-Betriebswirtin und seit 1997 selbstständig. Davor war sie elf Jahre im Verkauf und als Personalleiterin tätig. Als Expertin für kooperative Selbstbehauptung unterstützt sie Menschen in Führungsfunktionen, Stress-Situationen konstruktiv zu lösen und Leistung mit Lebensqualität zu verbinden.

www.richter-kaupp.de

Volker Kalmbacher (Karlsruhe) ist Coach, Ausbilder für Business-Coachs, Hakomi®-Therapeut, Diplom-Ingenieur und seit 2001 selbstständig. Davor war er zehn Jahre als Key-Account-Manager und Vertriebsleiter in der Kfz-Zulieferindustrie tätig. Als Experte für achtsame Beziehungen unterstützt er Menschen in Wachstumsprozessen, emotionale Präsenz zu entwickeln und eigene Potenziale zu entfalten.

www.kalmbacher.com

Gerold Braun (Böchingen) ist Diplom-Mathematiker (FH) und seit 2000 selbstständig als Vertriebs- und Marketing-Berater. Zuvor war er viele Jahre Verkäufer, Marketingleiter und Geschäftsführer. Er glaubt, wer im Verkauf dauerhaft Erfolg haben will, muss wachsen können. Und wer wächst, ist mutig, neugierig, eigenmotiviert. Er lehrt Menschen, die verkaufen wollen, ganz bei der Sache zu sein – top eigenmotiviert.

www.geroldbraun.de